Lecture Notes in Mathematics

A collection of informal reports and seminars
Edited by A. Dold, Heidelberg and B. Eckmann, Zürich

178

Theodor Bröcker
Universität Regensburg

Tammo tom Dieck
Universität Saarbrücken

Kobordismentheorie

Springer-Verlag
Berlin · Heidelberg · New York 1970

ISBN 3-540-05341-7 Springer-Verlag Berlin · Heidelberg · New York
ISBN 0-387-05341-7 Springer-Verlag New York · Heidelberg · Berlin

This work is subject to copyright. All rights are reserved, whether the whole or part of the material is concerned, specifically those of translation, reprinting, re-use of illustrations, broadcasting, reproduction by photocopying machine or similar means, and storage in data banks.

Under § 54 of the German Copyright Law where copies are made for other than private use, a fee is payable to the publisher, the amount of the fee to be determined by agreement with the publisher.

© by Springer-Verlag Berlin · Heidelberg 1970. Library of Congress Catalog Card Number 73-148539 Printed in Germany.

Offsetdruck: Julius Beltz, Weinheim/Bergstr.

Inhaltsverzeichnis

Introduction

These notes were taken from lectures given by tom Dieck in the winter-term 1969/70 at the Mathematical Institute in Heidelberg. The aim of the lectures was to introduce the students to cobordism theory and to propagate ideas of Boardman and Quillen about the calculation of cobordism theories with the aid of formal groups.
These notes give an enlarged version of the lectures with many details and proofs filled in. A chapter on unitary cobordism has been left out and will appear separately. The contents of the notes are as follows:

In chapter I we recall those parts of differential topology and of the theory of vector bundles which we will use. This is only to remind the reader of well known facts or to give hints at necessary prerequisites to students willing to learn differential topology. Apart from these facts we assume knowledge of elementary homotopy theory and classical cohomology with coefficients in $\mathbb{Z}_2$, characterized by the Eilenberg-Steenrod axioms.
In chapter II the (non oriented) bordism homology theory $N_*(-)$ is defined by singular manifolds. We verify the axioms of a homology theory. Our approach differs from that of Conner and Floyd [4] in that we only define absolute homology groups and use a system of axioms in which an exact sequence of Mayer-Vietoris type plays the main role.
In chapter III we explain the Pontrjagin-Thom construction (Thom [17]) and show that the previously described homology theory is given by a certain stable homotopy set (maps of the sphere to $X \wedge MO$, MO Thom spectrum, X arbitrary space). Our proof is somewhat different from that of Conner and Floyd [4]. We first generalize more or less without change Thom's proof for X = Point (compare Milnor [10]) to the case where X is a manifold. The general case then follows essentially by abstract nonsense, because a polyhedron is a retract of a manifold and the values of the homology groups in question for an arbitrary space X can be obtained as direct limit over maps of polehydra into X (i.e. the homology theories are "singular theories").
In chapter IV we explain in general the definition of a (co-)homology theory as a stable homotopy set of maps into a spectrum, following G.W. Whitehead [18]. The proofs here only depend on formal properties of the Puppe sequence, and therefore they are much simpler than in [18] (in particular no suspension theorem is needed). Our main example is the cobordism theory $\tilde{N}^*(-)$ and the bordism theory $\tilde{N}_*(-)$. Since the Whitehead approach to cohomology does not yield additive (i.e.

representable) cohomology theories, we describe in detail the construction of an Ω-spectrum associated to a given Whitehead spectrum. The idea is as follows: To the sequence of maps

$$e_n : X_n \wedge S^1 \longrightarrow X_{n+1} ,$$

which constitute a Whitehead spectrum we take the sequence of adjoint maps

$$\eta_n : X_n \longrightarrow \Omega X_{n+1}$$

and form the homotopy direct limit $\bar{X}_n$ (telescope) of the sequence

$$X_n \xrightarrow[\eta_n]{} \Omega X_{n+1} \xrightarrow[\Omega\eta_{n+1}]{} \Omega^2 X_{n+2} \longrightarrow \dots .$$

We prove that $\bar{X}_n$ is an infinite loop space and that it can be used as a representing object of the n-th cohomology group.
In chapter V we show that for an additive half-exact homotopy functor h and a sequence of cofibrations

$$X_o \longrightarrow X_1 \longrightarrow X_2 \longrightarrow \dots$$

we have an exact sequence

$$0 \longrightarrow \lim{}^1 h(X_n \wedge S^1) \longrightarrow h(\lim X_n) \longrightarrow \lim{}^o h(X_n) \longrightarrow 0$$

(compare Milnor [11]). The proof uses the Puppe sequence, applied to a mapping torus. We discuss the properties of $\lim^1$ for abelian groups. In this connection we explain the skeleton filtration of a cohomology theory for arbitrary spaces.
The following chapters are devoted to cobordism theory and its computation in terms of ordinary cohomology theory and characteristic numbers. In particular we obtain the structure theorems of Thom [17] about the cobordism ring of unoriented manifolds.
In chapter VI we define the canonical Thom classes of the theory $N^*(-)$. The stable Thom class is given by the identity $MO \longrightarrow MO$ of the Thom spectrum and therefore in some sence universal among all Thom classes in those cohomology theories in which every vector bundle is orientable. We show a Thom isomorphism for $N^*(-)$ (the proof is easily reduced to the case of a trivial bundle) and compute in the well known fashion (see Stong [16] or Dold [6]) $N^*(\mathbb{R}P^\infty)$ and $N^*(BO)$ as an algebra over the coefficients. In particular

$$N^*(\mathbb{R}P^\infty) \cong N^*[[w]],$$

where w corresponds to the N^*-Euler class of the universal line bundle over $\mathbb{R}P^\infty$. The tensor product of universal line bundles has a classifying map

$$a : \mathbb{R}P^\infty \times \mathbb{R}P^\infty \longrightarrow \mathbb{R}P^\infty$$

which induces a map of power series rings
$a^* : N^*[[w]] = N^*(\mathbb{R}P^\infty) \longrightarrow N^*(\mathbb{R}P^\infty \times \mathbb{R}P^\infty) = N^*[[w',w'']]$.

The map a^* is determined by the element

$$(0.1) \qquad a^*(w) = F_N(w',w'')$$

and $F_N(X,Y)$ is a <u>formal group</u>. By studying this formal group we will get the essential part of the calculation of N^* (for instance the coefficients of the power series $F_N(X,Y)$ will generate N^* as an algebra).

In chapter VII we give a general introduction to the theory of formal power series and of formal groups, adapted to our purposes. We borrow freely from the lecture notes of Fröhlich [7]. We prove the structure theorem of Lazard which says in our case: A commutative formal group $F(X,Y)$ over a ring R of characteristic 2 with $F(X,X) = 0$ is isomorphic to the linear formal group

$$(0.2) \qquad F_a(X,Y) = X + Y.$$

Moreover the isomorphism is unique, if one requires the transforming power series to be of the form $\Sigma a_i X^{i+1}$ with $a_i = 0$ for all $i = 2^j - 1$. This theorem allows the explicit description of a universal formal group

$$(0.3) \qquad F_u(X,Y) = \Sigma a_{i,j} X^i Y^j$$

over a ring L which has the following universal property: Given any commutative formal group $F(X,Y)$ over a ring R of characteristic 2 with $F(X,X) = 0$, there is a unique homomorphism $\varphi : L \longrightarrow R$ such that

$$(0.4) \qquad F(X,Y) = \Sigma \varphi(a_{ij}) X^i Y^j \quad ;$$

namely L is the polynomial ring

$$(0.5) \qquad L = \mathbb{Z}_2[a_2, a_4, \dots] \quad ,$$

one a_i for each $i \neq 2^j - 1$ and F_u is the transformed linear group

$$F_u(X,Y) = l^{-1}(lX + lY)$$

where l is the generic power series

$$(0.6) \qquad l = \sum_{i=0}^{\infty} a_i X^{i+1} \in L[[X]], \quad a_0 = 1,$$

and l^{-1} means inverse with respect to substitution of power series. In particular the formal group F_N in (0.1) gives rise to a canonical homomorphism

$$(0.7) \qquad \varphi : L \longrightarrow N^*$$

which we show lateron to be an isomorphism. This result then expresses in a conceptual way Thom's structure theorem for N^*. In particular one obtains canonical polynomial generators for the ring N^*. The isomorphism φ was first known to Boardman [1]. The proof that we present is due to Quillen [14], [15].

In chapter VIII we give the essential part of the calculation of N^*. Let L be the ring (0.5) and $h : L \longrightarrow R$ a homomorphism of graded rings. This makes R into an L-module, called R_h. Also $N^*(-)$ is an L-module by (0.7). We put

(0.8) $$N_h^*(X) = N^*(X) \otimes_L R_h \ .$$

Then $N_h^*(-)$ is still a stable, homotopy invariant, multiplicative functor (perhaps not exact), for which Thom classes can be defined. The multiplicative Thom classes of $N_h^*(-)$ are in one to one correspondence to stable multiplicative transformations $N^*(-) \longrightarrow N_h^*(-)$ by the universal property of the canonical Thom classes of $N^*(-)$. Moreover a splitting principle for $N^*(-)$ shows, that these transformations $q : N^*(-) \longrightarrow N_h^*(-)$ are determined by the image of the canonical Euler class w of the universal line bundle, that is to say by the formal series

(0.9) $$q(w) = w + r_1 w^2 + r_2 w^2 + \ldots \in N_h^*(RP^\infty) = N_h^*[[w]].$$

In particular we may choose $R = L$ and

(0.10) $$h = \eta : L \longrightarrow L \ , \ \eta(a_i) = 0 \ .$$

Then we have a unique transformation

(0.11) $$\theta : N^*(-) \longrightarrow N^*(-) \otimes_L L_\eta$$

given by the series $l^{-1} \in L[[w]] \longrightarrow N_\eta^*[[w]]$, which is formally inverse to (0.6). Now θ induces a transformation of the formal group F_N into a formal group, which is easily seen to come from the linear group F_a by transformation with l, that is to say, the universal formal group (0.3). From this one concludes, that θ is an isomorphism, and therefore

(0.10) $$N^*(-) \cong N^*(-) \otimes_L L_\eta = (N^*(-) \otimes_L \mathbb{Z}_2) \otimes_{\mathbb{Z}_2} L = H^*(-) \otimes_{\mathbb{Z}_2} L$$
$$\text{with} \quad H^*(-) := N^*(-) \otimes_L \mathbb{Z}_2 \ .$$

Now it remains to be shown that $H^*(-)$ is ordinary cohomology with coefficients in $\mathbb{Z}_2$. This is done in chapter IX. Clearly $H^0 = \mathbb{Z}_2$ (bordism of zero-dimensional manifolds), and we have to show that $H^i = 0$ for $i < 0$. To do this, we construct after tom Dieck [5] Steenrod operations for the cobordism theory $\tilde{N}^*(-)$. In particular one finds an operation

$$R^{o} : N^*(-) \longrightarrow N^*(-)$$

which factors over $H^*(-)$ and induces an operation

$$Sq^{o} : H^*(-) \longrightarrow H^*(-)$$

with nice formal properties, namely:

$$Sq^{o} = id; \qquad Sq^{o}(x) = 0 \text{ for } \dim x < 0 .$$

This shows that $H^*(-)$ is ordinary cohomology (Eilenberg-Steenrod uniqueness theorem) and finishes the calculation of $N^*(-)$. The existence of a canonical isomorphism

$$N^*(X) \cong H^*(X;\mathbb{Z}_2) \otimes_{\mathbb{Z}_2} N^*$$

preserving the multiplicative structures was first proved by Boardman [1] [2]. It was Quillen's idea [14] to use Steenrod operations in $N^*(-)$. His proof does not use a structure theorem for the Steenrod algebra nor does it use the cohomology of Eilenberg-Mac Lane spaces. In fact we deduce (as a joke) the main properties of the mod 2 Steenrod algebra from cobordism theory.
To construct the Steenrod operations, we begin with an external transformation

(0.11) $$P^* : \tilde{N}^*(X) \longrightarrow \tilde{N}^{2*}(S^{\infty +} \wedge_{\mathbb{Z}_2} (X \wedge X))$$

which is essentially determined by the condition that the Thom class $t(\xi) \in \tilde{N}^*(M\xi)$ is mapped to the Thom class of the bundle

$$id_{S^\infty} \times_{\mathbb{Z}_2} (\xi \times \xi)$$

in $\tilde{N}^*(S^{\infty +} \wedge_{\mathbb{Z}_2} (M\xi \wedge M\xi))$. The diagonal $X \longrightarrow X \wedge X$ induces a map

$$d^* : \tilde{N}^*(S^{\infty +} \wedge_{\mathbb{Z}_2} (X \wedge X)) \longrightarrow \tilde{N}^*(RP^{\infty +} \wedge X) \cong \tilde{N}^*(X)[[w]].$$

The coefficients of the powers w^i in $d^*P^*(x)$ are then defined to be the value of an internal Steenrod operation on the element x.
In chapter X we describe the homology and cohomology groups of the classifying spaces BO and RP^∞ as Hopf algebras (we borrow from notes of Boardman [2] and Liulevicius [9]). We prove isomorphisms

(0.12) $$H^*(BO) \cong H_*(BO)$$
$$H_*(BO) \cong \mathbb{Z}_2[a_1, a_2, \dots]$$

of Hopf algebras. The comultiplication for $\mathbb{Z}_2[a_1, a_2, \dots]$ is given by the formula

$$\Delta a_i = \sum_{j=o}^{i} a_j \otimes a_{i-j} , \qquad a_o = 1 .$$

Once these isomorphism are established it is no longer necessary to compute with symmetric functions.
By the general results of chapter VIII we have a multiplicative transformation

(0.13) $\quad B : \tilde{N}^*(-) \longrightarrow \tilde{H}^*(-) \hat{\otimes} H_*(BO) \cong \tilde{H}^*(-)[[a_1, a_2, \ldots]]$,

the Boardman map, which maps the Euler class w of the universal line bundle onto $\sum_{i=0}^{\infty} w^{i+1} \otimes a_i$. As $H_*(BO)$ can be retracted to $L = \mathbb{Z}_2[a_2, a_4, \ldots]$ one obtains that B is injective and gives complete cobordism invariants. In particular one has the theorem of Thom that characteristic numbers determine the cobordism class of a manifold.
Geometrically B may be given in a stable category by the composition

$$\tilde{N}^*(-) = \{-, MO\}^* \xrightarrow{\tilde{H}^*} \mathrm{Hom}(\tilde{H}^*(MO), \tilde{H}^*(-))$$

$$\xrightarrow[\text{Thom-isom}]{} \mathrm{Hom}\,(H^*(BO), \tilde{H}^*(-)) \cong \tilde{H}^*(-) \hat{\otimes} H_*(BO).$$

Using this description we compute the image under B of projective spaces and the Milnor manifolds

(0.14) $\quad H(m,n) = \{([X],[Y]) \in RP^m \times RP^n \mid \sum_{i=0}^{m} x_i y_i = 0\}$.

We explicitly describe polynomial generators for N^*.
In chapter XI we describe the algebra of natural transformations $\tilde{N}^*(-) \longrightarrow \tilde{N}^*(-)$. If we think of $\tilde{N}^*(-)$ as a theory stably represented by an object MO, then this algebra is equal to
$\{MO, MO\}^* = \tilde{N}^*(MO) \cong N^*(BO) \cong N^*[[w_1, w_2, \ldots]]$
as left N^*-module, but this description does not show the algebraic structure. We describe the Hopf algebra $\mathbb{Z}_2[w_1, w_2, \ldots] \subset N^*[[w_1, \ldots]]$ of natural transformations of $\tilde{N}^*(-)$, which was introduced by Landweber [8] and Novikov [12], or rather its dual algebra $S_* = \mathbb{Z}_2[a_1, a_2, \ldots]$. By the general theory of chapter VIII again we have a multiplicative transformation

(0.15) $\quad \psi : \tilde{N}^*(-) \longrightarrow \tilde{N}^*(-) \otimes S_*$

with $\psi(w) = w \otimes 1 + w^2 \otimes a_1 + \ldots$
Now let $k' = \Sigma a_i' X^{i+1}$, $k'' = \Sigma a_i'' X^{i+1}$, and let the comultiplication in S_* be defined as a map

(0.16) $\Lambda : S_* \longrightarrow S_* \otimes S_* = \mathbb{Z}_2[a_1', a_2', \ldots, a_1'', a_2'', \ldots]$

by $k''(k'(X)) = \Sigma \Lambda(a_i)\, X^{i+1}$.

The map ψ is a natural comodule structure of $\tilde{N}^*(-)$ over the coalgebra

S_*. If we set $S^* = \mathrm{Hom}(S_*, \mathbb{Z}_2)$, then S^* is a Hopf algebra, the <u>Landweber-Novikov algebra</u>, and $f \in S^*$ operates on $\tilde{N}^*(-)$ by

(0.17) $\quad \psi_f : \tilde{N}^*(-) \xrightarrow{\psi} \tilde{N}^*(-) \otimes S_* \xrightarrow{1 \otimes f} \tilde{N}^*(-) \otimes \mathbb{Z}_2 = \tilde{N}^*(-).$

This operation endowes $\tilde{N}^*(-)$ with the structure of an algebra over the Hopf algebra S^*. We determine the operation of S^* on the canonical polynomial generators $a_i \in L = N^*$ by aid of the formal group in a quite simple looking (but perhaps nevertheless not quite perspicuous) formula, and we calculate the operation on the elements represented by projective spaces via the Boardman map.
The description of the Landweber-Novikov algebra comes out to be quite simple and close at hand here, and this seemes to make it a worthwhile undertaking, also to describe the <u>dual Steenrod algebra</u> in this way as a quotient of the dual Landweber Novikov algebra. This is what we do. Let $\mathbb{Z}_2[\lambda_1, \lambda_2, \ldots]$ be the polynomial algebra with $\dim \lambda_j = 2^j - 1$, and let the map

(0.18) $\quad q : S_* = \mathbb{Z}_2[a_i]_{i>0} \longrightarrow \mathbb{Z}_2[\lambda_j]_{j>0}$

be given by $\quad q(a_i) = \begin{cases} 0 & \text{for } i \neq 2^j - 1 \\ \lambda_j & \text{for } i = 2^j - 1 . \end{cases}$

We provide $\mathbb{Z}_2[\lambda_j]_{j>0}$ with a comultiplication which correspondes to the composition of formal power series of the form $\Sigma \lambda_j X^{2^j}$ analogons to (0.16); then q is a morphism of Hopf algebras, for these series form a group under composition. More precisely it is the group of automorphisms of the linear formal group (0.2), and from this one concludes, that the composition of maps

(0.19) $\tilde{N}^*(-) \xrightarrow{\psi} \tilde{N}^* \otimes S_* \xrightarrow{1 \otimes q} \tilde{N}^*(-) \otimes \mathbb{Z}_2[\lambda_j]_{j>0} \longrightarrow \tilde{H}^*(-) \otimes \mathbb{Z}_2[\lambda_j]_{j>0}$

factorizes over $\tilde{H}^*(-)$ in a manner to define a <u>cooperation of $\mathbb{Z}_2[\lambda_j]_{j>0}$ on</u> $\tilde{H}^*(-)$. We show that $\mathbb{Z}_2[\lambda_j]_{j>0}$ as a Hopf algebra is isomorphic to the dual Steenrod algebra (= algebra of stable operations of $\tilde{H}^*(-)$). The proof uses a splitting of grades algebras

(0.20) $\quad S_* = \mathbb{Z}_2[\lambda_j]_{j>0} \otimes L .$

In fact we know that $\mathrm{Hom}\,(S_*, \mathbb{Z}_2) = H^*(BO) = \tilde{H}^*(MO)$ is equal to the module of natural transformations $\tilde{N}^*(-) \longrightarrow \tilde{H}^*(-)$, and we have to show that the submodule $\mathrm{Hom}(\mathbb{Z}_2[\lambda_j]_{j>0}, \mathbb{Z}_2)$ containes just those transformations which factorize over $\tilde{H}^*(-)$.
In chapter XII we compute the <u>bordism theory of singular manifolds</u>. We have a canonical transformation

(0.21) $\tau : N_*(X) \longrightarrow H_*(X \times BO) \cong H_*(X) \otimes H_*(BO)$

which maps the singular manifold $h : M \longrightarrow X$ to $(h, g_M)_* \, z_M$, where $g_M : M \longrightarrow BO$ is the classifying map of the stable tangent bundle and z_M is the fundamental class of M. We compose τ with a map induced by an obvious retraction

$$H_*(BO) \longrightarrow L = N_*$$

and get a canonical isomorphism

(0.22) $N_*(X) \cong H_*(X) \otimes N_*$

for arbitrary spaces X. In particular the Thom homomorphism $\mu : N_*(X) \longrightarrow H_*(X)$ is always surjective which means that every mod 2 homology class is "represented" by a singular manifold.
We make a few remarks about the cap product

$$\tilde{N}^i(X/A) \otimes \tilde{N}_n(X/A) \longrightarrow N_{n-i}(X)$$

and give a geometric interpretation of the cap product with the Thom class $t(\xi) \in \tilde{N}^*(M\xi)$ (transversal intersection with the zero section). These remarks are used to derive as the final result in these notes a formula of Boardman [2] which explicitly describes the coefficients of the formal group F_N in terms of projective spaces and Milnor manifolds (see Clausen-Liulevicius-Norlamo [3] for the method of proof).

*

* *

Herr Dr. R. Vogt, Saarbrücken, hat die ersten sieben Kapitel dieser Notes gelesen und zahlreiche Fehler korrigiert und Vorschläge zur Verbesserung gemacht. Ihm gilt unser besonderer Dank.
Für Hilfe beim Schreiben des Manuskripts danken wir dem Mathematischen Institut in Aarhus, insbesondere Fräulein U. Engelke, sowie Fräulein M. Kilger am Mathematischen Institut in Regensburg.

*

* *

Technische Hinweise

Diese Notes sind in Kapitel und Abschnitte eingeteilt; ein Zitat mit dem Zeichen (IX, 7.2) verweist auf Kapitel IX, Abschnitt 7, Satz (Definition, Lemma,...) 7.2. Ein Zitat der Form (6.4) verweist auf Satz (...) im selben Kapitel. Ein Satz oder Abschnitt, der mit einem

"*" bezeichnet ist, ist für den Zusammenhang des Ganzen unwichtig und darf insbesondere unverständlich bleiben. Literatur findet sich jeweils am Ende des Kapitels, Literaturhinweise in eckigen Klammern "[...]". Das Ende eines Beweises ist durch "§§§" angezeigt.

1. J. M. Boardman: On stable homotopy theory and some applications. Cambridge 1964 Thesis.

2. J. M. Boardman: Stable homotopy theory. Ch. V. VI. University of Warwick (1965-1966). Mimeographed.

3. F. Clausen, A. Liulevicius, P. Norlamo: Generators for Ω_*^u. University of Aarhus 1968. Preprint.

4. P. E. Conner and E.E. Floyd: Differentiable periodic maps. Erg. d. Math. u. ihrer Grenzgebiete Bd. 33. Berlin - Göttingen - Heidelberg: Springer 1964.

5. T. tom Dieck: Steenrod-Operationen in Kobordismen-Theorien. Math. Zeitschrift 107 (1968), 380-401.

6. A. Dold: On general cohomology. Lectures, Nordic Summer School. Aarhus 1968. Mimeographed

7. A. Fröhlich: Formal groups. Springer Lecture Notes 74 (1968).

8. P.S. Landweber: Cobordism operations and Hopf algebras. Trans. A.M.S. 129 (1967), 94-110.

9. A. Liulevicius: Lectures on characteristic classes. Lecture notes. Aarhus University 1968.

10. J. Milnor: Differential topology. Princeton 1958. Mimeographed

11. J. Milnor: On axiomatic homology theory. Pacific J. Math. 12 (1962), 337-341.

12. P.S. Novikov: The methods of algebraic topology from the viewpoint of cobordism theories. Izvestija Akademii Nauk SSSR, Serija Matematiceskaja 31 (1967), 855-951.

13. D. Quillen: On the formal group laws of unoriented and complex cobordism theory. Bull. A.M.S. 75 (1969), 1293 - 1298.

14. D. Quillen: Lecture given at University of Aarhus. August 1969.

15. D. Quillen: Elementary proofs of some results of cobordism theory using Steenrod operations. Preprint: Inst. for Advanced study. Princeton 1970.

16. R.E. Stong: Notes on cobordism theory. Princeton Univ. Press 1968.

17. R. Thom: Quelques propriétés globales des variétés differentiables. Comm. Math. Helv. 28 (1954), 109-181.

18. G.W. Whitehead: Generalized homology theories. Trans. A.M.S. 102 (1962), 227-283.

I. Kapitel

Vorbereitungen

In diesem Kapitel stellen wir ohne Beweise und weitgehend ohne Definitionen einige Begriffe und Sätze aus der Differentialtopologie und der Theorie der Vektorbündel zusammen, die wir im folgenden brauchen werden. Man findet eine mit Beweisen (und Definitionen des hier nur Unterstrichenen) versehene Darstellung in [5], [10] und [13, Appendix 2] für die Differentialtopologie und in [1] und [3] für die Vektorbündel.

1. Differentialtopologie

Unter einer Mannigfaltigkeit M^n verstehen wir im folgenden eine n-dimensionale, beliebig oft differenzierbare (berandete oder unberandete), parakompakte Mannigfaltigkeit. Der Rand ∂M^n von M^n ist eine unberandete Mannigfaltigkeit der Dimension $n-1$. Eine Abbilding $f: M \longrightarrow N$ zwischen Mannigfaltigkeiten soll, wenn nichts anderes gesagt wird, beliebig oft differenzierbar sein.

Die Tangentialvektoren einer Mannigfaltigkeit M^n bilden ein n-dimensionales differenzierbares Vektorbündel π_M: $TM^n \longrightarrow M^n$, das Tangentialbündel von M^n. ([5; Definition 2.5], [10; § 2.2], [13; Appendix 2, S. 8 ff], [3; S. 248 ff]). Die Faser T_xM von TM über $x \in M$ ist isomorph zu $\mathbb{R}^n$. Eine Abbildung von Mannigfaltigkeiten $f: M \longrightarrow N$ induziert eine differenzierbare lineare Abbildung $Tf: TM \longrightarrow TN$ der Tangentialbündel, das Differential von f ([3; S. 248], [5; Definition 2.6], [13; Appendix 2, S. 10]). Auf diese Weise wird das Tangentialbündel zu einem Funktor von der Kategorie der Mannigfaltigkeiten in die Kategorie der Vektorbündel und linearen Abbildungen.

Eine Abbildung $f: M \longrightarrow N$ heisst Immersion, wenn Tf injektiv auf jeder Faser ist, das heisst T_xf ist injektiv für jedes $x \in M$. Ist f zudem ein Homöomorphismus von M mit $f(M) \subset N$, so heisst f eine Einbettung.

Jede Mannigfaltigkeit lässt sich in einen genügend hochdimensionalen euklidischen Raum einbetten; genauer gilt:

(1.1) Einbettungssatz von Whitney

Sei $\varepsilon: M^n \longrightarrow \mathbb{R}$ eine strikt positive Abbildung, und für $p > 2n$ sei $f: M^n \longrightarrow \mathbb{R}^p$ eine Abbildung, die für eine Umgebung der abgeschlossenen Menge $A \subset M^n$ eine Einbettung ist. Dann gibt es eine ε-Approximation g von f, mit $g \mid A = f \mid A$, die eine Einbettung ist. Insbesondere gibt es eine Einbettung $g: M^n \longrightarrow \mathbb{R}^p$, so dass $g(M^n)$ abgeschlossen in $\mathbb{R}^p$ ist ([5; S. 19-21], [10; 2.15.8], [13; Appendix 2,

S. 14-17], [16; Theorem 1]). Dabei heisst g eine ε-Approximation von f, wenn der Abstand von $f(x)$ und $g(x)$ kleiner als $\varepsilon(x)$ (bezüglich einer zuvor gegebenen Metrik) ist. Von der vorgegebenen Abbildung f braucht man nur vorauszusetzen, dass sie stetig ist, denn

(1.2) Satz

Sei $f: M \longrightarrow N$ stetig, und auf der abgeschlossenen Menge $A \subset M$ differenzierbar. Sei $\varepsilon: M \longrightarrow \mathbb{R}$ strikt positiv und N (z.B. durch Einbettung in einen $\mathbb{R}^p$) metrisiert. Dann gibt es eine differenzierbare ε-Approximation $g: M \longrightarrow N$ von f, mit $g \mid A = f \mid A$ ([5; Lemma 3.11], [10; 1.6.5]).

Sei jetzt $f: M \longrightarrow \mathbb{R}^p$ eine Einbettung. Zu f gehört das Normalenbündel ν_f: $E(\nu_f) \longrightarrow M$ von f ([3; S. 249, Definition 2.6], [5; Definition 2.16], [13; Appendix 2, S. 17]).

Fassen wir M vermöge f als Teilmenge von $\mathbb{R}^p$ auf, so besteht die Faser von ν_f über $x \in M$ aus den Vektoren $v \in \mathbb{R}^p$, die (bezüglich des Standard-Skalarproduktes im $\mathbb{R}^p$) im Punkte x senkrecht auf M stehen. Die Whitney-Summe ([3; S. 26], [5; Definition 2.9]) $\nu_f \oplus \tau_M$ von ν_f mit dem Tangentialbündel von M ist trivial von der Dimension p über M, denn dies ist die Einschränkung des trivialen Bündels $T\mathbb{R}$ auf M^n, $\nu_f \oplus \tau_M \cong pr_1: M^n \times \mathbb{R}^p \longrightarrow M^n$ ([3; S. 249, Remark 2.7], [5; S. 39-40]).

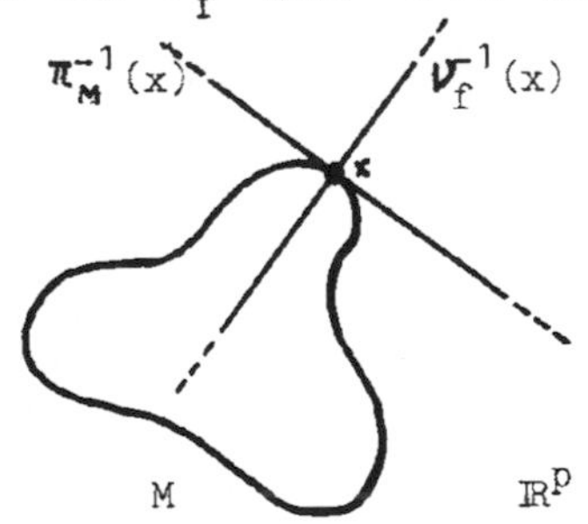

(1.3) Satz

Die Inklusion $(\nu_f: E(\nu_f) \longrightarrow M) \longrightarrow (pr_1: M \times \mathbb{R}^p \longrightarrow M)$ ist eine lineare Einbettung von differenzierbaren Vektorbündeln ([13; Appendix 2, S. 17-18]).

Sei $\gamma: E(\nu_f) \longrightarrow \mathbb{R}^p$ die Zusammensetzung der Abbildungen

$$E(\nu_f) \subset M^n \times \mathbb{R}^p \xrightarrow{f \times id} \mathbb{R}^p \times \mathbb{R}^p \xrightarrow{e} \mathbb{R}^p,$$

mit $e(v,w) = v + w$. Die Menge $E(\nu_f) \cap (M \times \{0\})$ ist der Nullschnitt von ν_f.

(1.4) Satz (Definition)

Sei $\partial M = \emptyset$ und $f: M \longrightarrow \mathbb{R}^p$ eine Einbettung. Es gibt eine offene Umgebung des Nullschnitts von $E(\nu_f)$, die durch γ: $E(\nu_f) \longrightarrow \mathbb{R}^p$ diffeomorph auf eine offene Umgebung U von $f(M)$ in $\mathbb{R}^p$ abgebildet wird. Eine solche Umgebung U heisst tubulare Umgebung von $f(M)$ ([4; S. 73 ff], [5; Definition 3.9], [13; Appendix 2, S. 18]). Insbesondere ist M ein euklidischer Umgebungs-Deformationsretrakt, man deformiert entlang der Fasern von ν_f.

Ein Normalenbündel und tubulare Umgebungen kann man für jede Einbettung $M \longrightarrow N$ erklären, insbesondere für die Inklusion des Randes $\partial M \longrightarrow M$. Hier ist das Normalenbündel trivial 1-dimensional, und das Analogon zu (1.4) lautet:

(1.5) Satz (Definition)

Es gibt eine offene Umgebung U von M in M und einen Diffeomorphismus $s: \partial M \times [0,1) \longrightarrow U$ mit $s(x,o) = x$ für $x \in \partial M$. Die Umgebung U heisst Kragen von ∂M ([6; Corollary 3.5], [9; Theorem 5.9], [13; Appendix 2, S. 20]).

Der Kragensatz (1.5) erlaubt es, Mannigfaltigkeiten M_1^n, M_2^n längs gemeinsamer Komponenten N^{n-1} ihres Randes zu verkleben.

(1.6) Satz

Sei f_i: $N \longrightarrow M_i$, $i = 1,2$ eine Einbettung von N als Vereinigung von Komponenten des Randes von M_i; sei $M_1 + M_2$ die topologische (und differenzierbare) Summe der M_i und $D = M_1 \cup_N M_2$ der Quotient von $M_1 + M_2$ nach der Äquivalenzrelation $f_1(x) \sim f_2(x)$ für $x \in N$. Dann gibt es eine (bis auf Diffeomorphie eindeutige) differenzierbare Struktur auf D, so dass die Inklusionen $M_i \longrightarrow D$ differenzierbar sind ([6; Theorem 1.4, S. 25]).

2. Transversalität

Sei f: $M \longrightarrow N$ eine Abbildung von Mannigfaltigkeiten und $U \subset N$ eine Untermannigfaltigkeit. Man kann nicht erwarten, dass das Urbild $f^{-1}U$ eine Untermannigfaltigkeit von M ist; in der Tat kann man zum Beispiel jede abgeschlossene Teilmenge von M als Urbild eines Punktes in N erhalten. Jedoch sind die Abbildungen f, bei denen $f^{-1}U$ keine Untermannigfaltigkeit ist, gewissermassen Ausnahmen.

(2.1) Definition

Sei f: $M^m \longrightarrow N^n$ eine Abbildung von Mannigfaltigkeiten und $U^{n-k} \subset N^n$ eine Untermannigfaltigkeit. Die Abbildung f heisst transversal zu U im Punkte $x \in M$, wenn folgendes gilt:

Ist $f(x) \in U$, so ist $T_{f(x)}U + Tf(T_x M) = T_{f(x)}N$. Mit anderen Worten, der Tangentialraum $T_x M$ geht bei Tf epimorph auf $T_{f(x)}N/T_{f(x)}U$ und liegt damit so quer wie möglich zu $T_{f(x)}U$. Falls $f(x) \notin U$, so ist nichts gefordert; f ist transveral in x. Die Punkte $x \in M$, in denen f transversal ist, bilden eine offene Menge.

(2.2) Definition

Ist $f: M \longrightarrow N$ transversal zu U in jedem $x \in M$, so heisst f transversal zu U. Ist insbesondere U ein Punkt, so heisst dieser Punkt regulärer Wert von f.

(2.3) Satz

Ist die Abbildung $f: M^m \longrightarrow N^n$ transversal zu $U^{n-k} \subset N^n$, so ist $f^{-1}(U^{n-k})$ eine Untermannigfaltigkeit von M von der Dimension $m-k$ (oder leer) ([5; Lemma 1.34], [10; Proposition 2.16.3], [13; Appendix 2, S. 23]).

Insbesondere ist das Urbild eines regulären Wertes eine Untermannigfaltigkeit, und reguläre Werte gibt es genug:

(2.4) Satz von Sard

Sei $f: M \longrightarrow N$ eine Abbildung. Mit Ausnahme einer Menge vom Mass 0 ist jedes $x \in N$ ein regulärer Wert von f ([7; § 3], [10; 2.2.13], [11; § 1], [12; Theorem 3.1, S. 47]).

Und wenn $U \subset N$ gegeben ist, so ist "fast jede" Abbildung $f: M \longrightarrow N$ transversal zu U, insbesondere:

(2.5) Transversalitätssatz von Thom

Sei $f: M \longrightarrow N$ eine Abbildung und $U \subset N$ eine abgeschlossene Untermannigfaltigkeit. Sei $A \subset M$ abgeschlossen, und f sei transversal zu U in jedem $x \in A$. Sei $\delta: M \longrightarrow \mathbb{R}$ strikt positiv, und N metrisiert. Dann gibt es eine δ-Approximation $g: M \longrightarrow N$ von f, mit $g \mid A = f \mid A$, die transversal zu U ist ([5; Theorem 1.35], [10; Theorem 4.5, S. 65], [13; Appendix 2, S. 24], [14]).

Differenzierbare Abbildungen g, die genügend nahe" an einer stetigen Abbildung f sind, sind homotop zu f. Dies ermöglicht den Zusammenhang zwischen der Differenzialtopologie und der Homotopietheorie und erklärt das Interesse des Topologen an Approximationssätzen:

(2.6) Satz

Sei $f: M \longrightarrow N$ eine stetige Abbildung, und sei N metrisiert. Zu jeder strikt positiven Abbildung $\varepsilon: M \longrightarrow \mathbb{R}$ gibt es eine strikt positive Abbildung $\delta: M \longrightarrow \mathbb{R}$, so dass folgendes gilt:

Ist g eine δ-Approximation von f, so ist g homotop zu f unter einer Homotopie $F(x,t)$ mit

(a) $F(x,t) = f(x)$ falls $g(x) = f(x)$,

(b) $F(x,t)$ ist eine ε-Approximation von f, für jedes t

([5; Lemma 3.12]).

3. Vektorbündel

Wir setzen die Grundbegriffe der Theorie der Vektor-(raum-)bündel voraus und verweisen hierfür insbesondere auf [1] und [3]. Wir wollen jedoch an die folgenden Tatsachen erinnern:

Sei $\xi: E \longrightarrow B$ ein Vektorbündel mit Totalraum E, Basis B, und Faser $\mathbb{R}^k$ (oder $\mathbb{C}^k$). Sei $f: B' \longrightarrow B$ eine stetige Abbildung; dann hat man ein induziertes Bündel $f^*\xi$, und eine Bündelabbildung (d.h. eine auf jeder Faser linear isomorphe Abbildung) $\tilde{f}: f^*\xi \longrightarrow \xi$

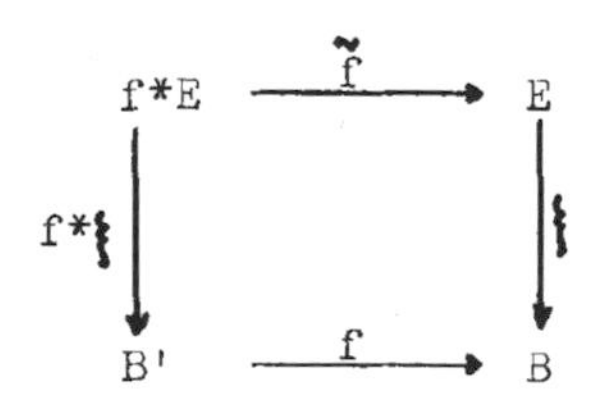

Das Bündel $f^*\xi$ hat folgende universelle Eigenschaft:

(3.1) Satz

(a) Sei $g: \xi' \longrightarrow \xi$ eine Bündelabbildung, die auf der Basis die Abbildung $f: B' \longrightarrow B$ induziert, dann gibt es eine eindeutig bestimmte Faktorisierung $g = \tilde{f} \circ \tilde{g}$ mit $\tilde{g}: \xi' \longrightarrow f^*\xi$, wobei $\tilde{g}$ auf der Basis die Identität induziert:

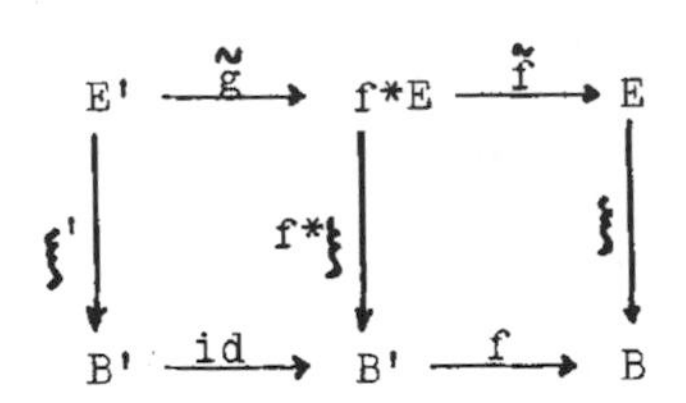

(b) <u>Ist $f_1 \simeq f_2$: $B' \longrightarrow B$ (homotop), so ist $f_1^*\xi$ äquivalent zu $f_2^*\xi$ als Vektorbündel, falls ξ numerierbar ist</u>. Dabei heisst eine Überdeckung $(U_j \mid j \in J)$ eines topologischen Raumes B <u>numerierbar</u>, wenn es eine lokal endliche Zerlegung der Eins $(\tau_j : B \longrightarrow [0,1] \mid j \in J)$ gibt, mit $\tau_j^{-1}(0,1] \subset U_j$; ein Vektorbündel ξ: $E \longrightarrow B$ heisst numerierbar, wenn es eine numerierbare Überdeckung $(U_j \mid j \in J)$ von B gibt, so dass $\xi | U_j$ trivial ist, für alle $j \in J$ ([3; Theorem 3.2, S. 27] für (a), [2; Corollary 7.10] für (b)).

Das Bündel ξ' in (3.1, a) ist also (bis auf Äquivalenz) durch die Homotopieklasse der Abbildung f auf der Basis bestimmt.

Ein grundlegendes Verfahren der Topologie besteht darin, dass man Funktoren durch Homotopie-Mengen beschreibt; wir werden das in dieser Vorlesung wiederholt üben. Um dieses Verfahren für den Funktor anzuwenden, der einem Raum B die "Menge" aller (Äquivalenzklassen von) Vektorbündeln über B zuordnet, konstruiert man einen Raum G_k und ein k-dimensionales Vektorbündel γ_k: $E_k \longrightarrow G_k$, das gewissermassen alle Komplikation in sich enthält, das heisst: Jedes k-dimensionale Bündel ξ: $E' \longrightarrow B$ besitzt (bis auf Homotopie genau) eine Bündelabbildung $\xi \longrightarrow \gamma_k$.

Sei $G_{k,n}$ die Mannigfaltigkeit der k-dimensionalen Unterräume des $\mathbb{R}^n$ (<u>Grassman-Mannigfaltigkeit</u>) ([1; S. 27], [5; S. 45 ff], [10; § 2.3]).

Sei $E_{k,n} = \{(H,v) \mid H \in G_{k,n}$ und $v \in H\} \subset G_{k,n} \times \mathbb{R}^n$, und
$\gamma_{k,n}$: $E_{k,n} \longrightarrow G_{k,n}$, $\gamma_{k,n}(H,v) = H$.

(Die Faser von γ über $H \in G_{k,n}$ besteht gewissermassen aus allen Vektoren in H).

(3.2) <u>Satz</u>

(a) <u>Die Projektion $\gamma_{k,n}$ ist ein differenzierbares Vektorbündel über der kompakten Mannigfaltigkeit $G_{k,n}$</u>.

(b) <u>Die Inklusion $\mathbb{R}^n \longrightarrow \mathbb{R}^{n+1}$ induziert abgeschlossene Inklusionen</u>

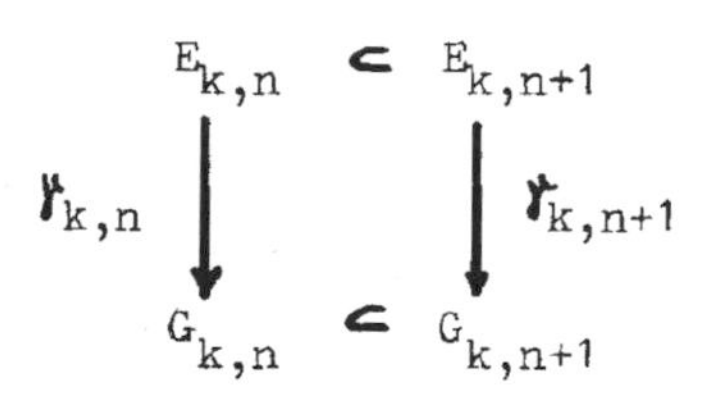

(c) Das Bündel $\gamma_{k,n}$ ist numerierbar (sogar von endlichem Typ, siehe 3.5) ([1; S. 28], [5; 2.26 und 2.28]).

Man bildet jetzt den Limes der Inklusionen in (3.2, b):

$$E_{k,\infty} = \underset{n}{\underrightarrow{\lim}}\, E_{k,n}; \quad G_{k,\infty} = \underset{n}{\underrightarrow{\lim}}\, G_{k,n}; \quad \gamma_{k,\infty} = \underset{n}{\underrightarrow{\lim}}\, \gamma_{k,n}.$$

(3.3) <u>Satz</u>

<u>Jedes k-dimensionale numerierbare Vektorbündel ξ über B besitzt eine Bündelabbildung $\xi \longrightarrow \gamma_{k,\infty}$; je zwei dieser Bündelabbildungen sind als Bündelabbildungen homotop</u> ([2; § 7], [15]).

Insbesondere entsprechen die Äquivalenzklassen k-dimensionaler numerierbarer Vektorbündel über B eindeutig den Homotopieklassen von Abbildungen $B \longrightarrow G_{k,\infty}$. Das Bündel $G_{k,\infty}: E_{k,\infty} \longrightarrow G_{k,\infty}$ heisst das <u>universelle</u> k-dimensionale Bündel. Ist

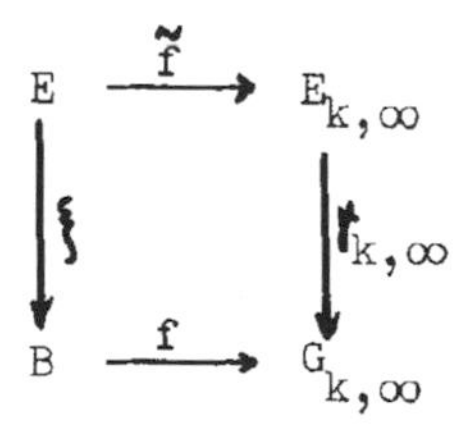

eine Bündelabbildung, so heisst f <u>klassifizierende Abbildung</u> von ξ.

Eine klassifizierende Abbildung von ξ lässt sich einfach beschreiben, wenn man eine Inklusion von ξ in ein triviales Bündel hat:

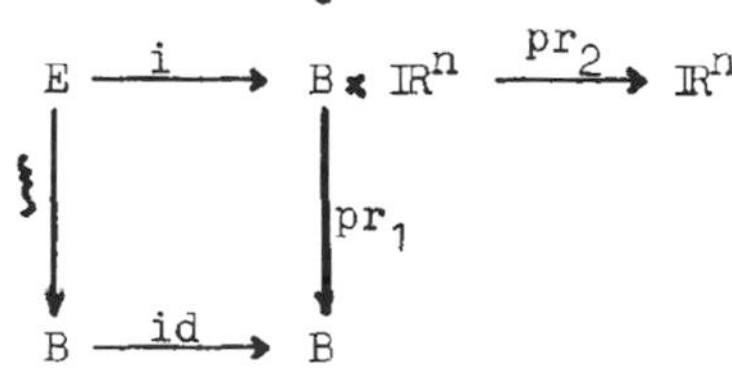

(3.4) Die klassifizierende Abbildung von ξ bildet $x \in B$ auf $pr_2 \circ i(\xi^{-1}(x)) \in G_{k,n} \subset G_{k,\infty}$ ab; jeder Punkt $x \in B$ geht also auf die Faser von ξ über x, aufgefasst als k-dimensionaler Unterraum des $\mathbb{R}^n$, d.h. als Punkt von $G_{k,n}$. Diese Situation finden wir insbesondere bei dem Normalenbündel einer Einbettung $M^{n-k} \xrightarrow{j} \mathbb{R}$ (siehe 1.3). Zu j gehört also eine eindeutig beschriebene klassifizierende Abbildung des Normalenbündels ν_j der Einbettung $h_j: M \longrightarrow G_{k,\infty}$, mit $h_j(x) = \nu_j^{-1}(x) \in G_{k,n} \subset G_{k,\infty}$, wenn man M vermöge j als Teilmenge des $\mathbb{R}^n$ auffasst.

Hat man eine Inklusion i von ξ in ein triviales Bündel $pr_1: B \times \mathbb{R}^k \longrightarrow B$ wie eben, so führe man auf $B \times \mathbb{R}^k$ das Standard-Skalarprodukt in den Fasern ein; sei $E' = \{(b,v) \mid v \in [i(\xi^{-1}(b))]^{\perp}\}$ und $\eta: E' \longrightarrow B$ sei definiert durch $\eta(b,v) = b$. Dann gilt:

η ist ein (n-k)-dimensionales Vektorbündel und $\xi \oplus \eta = pr_1$ ist trivial ([1; S. 13-14]).

(3.5) Definition

Das Vektorbündel η heisst invers zu ξ, wenn die Whitney-Summe $\xi \oplus \eta$ trivial ist. Das Vektorbündel ξ heisst von endlichem Typ, wenn es eine endliche numerierbare Überdeckung $(U_j,\ j = 1,\ldots,r)$ gibt, so dass $\xi | U_j$ trivial ist, für alle j.

(3.6) Satz

Ein Vektorbündel ξ besitzt genau dann ein Inverses, wenn es von endlichem Typ ist ([3; Proposition 5.8, S. 31], [5; Theorem 2.28]).

Insbesondere ist jedes Bündel mit kompakter Basis und jedes Normalenbündel einer Einbettung in den $\mathbb{R}^n$ von endlichem Typ, und besitzt ein Inverses.

Literatur

1. M.F. Atiyah: "K-theory" (Benjamin Inc., New York, 1967)
2. A. Dold: "Partitions of unity in the theory of fibrations" (Ann. Math. 78 (1963), 223-255)
3. D. Husemoller: "Fibre bundles" (McGraw-Hill Inc., New York, 1966)
4. S. Lang: "Introduction to differentiable manifolds" (Interscience Publishers, New York, 1962)
5. J. Milnor: "Differential topology" (Vervielfältigtes Manuskript), Princeton University, 1958)

6. J. Milnor: "Lectures on the h-cobordism theorem" (Princeton University Press, 1965)

7. J. Milnor: "Topology from the differentiable viewpoint" (University Press of Virginia, Charlottesville, 1965)

8. C. Morlet: "Le lemme de Thom et les théorèmes de plongement de Whitney I-IV" (Seminaire Henri Cartan 14, 1961/62, exposés 4-7)

9. J.R. Munkres: "Elementary differential topology" (Ann. Math. Studies 54, 1966)

10. R. Narasimhan: "Analysis on real and complex manifolds" (North-Holland Publishing Company, Amsterdam 1968)

11. A. Sard: "The measure of critical values of differentiable maps" (Bull.Am.Math.Soc. 45 (1942), 883-890)

12. S. Sternberg: "Lectures on differential geometry" (Prentice Hall Inc., New Jersey, 1964)

13. R.E. Stong: "Notes on cobordism theory" (Princeton University Press, 1968)

14. R. Thom: "Un lemme sur les applications différentiables" (Bol.Soc.Mat. Mexico (1956), 59-71)

15. T. tom Dieck: "Klassifikation numerierbarer Bündel" (Arch.Math. 17 (1966), 395-399)

16. H. Whitney: "Differentiable manifolds" (Ann.Math. 37 (1936), 645-680).

II. Kapitel
Die Bordismen-Homologie-Theorie

In diesem Kapitel definieren wir den Bordismen-Funktor N_* und zeigen seine elementaren Eigenschaften; insbesondere beweisen wir, dass N_* eine Homologietheorie ist.

1. Die Bordismen-Relation

Zur Motivation des folgenden sei an die Definition der Homotopiegruppen π_n eines topologischen Raumes X erinnert: Ein Element $[\alpha] \in \pi_n(X)$ ist repräsentiert durch eine stetige Abbildung $\alpha: S^n \longrightarrow X$ der n-dimensionalen Sphäre nach X. Zwei solche Abbildungen α_1, α_2 repräsentieren dasselbe Element von $\pi_n(X)$, wenn es eine stetige Abbildung $A: S^n \times [0,1] \longrightarrow X$ des Zylinders über S^n nach X gibt, so dass $A \mid S^n \times \{0\} = \alpha_1$ und $A \mid S^n \times \{1\} = \alpha_2$; dabei hat man noch gewisse Bedingungen für die Grundpunkte zu beachten, die wir übergehen.

Der Nachteil der Homotopiegruppen ist, dass es auch für einfache Räume, z.B. die Sphären selbst, nicht gelungen ist, sie zu berechnen.

Die Bordismengruppen entstehen als natürliche Verallgemeinerung der Homotopiegruppen: Man betrachtet statt der Sphären alle möglichen geschlossenen Mannigfaltigkeiten und definiert die Äquivalenzrelation, statt mit dem Zylinder, mit allen möglichen berandeten Mannigfaltigkeiten. Man erhält so Funktoren, zu deren schönen Eigenschaften erstaunlicherweise gehört, dass man sie für eine grosse Klasse von Räumen berechnen kann.

(1.1) Definition

Sei X ein topologischer Raum. Eine n-dimensionale singuläre Mannigfaltigkeit (mit Rand) in X ist eine stetige Abbildung $F: B \longrightarrow X$ einer kompakten n-dimensionalen Mannigfaltigkeit B nach X.

Wir bezeichnen die singuläre Mannigfaltigkeit durch (B,F). Die singuläre Mannigfaltigkeit $\partial(B,F) =: (\partial B, F \mid \partial B)$ heisst Rand von (B,F); die singuläre Mannigfaltigkeit (B,F) heisst geschlossen, falls $\partial B = \emptyset$ ist.

(1.2) Definition

Sei (M,f) eine geschlossene singuläre Mannigfaltigkeit in X, dann heisst (M,f) nullbordant, wenn es eine singuläre Mannigfaltigkeit (B,F) in X gibt, so dass $(M,f) = \partial(B,F)$. ("=" ist natürlich ein Diffeomorphismus, recht verstanden). Wir sagen: (B,F) ist ein Null-

<u>bordismus</u> von (M,f).

Sind (M_1,f_1) und (M_2,f_2) singuläre Mannigfaltigkeiten in X gleicher Dimension, so bezeichnen wir mit

$$(M_1,f_1)+(M_2,f_2)$$

die singuläre Mannigfaltigkeit

$$(f_1,f_2): \quad M_1+M_2 \longrightarrow X$$

$$(f_1,f_2)\,|\,M_i = f_i,$$

dabei ist hier $+$ die topologische (und differenzierbare) Summe.

(1.3) <u>Definition</u>

Zwei geschlossene n-dimensionale singuläre Mannigfaltigkeiten (M_1,f_1) und (M_2,f_2) in X heissen <u>bordant</u>, wenn $(M_1,f_1)+(M_2,f_2)$ nullbordant ist. Ein Nullbordismus von $(M_1,f_1)+(M_2,f_2)$ heisst <u>Bordismus zwischen</u> (M_1,f_1) <u>und</u> (M_2,f_2).

(1.4) <u>Satz</u>

<u>"Bordant" ist eine Äquivalenzrelation</u>.

<u>Beweis</u>

Die Relation ist nach Definition symmetrisch.

Sie ist reflexiv, denn sei (M,f) geschlossen, dann ist der Zylinder $M\times[0,1]$ eine Mannigfaltigkeit mit dem Rand $M\times\{0\}\cup M\times\{1\} = M+M$, und $(M\times[0,1],\ f\circ pr_1)$ ist ein Nullbordismus von $(M,f)+(M,f)$.

Die Relation ist transitiv, denn sei (B,F) ein Bordismus zwischen (M_1,f_1) und (M_2,f_2) und (C,G) ein Bordismus zwischen (M_2,f_2) und (M_3,f_3).

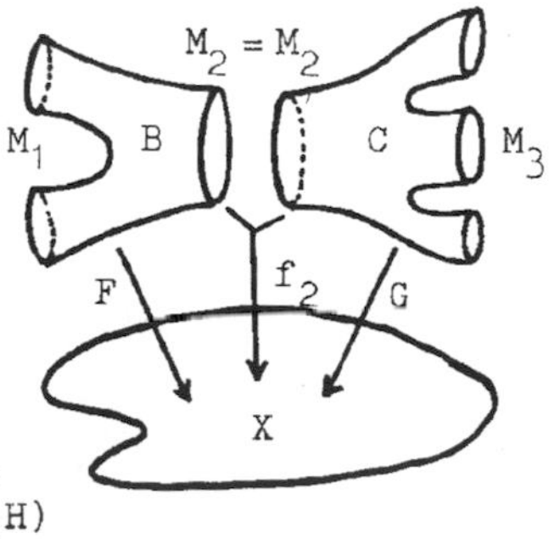

Dann kann man B und C längs des gemeinsamen Summanden M_2 ihres Randes verkleben (I, 1.6).

Für die entstehende Mannigfaltigkeit $D = B\cup_{M_2} C$ hat man eine Abbildung $H:\ D \xrightarrow{\quad} X$ mit $H\,|\,B = F$ und $H\,|\,C = G$, weil $F\,|\,M_2 = G\,|\,M_2 = f_2$, daher liefert (D,H) einen Bordismus zwischen (M_1,f_1) und (M_3,f_3). §§§

(1.5) <u>Definition</u>

Eine Äquivalenzklasse bezüglich der Relation "bordant" von n-dimensionalen geschlossenen singulären Mannigfaltigkeiten in X heisst <u>Bordismenklasse</u>. Wir bezeichnen die Bordismenklasse von (M,f) mit $[M,f]$. Die Menge aller Bordismenklassen von n-dimensionalen geschlossenen singulären Mannigfaltigkeiten in X heisse $N_n(X)$ für $X \neq \emptyset$.

<u>2. Der Bordismen-Modul</u>

In der Menge $N_n(X)$ definieren wir eine assoziative und kommutative Verknüpfung "+" durch

$$[M,f] + [N,g] = [M+N,(f,g)].$$

Dies ist offenbar unabhängig vom Repräsentanten.

(2.1) <u>Satz</u>

<u>Die Menge</u> $N_n(X)$ <u>mit der Operation + ist eine abelsche Gruppe, in der jedes Element die Ordnung 2 hat (ist</u> $X = \emptyset$ <u>oder</u> $n < 0$, <u>so sei</u> $N_n(X) = \{0\}$).

<u>Beweis</u>

Die Klasse einer nullbordanten Mannigfaltigkeit dient als neutrales Element (z.B. eine konstante Abbildung $S^n \longrightarrow X$), und $(M+M,(f,f))$ ist nullbordant für jede singuläre Mannigfaltigkeit (M,f), das heisst $[M,f] + [M,f] = 0$, es ist also jedes Element zu sich selbst invers.§§§

Für zwei topologische Räume X und Y definieren wir eine Paarungsabbildung

$$\pi : N_p(X) \times N_q(Y) \longrightarrow N_{p+q}(X \times Y)$$

durch

$$((M,f), (N,g)) \longmapsto (M \times N, f \times g).$$

Diese Abbildung ist wohldefiniert, denn ist (B,F) ein Bordismus zwischen (M,f) und (M',f'), so ist $(B \times N, F \times g)$ ein Bordismus zwischen $(M \times N, f \times g)$ und $(M' \times N, f' \times g)$. Die Abbildung π ist bilinear.

Ist X ein Punktraum, so schreiben wir N_n für $N_n(X)$ und $[M]$ bzw. M für $[M,f]$ und (M,f), da f eindeutig bestimmt ist. Die Abbildung π gibt in diesem Fall eine bilineare Abbildung

$$N_p \times N_q \longrightarrow N_{p+q},$$

die wir als $([M],[N]) \longmapsto [M]\cdot[N] = [M \times N]$ schreiben. Wir sprechen in diesem Fall von Bordismen beziehungsweise Bordismenklassen <u>von Mannigfaltigkeiten</u>.

(2.2) <u>Satz</u>

<u>Durch die Verknüpfungen $+$ und $\cdot$ wird</u> $N_* = (N_n,\ n \in Z)$ <u>zu einer kommutativen graduierten Algebra über dem Körper</u> Z_2.

Dies ist nach dem gesagten offenbar. §§§

(2.3) <u>Satz</u>

<u>Die graduierte Gruppe $N_*(X) = (N_n(X),\ n \in Z)$ wird durch die Verknüpfung</u>

$$[M]\cdot[N,f] = [M \times N, f \circ pr_2]$$

<u>zu einem graduierten Modul über N_*</u>.

Ein Ziel dieser Vorlesung ist die Berechnung des Moduls $N_*(X)$.

Wir werden zeigen:

I. <u>Es gibt einen kanonischen Isomorphismus</u>

$$N_*(X) \cong N_* \otimes H_*(X;Z_2).$$

II. (R. Thom, 1954 [4; Theorem IV.12]). <u>Die graduierte Z_2-Algebra N_* ist isomorph zur Polynomalgebra</u>

$$Z_2[u_2, u_4, u_5, \ldots]$$

in Unbestimmten u_i der Dimension i, mit einer Unbestimmten für jedes i, das nicht von der Form $2^j - 1$ ist.

3. Die exakte Sequenz

Eine stetige Abbildung $f: X \longrightarrow Y$ zwischen topologischen Räumen induziert eine Abbildung

$$N_n(f) = f_*: N_n(X) \longrightarrow N_n(Y),$$

definiert durch $f_*[M,h] = [M, f \circ h]$.

(3.1) Satz

Ist f homotop zu g, so ist $f_* = g_*$.

Beweis

Sei $[M,h] \in N_n(X)$, und $F: X \times I \longrightarrow Y$ eine Homotopie zwischen f und g, dann ist $(M \times I, F \circ (h \times id_I))$ ein Bordismus zwischen $f_*[M,h]$ und $g_*[M,h]$. §§§

(3.2) Satz

Die Zuordnung $X \longmapsto N_*(X)$ und $f \longmapsto f_* = N_*(f)$ ist ein kovarianter Funktor von der Kategorie der topologischen Räume in die Kategorie der graduierten N_*-Moduln.

Dies ist offenbar; der Funktor $N_*(-)$ ist nach (3.1) homotopieinvariant. §§§

Seien jetzt X_o, X_1 offene Teilmengen von X, so dass $X = X_o \cup X_1$. Wir wollen einen Morphismus

$$\partial: N_n(X) \longrightarrow N_{n-1}(X_o \cap X_1)$$

konstruieren, der dazu dienen wird, eine exakte (Mayer-Viëtoris-)Folge aufzustellen.

Sei $[M,f] \in N_n(X)$ gegeben, dann sind

$$M_o = f^{-1}(X-X_o) \quad \text{und} \quad M_1 = f^{-1}(X-X_1)$$

disjunkte abgeschlossene Teilmengen von M.

(3.3) Lemma (Definition)

Es gibt eine differenzierbare Funktion $\varphi: M \longrightarrow [0,1]$ mit $M_o \subset \varphi^{-1}(0)$, $M_1 \subset \varphi^{-1}(1)$ und so dass $\frac{1}{2}$ ein regulärer Wert von φ ist; φ heisst trennende Funktion für (M,f).

Beweis

Man findet nach dem Satz von Urysohn [2; Lemma 4, S. 115] eine stetige Funktion φ, so dass $\varphi^{-1}(i)$ eine Umgebung von M_i ist, $i = 0,1$. Nach I, (1.2) findet man eine differenzierbare Funktion, die den ersten beiden Bedingungen genügt, und nach I, (2.4) oder (2.5) kann man erreichen, dass $\frac{1}{2}$ regulärer Wert ist. §§§

Ist φ eine trennende Funktion, so ist $M_\varphi = \varphi^{-1}(\frac{1}{2})$ eine Untermannigfaltigkeit von M der Dimension $n-1$, (oder leer), und f induziert $f \mid M_\varphi = f_\varphi : \; M_\varphi \longrightarrow X_0 \cap X_1$.

(3.4) Bemerkung

Die Mannigfaltigkeit M_φ zerlegt M in die beiden Mannigfaltigkeiten $B_1 = \varphi^{-1}[0,\frac{1}{2}]$ und $B_2 = \varphi^{-1}[\frac{1}{2},1]$ mit dem gemeinsamen Rand $\partial B_1 = \partial B_2 = M_\varphi$. Hat man umgekehrt eine Untermannigfaltigkeit $\tilde{M}^{n-1} \subset M$, die M in zwei berandete Mannigfaltigkeiten B_1, B_2 mit $\partial B_1 = \partial B_2 = \tilde{M}$ zerlegt, so erhält man aus dem Kragensatz (I, 1.5) für B_1 und B_2 und (I, 1.2) eine Funktion φ, so dass $\tilde{M} = M_\varphi$.

(3.5) Lemma

Sei $[M,f] = [M',f'] \in N_n(X)$, und seien φ, φ' trennende Funktionen für (M,f) beziehungsweise (M',f'), dann ist

$$[M_\varphi, f_\varphi] = [M'_{\varphi'}, f'_{\varphi'}] \in N_{n-1}(X_0 \cap X_1),$$

dabei sei $[M_\varphi, f_\varphi] = 0$ falls $M_\varphi = \emptyset$.

Beweis

Sei (B,F) ein Bordismus zwischen (M,f) und (M',f'). Wir wählen einen Kragen $\partial B \times I = (M \times I) + (M' \times I) \subset B$ (siehe I, 1.5). Man kann F so abändern, dass

$$F \mid M \times |0,\tfrac{1}{2}| = (F|M) \circ pr_1 = f \circ pr_1 \quad \text{und entsprechend}$$

$$F \mid M' \times |0,\tfrac{1}{2}| = f' \circ pr_1 .$$

Sei $\lambda : \; [0,\frac{1}{2}] \longrightarrow [0,1]$ eine differenzierbare Funktion, so dass $\lambda | [0,\frac{1}{6}] = 0$ und $\lambda | [\frac{2}{6},\frac{1}{2}] = 1$, und sei $\psi : \; B \longrightarrow [0,1]$ eine differenzierbare Funktion, so dass $F^{-1}(X-X_0) \subset \psi^{-1}(0)$ und $F^{-1}(X-X_1) \subset \psi^{-1}(1)$.

Sei $\gamma : \; B \longrightarrow [0,1]$ definiert durch

$$\gamma(x,t) = \lambda(t)\cdot\psi(x,t) + (1-\lambda(t))\varphi(x) \quad \text{für} \quad (x,t) \in M \times [0,\tfrac{1}{2}]$$
$$\gamma(x,t) = \lambda(t)\cdot\psi(x,t) + (1-\lambda(t))\varphi'(x) \quad \text{für} \quad (x,t) \in M' \times [0,\tfrac{1}{2}]$$
$$\gamma(y) = \psi(y) \quad \text{sonst.}$$

Dann gilt: γ ist eine differenzierbare Funktion $B \longrightarrow [0,1]$ mit

(a) $F^{-1}(X-X_o) \subset \gamma^{-1}(0)$ und $F^{-1}(X-X_1) \subset \gamma^{-1}(1)$

(b) $\gamma | M \times [0,\frac{1}{6}] = \varphi \circ pr_1$ und $\gamma | M' \times [0,\frac{1}{6}] = \varphi' \circ pr_1$

und daher insbesondere

(c) $\gamma | \partial B \times [0,\frac{1}{6}]$ ist transversal zu $\frac{1}{2}$.

Man findet daher nach dem Transversalitätssatz I, (2.5) eine Funktion δ: $B \longrightarrow [0,1]$ die ebenfalls den Bedingungen (a) und (b) genügt, und die transversal zu $\frac{1}{2}$ ist. Dann ist $(\delta^{-1}(\frac{1}{2}), F|\delta^{-1}(\frac{1}{2}))$ ein Bordismus zwischen (M_φ, f_φ) und $(M'_{\varphi'}, f'_{\varphi'})$. §§§

Lemma (3.5) erlaubt die folgende

(3.6) Definition

Die Abbildung ∂: $N_n(X) \longrightarrow N_{n-1}(X_o \cap X_1)$ ist durch

$$\partial: [M,f] \longmapsto [M_\varphi, f_\varphi]$$

gegeben.

(3.7) Satz

Die Abbildung ∂ ist N_*-linear vom Grade -1.

Beweis

Die Abbildung ∂ ist additiv, denn ist φ_i eine trennende Funktion für (M_i,f_i), $i = 1,2$, so ist (φ_1,φ_2): $M_1 + M_2 \longrightarrow [0,1]$ eine trennende Funktion für $(M_1,f_1) + (M_2,f_2)$.

Ist φ eine trennende Funktion für (M,f), so ist $\varphi \circ pr_2$: $N \times M \longrightarrow [0,1]$ eine trennende Funktion für $(N \times M, f \circ pr_2)$, und $(N \times M)_{\varphi \circ pr_2} = N \times M_\varphi$, das heisst $([N]\cdot[M,f]) = [N]\cdot \partial[M,f]$. §§§

Seien nun j_ν: $X_o \cap X_1 \longrightarrow X_\nu$ und k_ν: $X_\nu \longrightarrow X$, $\nu = 1,2$ die Inklusionen, dann lautet das Hauptergebnis dieses Abschnitts:

(3.8) Satz

Die Sequenz

$$\ldots \xrightarrow{\partial} N_n(X_o \cap X_1) \xrightarrow{\alpha} N_n(X_o) \oplus N_n(X_1) \xrightarrow{\beta} N_n(X) \xrightarrow{\partial}$$
$$N_{n-1}(X_o \cap X_1) \xrightarrow{\alpha} \ldots$$

mit $\alpha = (j_{o*}, j_{1*})$ und $\beta = (k_{o*}, k_{1*})$, ist exakt.

Beweis

(1) Exaktheit an der Stelle $N_{n-1}(X_o \cap X_1)$.

$\alpha \circ \partial = 0$ folgt unmittelbar aus Bemerkung (3.4).

Ist umgekehrt $\alpha(\tilde{M}, \tilde{f}) = 0$, so gibt es berandete singuläre Mannigfaltigkeiten (B_o, F_o) in X_o und (B_1, F_1) in X_1 mit $\partial B_o = \partial B_1 = \tilde{M}$ und $F_o \mid \tilde{M} = F_1 \mid \tilde{M} = \tilde{f}$ ("=" wie in (1.2) recht verstanden). Man verklebt B_o und B_1 längs $\tilde{M}$ und erhält so eine Mannigfaltigkeit (M,f), so dass nach (3.4) gilt: $\partial [M,f] = [\tilde{M}, \tilde{f}]$.

(2) Exaktheit an der Stelle $N_n(X_o) \oplus N_n(X_1)$.

$\beta \circ \alpha(x) = 2 \cdot k_* \circ j_*(x) = 0$. Sei umgekehrt $x = [M_o, f_o] \in N_n(X_o)$ und $y = [M_1, f_1] \in N_n(X_1)$ gegeben. Ist $\beta(x,y) = 0$, so sei (B,F) ein Bordismus zwischen $(M_o, k_o \circ f_o)$ und $(M_1, k_1 \circ f_1)$. Wir wählen eine differenzierbare Funktion $\psi: B \longrightarrow [0,1]$, mit

(a) $F^{-1}(X - X_o) \cup M_1 \subset \psi^{-1}(0)$ und

$F^{-1}(X - X_1) \cup M_o \subset \psi^{-1}(1)$,

(b) ψ ist transversal zu $\frac{1}{2}$.

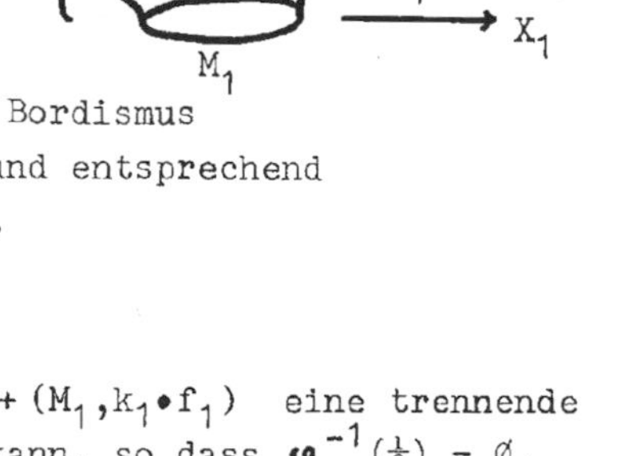

Sei $(N,f) = (\psi^{-1}(\frac{1}{2}), F \mid \psi^{-1}(\frac{1}{2}))$.

Dann ist $(\psi^{-1}[0,\frac{1}{2}], F \mid \psi^{-1}[0,\frac{1}{2}])$ ein Bordismus zwischen (N,f) und (M_1, f_1) in X_1, und entsprechend für (M_o, f_o); daher ist $\alpha[N,f] = (x,y)$.

(3) Exaktheit an der Stelle $N_n(X)$.

Es ist $\partial \circ \beta = 0$, weil man zu $(M_o, k_o \circ f_o) + (M_1, k_1 \circ f_1)$ eine trennende Funktion $\varphi: M_o + M_1 \longrightarrow [0,1]$ wählen kann, so dass $\varphi^{-1}(\frac{1}{2}) = \emptyset$.

Sei umgekehrt φ eine trennende Funktion für die singuläre Mannigfaltigkeit (M,f) in X, und sei (B,F) ein Nullbordismus von (M_φ, f_φ) in $X_o \cap X_1$.

Wir zerschneiden die Mannigfaltigkeit M gemäss (3.4) längs M_φ in die beiden Mannigfaltigkeiten $B_1 = \varphi^{-1}[0,\frac{1}{2}]$ und $B_0 = \varphi^{-1}[\frac{1}{2},1]$ mit $\partial B_0 = \partial B_1 = M_\varphi$. Sodann verkleben wir B und B_0 beziehungsweise B und B_1 längs M_φ und erhalten so

$$(M_0,f_0) = (B_0 \sqcup_{M_\varphi} B,\ f|B_0 \sqcup F) \text{ in } X_0$$

$$(M_1,f_1) = (B_1 \sqcup_{M_\varphi} B,\ f|B_1 \sqcup F) \text{ in } X_1.$$

<u>Wir wollen zeigen, dass</u> $[M_0,f_0] + [M_1,f_1] = [M,f] \in N_n(X)$.

Hierzu bilden wir $(M_0+M_1) \times I$ und verkleben im Deckel $M_0 \times \{1\}$ mit $M_1 \times \{1\}$ längs $B \times \{1\}$.

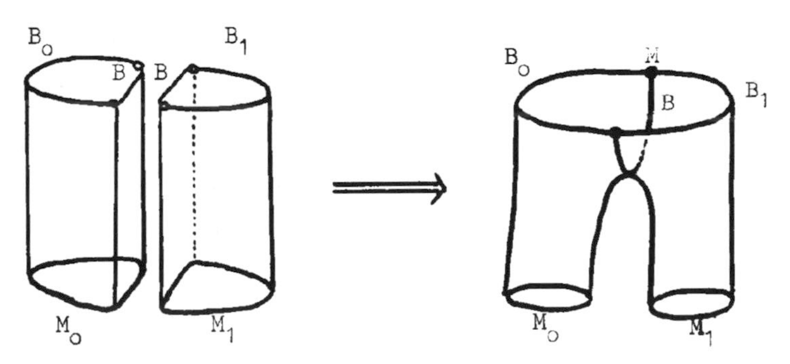

Die entstehende Mannigfaltigkeit $L = (M_0 \times I) \sqcup_{B\times\{1\}} (M_1 \times I)$ hat den Rand $\partial L = M_0 + M_1 + M$, wie erwünscht, und eine geeignete Abbildung $L \longrightarrow X$ wird durch $(f_0,f_1)\circ pr_1 : (M_0+M_1) \times I \longrightarrow X$ induziert.

Es ist allerdings nicht selbstverständlich, <u>dass</u> L <u>eine differenzierbare Struktur besitzt</u>, und zwar ist in den Punkten $x \in \partial B \times \{1\} = M_\varphi$ von vornherein keine differenzierbare Struktur gegeben. Lokal werden hier, nach dem Kragensatz für $M_\varphi = \partial B$ in M_φ, zwei Exemplare der Mannigfaltigkeit $M_\varphi \times (-1,1) \times [0,1)$ längs $M_\varphi \times [0,1) \times \{0\}$ verklebt. Man führt eine differenzierbare Struktur ein, indem man die Halbebene

$(-1,1)\times[0,1) \approx \{(r,\vartheta)\mid r\geq 0,\ 0\leq\vartheta\leq\pi\}$ durch
$\tau: \quad (r,\vartheta)\longmapsto (r,\frac{\vartheta}{2})$ homöomorph auf die Viertelebene
$[0,1)\times[0,1) \approx \{(r,\vartheta)\mid r\geq 0,\ 0\leq\vartheta\leq\frac{\pi}{2}\}$
abbildet.

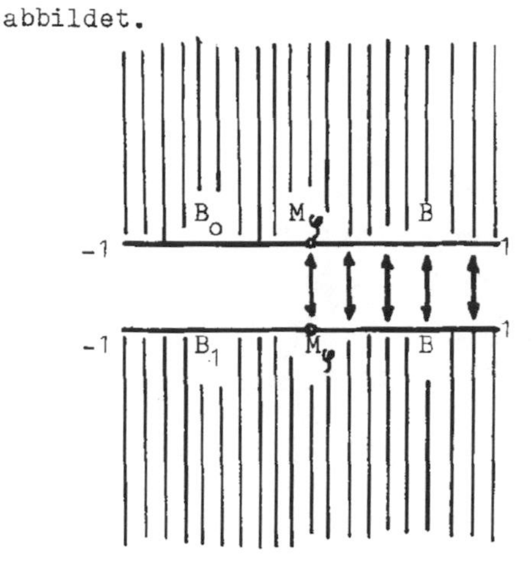

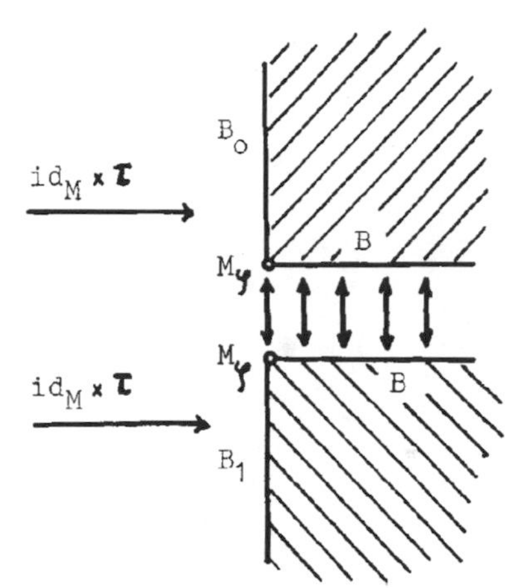

$\mathrm{id}\times\tau: \quad M_\varphi\times(-1,1)\times[0,1) \longrightarrow M_\varphi\times[0,1)\times[0,1)$ ist differenzierbar, wo das Sinn hat, nämlich ausserhalb $M_\varphi\times\{0\}\times\{0\}$, und homöomorph. Auf der Mannigfaltigkeit, die aus zwei Exemplaren von $M_\varphi\times[0,1)\times[0,1)$ durch Verkleben längs $M_\varphi\times[0,1)\times\{0\}$ entsteht, hat man eine differenzierbare Struktur, die ausserhalb von $M_\varphi\times\{0\}\times\{0\}$ mit der dort in L gegebenen übereinstimmt.

Damit ist (3.8) vollständig bewiesen. §§§

Man bezeichnet die im letzten Beweis angewandte Technik als Glättung des Winkels (straightening the angle, [1; S. 9] oder [3; S. 34]).

Wir bemerken die folgenden beiden Sätze, deren Beweis unmittelbar hinzuschreiben ist:

(3.9) Satz

Der Randoperator ∂ ist natürlich, das heisst für eine stetige Abbildung $f: (X,X_0,X_1)\longrightarrow(Y,Y_0,Y_1)$ ist $\partial\circ f_* = f_*\circ\partial$.

(3.10) Satz

Das folgende Diagramm ist kommutativ:

$$\begin{array}{ccc} N_n(X) \otimes N_m(Y) & \xrightarrow{\partial \otimes id} & N_{n-1}(X_0 \cap X_1) \otimes N_m(Y) \\ \downarrow \pi & & \downarrow \pi \\ N_{n+m}(X \times Y) & \xrightarrow{\partial} & N_{n+m-1}((X_0 \cap X_1) \times Y) \end{array}$$

Wir fassen die Ergebnisse dieses Kapitels zusammen:

Die Funktoren $N_*(-) = (N_n(-),\ n \in Z)$ zusammen mit der natürlichen Transformation ∂ und der Paarung π bilden eine multiplikative Homologie-Theorie.

Bemerkung

Relative Gruppen werden in [1; S. 10 ff] definiert und untersucht.

4.* Der Thom-Homomorphismus

Sei M eine zusammenhängende, geschlossene Mannigfaltigkeit der Dimension n, dann ist $H_n(M;Z_2) \cong Z_2$. Das Erzeugende in $H_n(M;Z_2)$ heisst Fundamentalklasse von M. Ist M geschlossen, aber vielleicht nicht zusammenhängend, also topologische Summe von zusammenhängenden M_i, so gibt es genau ein $z_M \in H_n(M;Z_2)$, das bei $H_n(M;Z_2) = \bigoplus_i H_n(M_i;Z_2)$ der Summe der Fundamentalklassen der M_i entspricht.

Die Klasse z_M heisst Fundamentalklasse von M.

(4.1) Definition

Durch $[M,f] \longmapsto f_* z_M$ wird ein Homomorphismus

$$\mu: N_n(X) \longrightarrow H_n(X;Z_2)$$

definiert; er heisst Thom-Homomorphismus.

Man muss sich davon überzeugen, dass $f_* z_M$ nicht vom Repräsentanten (M,f) abhängt; dazu benutzt man, dass die Inklusion $\partial B \subset B^{n+1}$ die Nullabbildung $H_n(\partial B;Z_2) \longrightarrow H_n(B;Z_2)$ induziert; ist also (B,F) ein Nullbordismus von (M,f), so zeigt das kommutative Diagramm

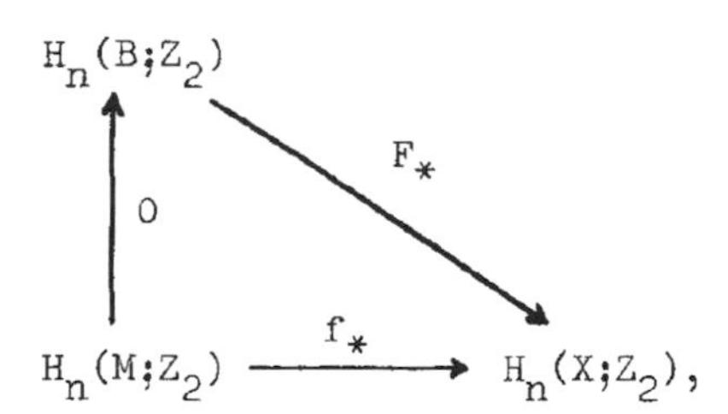

dass $f_* z_M$ verschwindet.

Man verifiziert den folgenden

(4.2) <u>Satz</u>

<u>Die Abbildung μ: $N_*(X) \longrightarrow H_*(X;Z_2)$ ist eine natürliche Transformation von Homologie-Theorien.</u>

5.* Transfer-Homomorphismen

(5.1) Sei $p: E \longrightarrow B$ eine <u>Submersion</u> (das heisst: sei $Tp: TE \longrightarrow TB$ epimorph in jeder Faser) zwischen Mannigfaltigkeiten ohne Rand, und sei p eine eigentliche Abbildung (das heisst: Urbilder kompakter Mengen sind kompakt). Sei $e = \dim E$, $b = \dim B$ und $d = e - b$.

Sei $f: M \longrightarrow B$ eine singuläre Mannigfaltigkeit in B. In dem kartesischen Quadrat (pull-back):

$$\begin{array}{ccc} M \times_B E & \xrightarrow{\tilde{f}} & E \\ q \downarrow & & \downarrow p \\ M & \xrightarrow{f} & B \end{array}$$

ist $M \times_B E$ eine kompakte Mannigfaltigkeit mit dem Rand $\partial M \times_B E$. Es ist nämlich $M \times_B E$ Urbild der Diagonale $\Delta_B \subset B \times B$ bei der Abbildung

$$f \times p: \quad M \times E \longrightarrow B \times B,$$

und weil p eine Submersion ist, ist $f \times p$ transversal zu Δ_B. Ausserdem ist $M \times_B E$ kompakt, denn $M \times_B E$ ist abgeschlossen in $M \times E$ und enthalten in $M \times p^{-1} f M$.

Wir definieren einen Homomorphismus

$$p^!: N_k(B) \longrightarrow N_{k+d}(E)$$

durch

$$[M,f] \longrightarrow [M \times_B E, f].$$

(5.2) Sei $i: A \subset B$ eine Einbettung der kompakten Mannigfaltigkeit A ohne Rand, in die Mannigfaltigkeit B ohne Rand. Sei $c = \dim B - \dim A$.

Wir definieren eine Abbildung

$$i^!: N_k(B) \longrightarrow N_{k-c}(A)$$

wie folgt: Sei $[M,f] \in N_k(B)$; wir können f durch eine homotope Abbildung $\hat{f}$ ersetzen, die transversal zu A ist. Wir setzen

$$i^![M,f] = [\hat{f}^{-1}A, \hat{f} \mid \hat{f}^{-1}A].$$

(5.3) Sei $f: X \longrightarrow Y$ eine differenzierbare Abbildung von Mannigfaltigkeiten, X kompakt, und $\partial X = \partial Y = \emptyset$. Es gibt eine Einbettung $h: X \longrightarrow S^r$ für geeignetes r (I,1.1) und f lässt sich faktorisieren:

$$X \xrightarrow{(f,h)} Y \times S^r \xrightarrow{pr_1} Y.$$

Wir können nach (5.2) $(f,h)^!$ und nach (5.1) $pr^!$ bilden. Wir definieren

$$f^! = (f,h)^! \circ pr^!$$

<u>Behauptung</u>

$f^!$ ist unabhängig von h. Ist $X \xrightarrow{f} Y \xrightarrow{g} Z$ gegeben, und sind X und Y kompakt, so gilt:

$$f^! \circ g^! = (g \circ f)^!$$

<u>Beispiel</u>

Sei $s: X \longrightarrow E$ ein Schnitt des differenzierbaren Vektorbündels $\pi: E \longrightarrow X$, dann ist

$$s^![X,s] \in N_*(X)$$

die N_*-Eulerklasse von π.

Literatur

1. P.E. Conner und E.E. Floyd: "Differentiable periodic maps" (Springer Verlag 1964)

2. J.L. Kelley: "General topology" (Van Nostrand Inc., New York 1965)

3. J.M. Milnor: "Differentiable structures on homotopy spheres" (Vervielfältigtes Manuskript, Princeton University 1959)

4. R. Thom: "Quelques propriétés globales des variétés différentiables" (Comment.Math.Helv. 28 (1954), 17-86).

III. Kapitel

Darstellung von Bordismengruppen als Homotopiegruppen

In diesem Kapitel zeigen wir, dass die Bordismen-Homologiegruppen isomorph sind zu Homologiegruppen, die mit Hilfe des Thomspektrums als Homotopiemengen definiert werden.

1. Die Pontrjagin - Thom Konstruktion

Sei $\xi: E \longrightarrow B$ ein reelles k-dimensionales Vektorbündel, B kompakt (also E lokal kompakt), und sei $M(\xi) = E^c$ die Einpunkt-Kompaktifizierung von E; der hinzugefügte Punkt ∞ sei der Grundpunkt von $M(\xi)$.

(1.1) Definition

Der Raum $M(\xi)$ heisst Thom-Raum von ξ.

Sei $j: M^n \subset \mathbb{R}^{n+k}$ eine Einbettung einer geschlossenen Mannigfaltigkeit und $\nu_j: E(\nu_j) \longrightarrow M$ das Normalenbündel von j. Es ist $E(\nu_j) \subset M \times \mathbb{R}^{n+k}$ (nach I, 1.3), und das Standard-Skalarprodukt in $\mathbb{R}^{n+k}$ induziert in jeder Faser von ν_j eine Riemannsche Metrik. Sei $E_\varepsilon(\nu_j)$ der Teilraum von $E(\nu_j)$, der aus allen Vektoren der Länge $< \varepsilon$ besteht, und

$$(1.2) \qquad h_\varepsilon: E_\varepsilon(\nu_j) \longrightarrow E(\nu_j)$$

der Diffeomorphismus, der auf jeder Faser durch

$$h_\varepsilon(x) = \frac{x}{\sqrt{\varepsilon^2 - |x|^2}}$$

(mit der Umkehrung $y \longmapsto \frac{\varepsilon y}{\sqrt{1+|y|^2}}$) gegeben ist.

Die Pontrjagin - Thom Konstruktion ordnet jeder Einbettung $j: M \hookrightarrow \mathbb{R}^{n+k}$ wie oben und jeder Bündelabbildung $f: E(\nu_j) \longrightarrow E$, eine Homotopieklasse

$$P(j,f) \in [S^{n+k}, M(\xi)]^o = \pi_{n+k}(M(\xi))$$

zu; dabei bezeichnen wir mit $[X,Y]^o$ die Menge der punktierten Homotopieklassen von punktierten Abbildungen $X \longrightarrow Y$.

Wir beschreiben die Konstruktion von $P(j,f)$:

Eine tubulare Umgebung von $M \subset \mathbb{R}^{n+k}$ wird mit Hilfe der Abbildung $\gamma: E(\nu_j) \longrightarrow \mathbb{R}^{n+k}$ konstruiert, die für genügend kleines $\varepsilon > 0$ einen Diffeomorphismus

$$\gamma_{2\varepsilon}: E_{2\varepsilon}(\nu_j) \longrightarrow \gamma(E_{2\varepsilon}(\nu_j)) =: U_{2\varepsilon}$$

von $E_{2\varepsilon}(\nu_j)$ mit einer Umgebung $U_{2\varepsilon}$ von M in $\mathbb{R}^{n+k}$ induziert (I, 1.4).

Sei $U = U_\varepsilon$ und $S^{n+k} = (\mathbb{R}^{n+k})^c$ die Einpunkt-Kompaktifizierung von $\mathbb{R}^{n+k}$. Wir betrachten die folgende Zusammensetzung g_ε:

$$(1.3) \qquad \begin{array}{ccccc} S^{n+k} & \xrightarrow{(1)} & S^{n+k}/(S^{n+k}-U) & \xrightarrow{(2)} & \overline{E}(\nu_j)/(\overline{E}(\nu_j)-E_\varepsilon(\nu_j)) \\ \downarrow g_\varepsilon & & & & \downarrow (3) \\ M(\xi) & & \xleftarrow{(4)} & & M(\nu_j) \end{array}$$

Erläuterung

(1) ist die Projektion. (2) $\overline{E}_\varepsilon$ ist der Abschluss von E_ε in $E(\nu_j)$; die Abbildung ist invers zu dem durch γ_ε induzierten punktierten Homöomorphismus. (3) wird durch h_ε induziert. (4) wird durch die Bündelabbildung f induziert; da f eigentlich ist, ist (4) stetig ($M(-)$ ist ein Funktor).

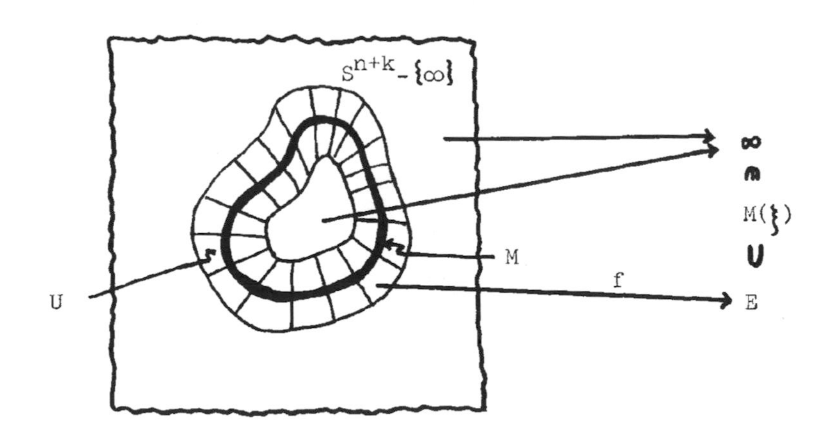

Die punktierte Homotopieklasse von g_ε ist unabhängig vom (genügend kleinen) ε; zwei Bildpunkte $g_\varepsilon(x)$ und $g_{\varepsilon'}(x)$ liegen nämlich in derselben Faser von ξ, wenn sie beide nicht im Grundpunkt liegen. Man kann deshalb eine Homotopie durch "lineare Verbindung" definieren. Wir setzen also

$$(1.4) \qquad P(j,f) = [g_\varepsilon]^\circ \in [S^{n+k}, M(\xi)]^\circ .$$

2. ξ-Bordismus

Sei $\xi: E \longrightarrow B$ ein k-dimensionales Vektorbündel, wie in 1. Wir betrachten Paare (j,f); $j: M^n \subset \mathbb{R}^{n+k}$, und $f: E(\nu_j) \longrightarrow E$ (Bündelabbildung).

(2.1) Definition

Die Paare (j_o,f_o) und (j_1,f_1) heissen ξ-bordant, wenn es eine Untermannigfaltigkeit

$$J: \quad D \subset \mathbb{R}^{n+k} \times [0,1]$$

gibt, mit

$$D \cap (\mathbb{R}^{n+k} \times [0,\tfrac{1}{3})) = M_o \times [0,\tfrac{1}{3})$$
$$D \cap (\mathbb{R}^{n+k} \times (\tfrac{2}{3},1]) = M_1 \times (\tfrac{2}{3},1]$$

$\partial D = M_o \times \{0\} \cup M_1 \times \{1\}$ und eine Bündelabbildung $F: E(\nu_J) \longrightarrow E$, so dass die Zusammensetzung

$$E(\nu_{j_r}) \xrightarrow[\alpha_r]{\subset} E(\nu_J) \xrightarrow{F} E$$

gleich f_r ist, für $r = 0,1$.

Erläuterung

Das Normalenbündel von J hat den Totalraum

$$E(\nu_J) \subset D \times \mathbb{R}^{n+k} \times \mathbb{R} \quad (= T(\mathbb{R}^{n+k} \times [0,1]) \mid D)$$

$$E(\nu_J) = \{(b,x,t) \mid (x,t) \text{ orthogonal zu } T_b D\}.$$

Ist insbesondere $b = (m,o)$, so ist die Faser

$$\nu_J^{-1}(b) = \{(b,x,o) \mid x \in (T_m M_o)^{\perp}\},$$

man hat also einen kanonischen Bündelisomorphismus

$$\nu_{j_o} \cong \nu_J \mid M \times \{0\} \;;$$

dies definiert α_o, entsprechend für α_1.

(2.2) Lemma (Definition)

Die Relation "ξ-bordant" ist eine Äquivalenz-Relation. Sei $L_n(\xi)$ die Menge der ξ-Bordismenklassen von Paaren $j: M^n \hookrightarrow \mathbb{R}^{n+k}$ und $f: E(\nu_j) \longrightarrow E$.

Beweis

Wie II, 1.4. §§§

(2.3) Lemma (Definition)

Sind (j_o, f_o) und (j_1, f_1) ξ-bordant, so ist $P(j_o,f_o) = P(j_1,f_1)$; wir können daher eine Abbildung

$$P: L_n(\xi) \longrightarrow [S^{n+k}, M(\xi)]^o$$

durch $$(j,f) \longmapsto P(j,f)$$
definieren.

Beweis

Wir definieren wie in (I, 1.4) eine tubulare "Umgebung" von D in $\mathbb{R}^{n+k} \times I$ mit der Abbildung

$$\psi: \; E(\nu_J) \subset D \times (\mathbb{R}^{n+k} \times \mathbb{R}) \xrightarrow{J \times id} (\mathbb{R}^{n+k} \times I) \times (\mathbb{R}^{n+k} \times \mathbb{R}) \xrightarrow{e} \mathbb{R}^{n+k} \times \mathbb{R}$$

Diese Abbildung bildet eine Umgebung des Nullschnitts von $E(\nu_J)$ diffeomorph auf eine Umgebung U von D in $\mathbb{R}^{n+k} \times I$ (nicht etwa in $\mathbb{R}^{n+k} \times \mathbb{R}$!) ab. Die Umgebung U heisst tubulare Umgebung von D.

Es ist $U \cap (\mathbb{R}^{n+k} \times \{t\})$ für $0 \leq t < \frac{1}{3}$ eine tubulare Umgebung von $M_o \times \{t\}$ in $\mathbb{R}^{n+k} \times \{t\}$, und entsprechend für $M_1 \times \{t\}$. Führen wir also mit dieser Umgebung U eine zu (1.3) analoge Konstruktion durch, so erhalten wir in

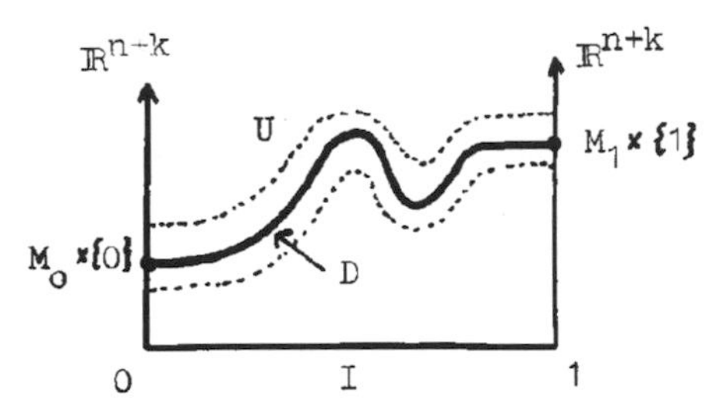

$$S^{n+k} \times I \longrightarrow S^{n+k} \times I/((S^{n+k} \times I) - U) \longrightarrow$$

$$\overline{E}_\varepsilon(\nu_J)/(\overline{E}_\varepsilon(\nu_J) - E_\varepsilon(\nu_J)) \longrightarrow M(\nu_J) \longrightarrow M(\xi)$$

eine Homotopie, die zeigt, dass $P(j_o, f_o) = P(j_1, f_1)$. §§§

3. Die Abbildung P is bijektiv

(3.1) Satz

Ist $\xi: E \longrightarrow B$ ein differenzierbares Vektorbündel über der kompakten Mannigfaltigkeit B ohne Rand, dann ist die Abbildung P in (2.3) bijektiv.

Wir schicken dem Beweis einige Überlegungen voraus.

Zunächst wollen wir annehmen, dass alle auftretenden Bündelabbildungen differenzierbar sind. Das ist keine Einschränkung der Allgemeinheit, da jede Bündelabbildung (als Bündelabbildung) homotop, also auch ξ-bordant, zu einer differenzierbaren Bündelabbildung ist.

Wir werden eine zu P inverse Abbildung Q konstruieren. Damit die Idee der etwas langwierigen Konstruktion klarer wird, bemerken wir folgendes: Klassen im Bild von P haben nach Konstruktion Repräsentanten $f: S^{n+k} \longrightarrow M(\xi)$ mit folgenden Eigenschaften:

(3.2) (a) Sei $A = f^{-1}(E)$, $E \subset M(\xi)$, dann ist $f: A \longrightarrow E$ differenzierbar (nach unserer obigen Annahme) und transversal zum Nullschnitt B von ξ.

(b) Ist $M = f^{-1}B$ das Urbild des Nullschnitts, so gibt es eine tubulare Umgebung U von M in S^{n+k}, so dass $f(x) = \infty \Longleftrightarrow x \notin U$.

(c) Ist U die tubulare Umgebung in (b), so ist

$$E(\nu_j) \xrightarrow{h_\varepsilon^{-1}} E_\varepsilon(\nu_j) \xrightarrow{\varphi} U \xrightarrow{f} E$$

eine Bündelabbildung (siehe (1.3).

Wir werden zu gegebener Abbildung $g\colon S^{n+k} \longrightarrow M(\xi)$ schrittweise punktiert homotope Abbildungen konstruieren, die (3.2) erfüllen.

Schritt 1

Sei $g\colon S^{n+k} \longrightarrow M(\xi)$ gegeben, und $A = g^{-1}E$.

Es gibt eine zu g homotope Abbildung $g_1\colon S^{n+k} \longrightarrow M(\xi)$, mit $A = g_1^{-1}E$, so dass $g_1\colon A \longrightarrow E$ differenzierbar und transversal zum Nullschnitt B von ξ ist.

Beweis

Sei d eine Metrik auf E, so dass die beschränkten abgeschlossenen Mengen mit den kompakten übereinstimmen (solche Metrik erhält man etwa, indem man E als abgeschlossene Menge in einen $\mathbb{R}^m$ einbettet, nach I, 1.1). Es gibt eine Homotopie $H_t\colon A \longrightarrow E$, mit $H_o = g$, H_1 differenzierbar und $d(H_t(a), g(a)) < 1$ für alle $a \in A$ (I, 1.2 und 2.6). Ferner gibt es nach (I, 2.5) eine Homotopie $K_t\colon A \longrightarrow E$ mit $K_o = H_1$ und K_1 transversal zu B, so dass auch $d(K_t(a), H_1(a)) < 1$. Die Homotopien H_t und K_t sind eigentlich, denn ist $D \subset E$ kompakt, so ist zum Beispiel $H^{-1}(D) \subset g^{-1}\{e \mid d(e,D) \leq 1\} \times I$, also $H^{-1}(D)$ kompakt; sie lassen sich daher zu Homotopien $H_t, K_t\colon S^{n+k} \longrightarrow M(\xi)$ erweitern, durch $H_t(b) = K_t(b) = \infty$ für $b \notin A$.

Wir setzen $g_1 = K_1$.

Schritt 2

Sei $g_1\colon S^{n+k} \longrightarrow M(\xi)$ eine Abbildung wie in Schritt 1, und sei $M = g_1^{-1}B$ und $j\colon M \subset S^{n+k}$. Sei U_ε eine tubulare Umgebung von M mit $U_\varepsilon \subset A$. Dann gibt es eine zu g_1 homotope Abbildung g_2 mit den Eigenschaften:

(a) $U_\varepsilon = g_2^{-1}(E)$

(b) $g_2\colon U_\varepsilon \longrightarrow E$ ist differenzierbar und transversal zum Nullschnitt B.

Beweis

Sei β: $S^{n+k} \longrightarrow [0,1]$ eine differenzierbare Funktion mit $\beta^{-1}(0) = U_{\varepsilon/2}$ und $\beta^{-1}[0,1) = U_\varepsilon$.

Wir definieren eine Homotopie H_t: $S^{n+k} \longrightarrow M(\xi)$ durch

$$H_t(x) = \begin{cases} \frac{1}{1-t\cdot\beta(x)} \cdot g_1(x) & \text{für } x \in A,\ t < 1, \text{ und} \\ & x \in U_\varepsilon,\ t = 1 \\ \infty & \text{sonst.} \end{cases}$$

Setzen wir $H_1 = g_2$, so hat g_2 die behaupteten Eigenschaften.

Schritt 3

Sei g_2: $S^{n+k} \longrightarrow M(\xi)$ eine Abbildung wie in Schritt 2. Es gibt eine zu g_2 homotope Abbildung g_3 mit den Eigenschaften:

(a) $U_\varepsilon = g_3^{-1}E$

(b) $E(\nu_j) \longrightarrow E_\varepsilon(\nu_j) \overset{\psi}{\longrightarrow} U_\varepsilon \overset{g_3}{\longrightarrow} E$

ist eine differenzierbare Bündelabbildung.
Dabei ist wie in Schritt 2: j: $g_2^{-1}B \quad S^{n+k}$.

Beweis

Betrachte h: $E(\nu_j) \longrightarrow E_\varepsilon(\nu_j) \overset{\psi}{\longrightarrow} U_\varepsilon \overset{g_2}{\longrightarrow} E$.

Diese Abbildung ist differenzierbar und transversal zum Nullschnitt B von ξ, weil dies für g_2 gilt und davor Diffeomorphismen stehen. Wir definieren eine Homotopie durch

$$H_t(x) = 1/t\cdot h(tx) \quad \text{für } t > 0.$$

Diese Abbildung H: $E(\nu_j) \times (0,1] \longrightarrow E$ lässt sich stetig auf $E(\nu_j) \times [0,1]$ so erweitern, dass H_0 eine Bündelabbildung wird; grob gesagt ist H_0 das Differential von h in Faserrichtung. Lokal mit Bündelkarten von ν_j und ξ ausgedrückt, hat h die Gestalt

$$U \times \mathbb{R}^k \overset{h}{\longrightarrow} V \times \mathbb{R}^k$$

$$(u,v) \longmapsto (h_1(u,v), h_2(u,v)),$$

und damit hat H_t die Gestalt $(u,v) \longmapsto (h_1(u,tv),\ 1/t\cdot h_2(u,tv))$.

Erklären wir $h_u\colon \mathbb{R}^k \longrightarrow \mathbb{R}^k$ durch $h_u(v) = h_2(u,v)$, so ist $\lim_{t\to 0} (1/t \cdot h_2(u,tv)) = D_o h_u(v)$, und das Differential $D_o h_u$ ist eine nicht singuläre lineare Abbildung, weil h transversal zum Nullschnitt ist.

Man überlegt, dass die Homotopie H_t eigentlich ist; also auch die Homotopie $K_t\colon U_\varepsilon \longrightarrow E_\varepsilon(\nu_j) \longrightarrow E(\nu_j) \xrightarrow{H_t} E$, daher lässt sich K_t fortsetzen zu einer Homotopie $K_t\colon S^{n+k} \longrightarrow M\xi$. Dann ist $K_1 = g_2$, und $K_o = g_3$ hat die gewünschten Eigenschaften.

Wir kommen jetzt zum

Beweis von (3.1)

Wir konstruieren eine zu P inverse Abbildung Q. Sei also $x \in [S^{n+k}, M(\xi)]^o$ gegeben. Nach Schritt 1 bis 3 gibt es eine x repräsentierende Abbildung g_3 mit den in Schritt 3 genannten Eigenschaften (beachte, dass alle Homotopien punktiert waren). Wir setzen $Q(x) = [j,f]$ mit $j\colon g_3^{-1}B \subset \mathbb{R}^{n+k}$; $f\colon E(\nu_j) \longrightarrow E_\varepsilon(\nu_j) \nrightarrow U_\varepsilon \xrightarrow{g_3} E$.

Wir haben zu zeigen, dass die ξ-Bordismenklasse von (j,f) durch x eindeutig bestimmt ist. Sei also g_3' ein weiterer Repräsentant von x mit den Eigenschaften (a),(b) von Schritt 3. Dann wenden wir dieselben Schritte auf eine Homotopie H_t zwischen g_3 und g_3' an:

Wir können zunächst annehmen, dass $H\colon S^{n+k} \times I \longrightarrow M(\xi)$ auf $H^{-1}E$ differenzierbar und transversal zu B ist; ebenso können wir annehmen, dass H eine tubulare Umgebung $\tilde{U}$ von $H^{-1}B$ nach E und ihr Komplement nach ∞ abbildet. Schliesslich führen wir einen zu Schritt 3 analogen Prozess durch und erweitern die Bündelabbildung des Normalenbündels von $g_3^{-1}B$ und $g_3'^{-1}B$ auf das Normalenbündel von $H^{-1}(B)$. Bei diesen Veränderungen können wir davon ausgehen, dass H_t lokal um $t=0$ und $t=1$ konstant ist, und daher nicht verändert wird; wir richten es zum Schluss so ein, dass H_t für $0 \leq t < \frac{1}{3}$ und für $\frac{2}{3} < t \leq 1$ konstant ist, und haben in

$$J\colon H^{-1}B \subset \mathbb{R}^{n+k} \times I;\ F\colon E(\nu_J) \longrightarrow E_\varepsilon(\nu_J) \nrightarrow \tilde{U} \xrightarrow{H} E$$

den gewünschten ξ-Bordismus konstruiert.

Die Abbildung Q ist also wohldefiniert, und wegen (3.2) folgt $Q \circ P = \mathrm{id}$ und nach Definition von P ist $P \circ Q = \mathrm{id}$, was zu zeigen war.

§§§

4. Abstract Nonsense und Eigenschaften der Abbildung P

Wir wollen uns von der Voraussetzung befreien, dass die Basis B von ξ kompakt ist; dazu muss man die Topologie von $M(\xi)$ etwas anders erklären:

(4.1) Sei $M(\xi) = E \cup \{\infty\}$ als Menge; $E \subset M(\xi)$ sei offen, und eine Umgebungsbasis von ∞ sei durch die Komplemente abgeschlossener Mengen $A \subset E$ gegeben, für die $A \cap \xi^{-1} b$ kompakt ist, für alle $b \in B$.

Eine Bündelabbildung $f: \xi \longrightarrow \eta$ induziert funktoriell $M(f): M(\xi) \longrightarrow M(\eta)$. Für eine kompakte Basis B erhalten wir die alte Definition zurück.

(4.2) Satz

Eine Bündelabbildung $f: \xi \longrightarrow \eta$ induziert Abbildungen $L_n(f): L_n(\xi) \longrightarrow L_n(\eta)$ und $Mf_*: \pi_{n+k}(M\xi) \longrightarrow \pi_{n+k}(M\eta)$ auf funktorielle Weise, und folgendes Diagramm ist kommutativ:

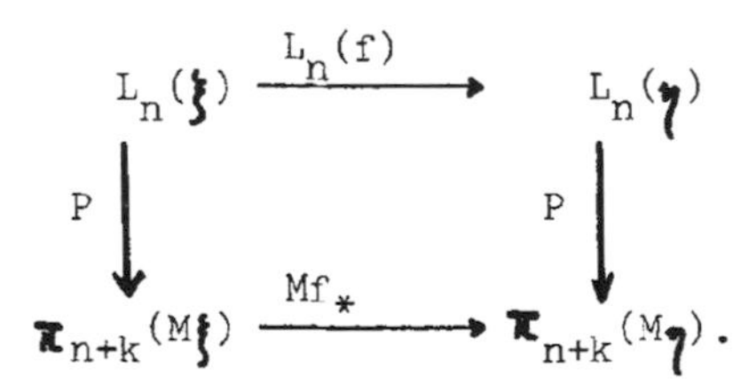

Mit der Definition (4.1) von $M(\xi)$ kann man ganz analog zu unserem Beweis von (3.1) auch zeigen, dass P bijektiv ist, falls B eine beliebige differenzierbare Mannigfaltigkeit ohne Rand ist; die nötigen Modifikationen des Beweises seien dem Leser überlassen. Schliesslich dienen die folgenden Uberlegungen dazu, zu zeigen, dass P bijektiv ist, für beliebige Basis B von ξ. Man kann sich jedoch hier und im Folgenden damit begnügen, dies für beliebige Zellenkomplexe zur Kenntnis zu nehmen.

(4.3) Definition

Sei $\mathfrak{U} \subset \mathfrak{A}$ die Inklusion einer vollen Unterkategorie in eine Kategorie, und $h: \mathfrak{A} \longrightarrow \mathfrak{M}$ ein mengenwertiger Funktor. Der Funktor h heisst Kan-Erweiterung von $h|\mathfrak{U}$, wenn folgendes gilt:

Sei $\mathfrak{U}/X$ die Kategorie der Objekte aus $\mathfrak{U}$ über $X \in \mathrm{Ob}\,\mathfrak{A}$, die die Morphismen $U \longrightarrow X$, $U \in \mathfrak{U}$, als Objekte, und die kommutativen Diagramme

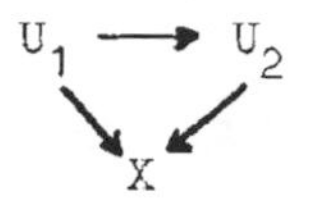

als Morphismen hat. Dann ist die kanonische Abbildung

$$\varinjlim_{\mathfrak{U}/X} (h \,|\, \mathfrak{U}) \longrightarrow h(X)$$

für jedes $X \in \mathrm{Ob}\,\mathfrak{A}$ ein Isomorphismus.

Die beiden folgenden Bedingungen sind zusammen hinreichend dafür, dass h Kan-Erweiterung von $h\,|\,\mathfrak{U}$ ist, und sie sind bequem für unsere Anwendungen:

(a) Zu jedem $X \in \mathrm{Ob}\,\mathfrak{A}$ und $x \in h(X)$ existiert ein $U \in \mathrm{Ob}\,\mathfrak{U}$ und ein Morphismus $f\colon U \longrightarrow X$, so dass $x \in \mathrm{im}\, h(f)$.

(b) Seien $f_i\colon U_i \longrightarrow X$ Morphismen in $\mathfrak{A}$ mit $U_i \in \mathrm{Ob}\,\mathfrak{U}$, so dass für die beiden Elemente $u_i \in h(U_i)$, $i = 1,2$, gilt: $h(f_1)(u_1) = h(f_2)(u_2) = x \in h(X)$, dann gibt es ein kommutatives Diagramm

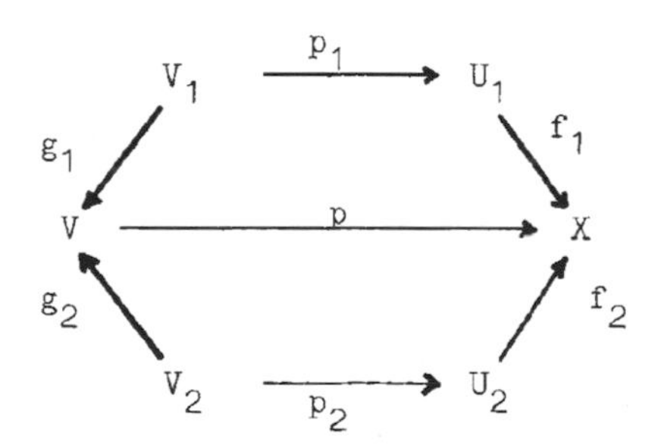

mit $V, V_1, V_2 \in \mathrm{Ob}\,\mathfrak{U}$, und Elemente $v_i \in h(V_i)$, $i = 1,2$, so dass $h(p_i)(v_i) = u_i$, und $h(g_1)(v_1) = h(g_2)(v_2)$.

(4.4) Lemma

Seien $h_1, h_2\colon \mathfrak{A} \longrightarrow \mathfrak{M}$ mengenwertige Funktoren, und sei h_i die Kan-Erweiterung von $h_i\,|\,\mathfrak{U}$ für $\mathfrak{U} \subset \mathfrak{A}$. Ist $P\colon h_1\,|\,\mathfrak{U} \longrightarrow h_2\,|\,\mathfrak{U}$ ein Isomorphismus von Funktoren, so gibt es genau eine Fortsetzung $\hat{P}\colon h_1 \longrightarrow h_2$, und $\hat{P}$ ist ein Isomorphismus. §§§

Die Bedingungen (a),(b) aus (4.3) sind insbesondere erfüllt, wenn jedes $A \in \mathrm{Ob}\,\mathfrak{A}$ Retrakt von einem $U \in \mathrm{Ob}\,\mathfrak{U}$ ist:

(4.5) Lemma

Sei ξ: $E \longrightarrow R$ ein Vektorbündel über dem euklidischen Umgebungsretrakt R, dann ist die Abbildung $P: L_n(\xi) \longrightarrow \pi_{n+k}(M\xi)$ bijektiv.

Beweis

Siehe [1; S. 222] oder [2; S. 30] zum Begriff des Umgebungsretraktes.

Sei $R \xrightarrow{i} U \xrightarrow{r} R$ eine Retraktion und $U \subset \mathbb{R}^m$ offen; dann ist auch $\xi \longrightarrow r^*\xi \longrightarrow \xi$ eine Retraktion.

Um (3.1) (für $B = U$ nicht kompakt) anwenden zu können, müssen wir $r^*\xi$: $r^*E \longrightarrow U$ mit einer differenzierbaren Struktur versehen; dazu wählen wir eine differenzierbare klassifizierende Abbildung $U \longrightarrow G_{n,r}$ von $r^*\xi$, was nach (I, 1.2 und 2.6) möglich ist. Das Lemma folgt jetzt aus (3.1). §§§

Unter euklidische Umgebungsretrakte fallen insbesondere die endlichen Zellenkomplexe [1; Satz 32].

(4.6) Bemerkung

Die Funktoren $L_n(\xi)$ und $\pi_{n+k}(M\xi)$ sind invariant gegen Homotopien von Bündelabbildungen.

(4.7) Definition

Sei $\kappa: \mathfrak{A} \longrightarrow \mathfrak{T}_o$ ein Funktor in die Kategorie der topologischen Räume mit Grundpunkt, und Homotopieklassen von Abbildungen; sei $\mathfrak{U} \subset \mathfrak{A}$ die volle Unterkategorie der Objekte $U \in \mathrm{Ob}\,\mathfrak{A}$, für die κU ein endlicher Zellenkomplex ist. Ein mengenwertiger Funktor $h: \mathfrak{A} \longrightarrow \mathfrak{M}$ heisst singulär (bezüglich κ), falls h die Kan-Erweiterung von $h\,|\,\mathfrak{U}$ ist.

(4.8) Satz

Sei $\mathfrak{V}^k$ die Kategorie der k-dimensionalen Vektorbündel und Homotopieklassen von Bündelabbildungen, und $\kappa: \mathfrak{V} \longrightarrow \mathfrak{T}_o$ der Funktor, der einem Bündel ξ : $E \longrightarrow B$ seine Basis B zuordnet. Die Funktoren $L_n(\xi)$ und $\pi_{n+k}(M\xi)$ auf $\mathfrak{V}$ sind singulär bezüglich κ.

Hieraus und aus (4.4) und (4.5) folgt:

(4.9) Satz

Die Abbildung $P: L_n(\xi) \longrightarrow \pi_{n+k}(M\xi)$ ist bijektiv für beliebige k-dimensionale Vektorbündel $\xi: E \longrightarrow B$.

Beweis von (4.8)

Es ist leicht zu sehen, dass der Funktor $L_n(-)$ singulär ist, wenn man benutzt, dass eine kompakte Mannigfaltigkeit selbst ein endlicher Zellenkomplex ist [5; Theorem 10.6]; es genügt jedoch, folgendes zu wissen:

(4.10) Lemma

Sei M eine kompakte differenzierbare Mannigfaltigkeit, dann gibt es eine Retraktion

$$(M,\partial M) \xrightarrow{i} (Z,Z') \xrightarrow{r} (M,\partial M),$$

wobei Z ein endlicher Zellenkomplex und Z' Unterkomplex ist.

Beweis

Man wählt eine Einbettung $(M,\partial M) \subset (\mathbb{R}^n \times [0,1], \mathbb{R}^n \times \{0\})$ wie im Beweis von (2.3), und eine tubulare Umgebung U von M in $\mathbb{R}^n \times [0,1]$. Nun ist M kompakt und hat einen positiven Abstand von $(\mathbb{R}^n \times [0,1]) - U$, daher kann man eine Zerlegung von $\mathbb{R}^n \times [0,1]$ in kleine Würfel finden, so dass $\mathbb{R}^n \times \{0\}$ ein Teilkomplex dieser Zerlegung ist und U noch eine Umgebung Z von M enthält, die aus Würfeln der Zerlegung besteht. Offenbar lässt sich $(U, U \cap \mathbb{R}^n \times \{0\})$ auf $(M,\partial M)$ durch Projektion retrahieren, daher auch $(Z, Z \cap (\mathbb{R}^n \times \{0\}))$. §§§

Zur Verifikation der Bedingung (4.3,a) betrachten wir eine Einbettung $j: M \longrightarrow \mathbb{R}^{n+k}$ und eine Bündelabbildung $f: \nu_j \longrightarrow \xi$. Wir wählen eine Retraktion $M \xrightarrow{i} Z \xrightarrow{r} M$ und erhalten Bündelabbildungen $\nu_j \xrightarrow{\tilde{i}} r^*\nu_j \xrightarrow{\tilde{r}} \nu_j$, mit $\tilde{r} \cdot \tilde{i} = id$; daher ist $f = (f \cdot \tilde{r}) \cdot \tilde{i}$ und $[j,f]$ ist Bild von $[j,\tilde{i}]$ bei der durch $(f \cdot \tilde{r})$ induzierten Abbildung $L_n(r^*\nu_j) \longrightarrow L_n(\xi)$. Zur Verifikation von (4.3,b) schliesst man entsprechend für den Bordismus anstelle von M.

Um zu sehen, dass auch der Funktor $\pi_{n+k}(M\xi)$ singulär ist, betrachte man die kanonische Abbildung $s: SB \longrightarrow B$ der Realisierung des singulären Komplexes [4; § 4].

Sie induziert $\tilde{s}: \tilde{s}^*\xi \longrightarrow \xi$ und damit $\varphi = M\tilde{s}: Ms^*\xi \longrightarrow M\xi$. Nun ist $\varphi | SB = s$ eine schwache Homotopieäquivalenz (das heisst, die Abbildung induziert Isomorphismen aller Homotopiegruppen mit beliebigem Grundpunkt [4; Theorem 4]), und daher sind auch die Einschränkungen von

ψ $M(s^*\xi) - \{\infty\} \longrightarrow M\xi - \{\infty\}$, $M(s^*\xi) - (SB \cup \{\infty\}) \longrightarrow M\xi - (B \cup \{\infty\})$ und $M(s^*\xi) - SB \longrightarrow M\xi - B$ schwache Homotopieäquivalenzen, die beiden ersten als Bündelabbildungen über s, die letzte, weil beide Räume auf ∞ zusammenziehbar sind. Nach einem Satz von McCord [3; Theorem 6] ist daher auch ψ eine schwache Homotopieäquivalenz, und wir können ξ durch $s^*\xi$ ersetzen. Nun ist $M(s^*\xi)$ ein Zellenkomplex mit einer $r+k$-Zelle über jeder r-Zelle von SB, und eine Abbildung der kompakten Räume S^{n+k} oder $S^{n+k} \times I$ nach $M(s^*\xi)$ trifft nur endlich viele Zellen, faktorisiert also über $M(s^*\xi|K)$, wobei K ein endlicher Teilkomplex von SB ist. Daraus folgt die Behauptung. §§§

Falls man sowieso nur Zellenkomplexe betrachtet, braucht man hier natürlich nur das letzte Argument des Beweises beachten.

Ist $j: M \subset \mathbb{R}^{n+k}$ gegeben, und schliessen wir die kanonische Injektion $\mathbb{R}^{n+k} \subset \mathbb{R}^{n+k+t}$ an, so erhalten wir eine Einbettung j'. Für das Normalenbündel gilt: $\nu_{j'} = \nu_j + t\varepsilon$, wobei $t\varepsilon$ das t-dimensionale triviale Bündel $M \times \mathbb{R}^t \longrightarrow M$ ist. Der Ubergang $(j,f) \longmapsto (j',f \oplus t\varepsilon)$ induziert eine Abbildung

(4.11) $$\Sigma^t: L_n(\xi) \longrightarrow L_n(\xi \oplus t\varepsilon).$$

Wir geben eine entsprechende Abbildung für $\pi_{n+k}(M\ )$ an. Wir haben eine Abbildung

(4.12) $$e_t: M(\xi) \wedge S^t \longrightarrow M(\xi \oplus t\varepsilon),$$

die auf dem Komplement des Grundpunkts die "Identität" ist (der Totalraum von $\xi \oplus t\varepsilon$ ist $E_\xi \times \mathbb{R}^t$).

(4.13) <u>Satz</u>

<u>Folgendes Diagramm ist kommutativ</u>:

$$\begin{array}{ccc}
L_n(\xi) & \xrightarrow{\ \Sigma^t\ } & L_n(\xi \oplus t\varepsilon) \\
\downarrow P & & \downarrow P \\
\pi_{n+k}(M\xi) & \overset{\sigma^t}{\dashrightarrow} & \pi_{n+k+t}(M(\xi \oplus t\varepsilon)) \\
\| & & \uparrow e_{t*} \\
[S^{n+k}, M\xi]^o & \xrightarrow{\ \wedge S^t\ } & [S^{n+k} \wedge S^t, M\xi \wedge S^t]^o
\end{array}$$

Beweis

Verfolgt man einen Repräsentanten auf beiden Wegen, so erhält man zwei Abbildungen $S^{n+k+t} \longrightarrow M(\xi \oplus t\varepsilon)$, die beide dasselbe Urbild des Nullschnitts haben, und Punkte in dieselbe Faser (oder nach ∞) abbilden. Zwei solche Abbildungen sind homotop. §§§

5. $N_n(X)$ als Homotopiegruppe

Für einen topologischen Raum X bezeichnen wir mit $\xi_k = \xi_k(X)$ das Bündel $\xi_k = id_X \times \gamma_{k,\infty}: X \times E_{k,\infty} \longrightarrow X \times G_{k,\infty}$; dabei ist $\gamma_{k,\infty}$ das k-dimensionale reelle universelle Bündel über der unendlichen Grassmann-Mannigfaltigkeit $G_{k,\infty}$ (I, 3.3).

Wir definieren eine Abbildung

$$(5.1) \qquad \pi_k: L_n(\xi_k) \longrightarrow N_n(X)$$

durch $\pi_k(j,f) = [M, pr_1 \circ \bar{f}]$, wobei $j: M \subset \mathbb{R}^{n+k}$ und $pr_1 \circ \bar{f}: M \longrightarrow X \times G_{k,\infty} \longrightarrow X$; dabei ist $\bar{f}$ die durch f in der Basis induzierte Abbildung; die Abbildung π_k ist offenbar wohldefiniert.

Wir haben mit (4.9) eine Abbildung

$$(5.2) \qquad l_k: L_n(\xi_k) \xrightarrow{\Sigma^1} L_n(\xi_k \oplus \varepsilon) \xrightarrow{L_n(h)} L_n(\xi_{k+1}), \quad \text{wobei}$$

$h = id \times h': id_X \times (\gamma_{k,\infty} \oplus \varepsilon) \longrightarrow id_X \times \gamma_{k+1,\infty}$, und $h': \gamma_{k,\infty} \oplus \varepsilon \longrightarrow \gamma_{k+1,\infty}$ ist die (bis auf Homotopie eindeutig bestimmte) Bündelabbildung.

Das Diagramm

$$(5.3) \qquad \begin{array}{ccc} L_n(\xi_k) & & \\ {\scriptstyle l_k}\downarrow & \overset{\pi_k}{\searrow} & \\ & & N_n(X) \\ & \underset{\pi_{k+1}}{\nearrow} & \\ L_n(\xi_{k+1}) & & \end{array}$$

ist kommutativ, und wir erhalten deshalb durch Übergang zum direkten Limes für $k \longrightarrow \infty$ eine Abbildung

(5.4) $$\pi: \lim_{k\to\infty} L_n(\xi_k) \longrightarrow N_n(X).$$

(5.5) Satz

Die Abbildung π ist bijektiv.

Beweis

Die Abbildung π ist surjektiv: Sei $[M,f] \in N_n(X)$ gegeben, dann gibt es eine Einbettung $j: M \subset \mathbb{R}^{n+k}$ für geeignetes k (I, 1.1) und eine Bündelabbildung $h: E(\nu_j) \longrightarrow E_{k,\infty}$ (I, 3.3). Sei $g = (f\circ\nu_j, h): E(\nu_j) \longrightarrow X \times E_{k,\infty}$, dann ist $g: \nu_j \longrightarrow \xi_k$ eine Bündelabbildung, und man sieht, dass $[M,f]$ Bild von (j,g) bei π_k ist.

Die Abbildung π ist injektiv: Seien (j_0,g_0) und (j_1,g_1) zwei Repräsentanten von $L_n(\xi_k)$, die bei π_k dasselbe Bild haben. Sei also (B,F) eine singuläre Mannigfaltigkeit in X mit dem Rand $\partial(B,F) = (M_0, pr_1\circ\bar{g}_0) + (M_1, pr_1\circ\bar{g}_1)$; wir benutzen:

(5.6) Lemma

Es gibt ein $t \geq 0$ und eine Einbettung $J: B \subset \mathbb{R}^{n+k+t} \times [0,1]$, so dass

$$JB \cap (\mathbb{R}^{n+k} \times \mathbb{R}^t \times [0,\tfrac{1}{3})) = (j_0M_0 \times \{0\} \times [0,\tfrac{1}{3}))$$

$$JB \cap (\mathbb{R}^{n+k} \times \mathbb{R}^t \times (\tfrac{2}{3},1]) = (j_1M_1 \times \{0\} \times (\tfrac{2}{3},1])$$

und

(5.7) Lemma

Die Bündelabbildungen

$$g_i \oplus t\varepsilon: \nu_{j_i} \oplus t\varepsilon \longrightarrow \xi_{k+t}, \qquad i = 0,1,$$

lassen sich zu einer Bündelabbildung

$$G: \nu_J \longrightarrow \xi_{k+t}$$

fortsetzen.

Wir können also mit (5.6) und (5.7) einen ξ_{k+t}-Bordismus zwischen den Bildern der Repräsentanten in $L_n(\xi_{k+t})$ herstellen. Das beweist (5.5).

Beweis von (5.6)

Sei $k+t > n$; wir betten einen Kragen $M_0 \times [0,1) \subset B$ von M_0 durch die Abbildung $(m,t) \longmapsto (m,0,\frac{1}{2}t)$ in $\mathbb{R}^{n+k} \times \mathbb{R}^t \times [0,1]$ ein, und entsprechend einen dazu disjunkten Kragen $M_1 \times [0,1) \subset B$ durch $(m,t) \longmapsto (m,0,1-\frac{1}{2}t)$. Diese Einbettung $\partial B \times [0,1) \longrightarrow \mathbb{R}^{n+k+t} \times [0,1]$ des Kragens von ∂B setzen wir zu einer stetigen Abbildung φ: $B \longrightarrow \mathbb{R}^{n+k+t} \times [0,1]$ fort, so dass $\varphi(B-(\partial B \times [0,1))) \subset \mathbb{R}^{n+k+t} \times (\frac{1}{3},\frac{2}{3})$. Dann approximieren wir φ nach (I, 1.1 und 1.2) durch eine Einbettung J: $B \longrightarrow \mathbb{R}^{n+k+t} \times [0,1]$, die ebenfalls erfüllt: $J(B-(\partial B \times [0,1))) \subset \mathbb{R}^{n+k+t} \times (\frac{1}{3},\frac{2}{3})$, und die auf $\partial B \times [0,\frac{2}{3}]$ mit φ übereinstimmt. §§§

Beweis von (5.7)

Eine Bündelabbildung g: $\nu \longrightarrow \xi_k$ schreibt sich

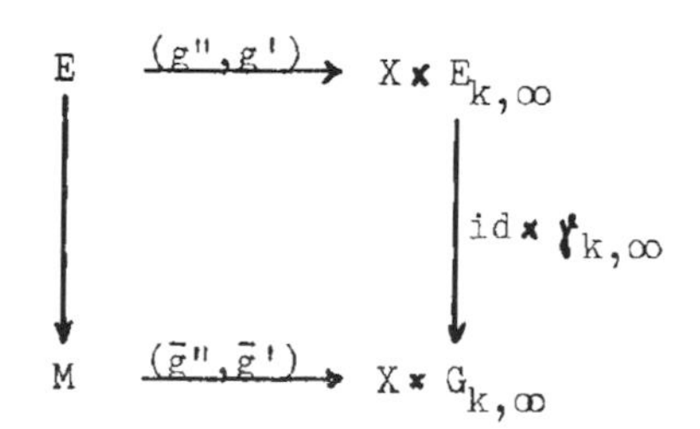

$$\begin{array}{ccc} E & \xrightarrow{(g'',g')} & X \times E_{k,\infty} \\ \downarrow & & \downarrow \mathrm{id} \times \gamma_{k,\infty} \\ M & \xrightarrow{(\bar{g}'',\bar{g}')} & X \times G_{k,\infty} \end{array}$$

dabei ist g': $\nu \longrightarrow \gamma_{k,\infty}$ die Abbildung von ν in das universelle Bündel. Wir können für unseren Fall insbesondere annehmen (durch eventuelle homotope Abänderung), dass $(g_0',\bar{g}_0')$ und $(g_1',\bar{g}_1')$ die in (I, 3.4) beschriebenen klassifizierenden Abbildungen der Normalenbündel ν_{j_0} und ν_{j_1} sind. Dann werden $g_0' \oplus t\varepsilon$ und $g_1' \oplus t\varepsilon$ durch die entsprechende Bündelabbildung G: $\nu_J \longrightarrow \gamma_{k+t,\infty}$ fortgesetzt. Eine Fortsetzung von g_0'' und g_1'' ist durch $F \circ \nu_J$ mit dem Bordismus (B,F) gegeben. §§§

Wir können also $N_n(X)$ durch die $L_n(\xi_k)$ beschreiben, und den Funktor $L_n(-)$ haben wir schon durch Homotopiemengen beschrieben.

Wir haben ein kommutatives Diagramm

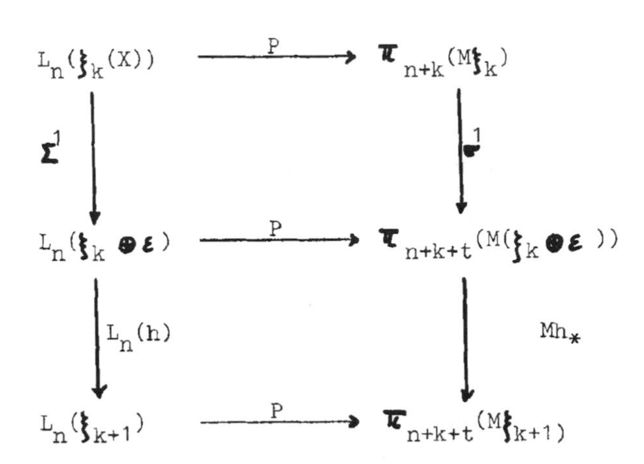

nach (4.2) und (4.13), und erhalten durch Übergang zum Limes eine Abbildung

$$P: \lim_k L_n(\xi_k(X)) \longrightarrow \lim_k \pi_{n+k}(M\xi_k(X)),$$

dann ist P nach (4.9) als Limes von Isomorphismen ein Isomorphismus. Sei $T = P \circ \pi^{-1}$; wir fassen unsere Bemühungen zusammen:

(5.8) <u>Hauptsatz</u>

(T. Thom 1954, für X ein Punkt [6; Théorème IV.8]), Conner-Floyd [7])
<u>Die Abbildung</u> $T(X)$: $N_n(X) \longrightarrow \lim_{\to k} \pi_{n+k}(M\xi_k(X))$ <u>ist ein natürlicher Isomorphismus von Funktoren</u>.

<u>Beweis</u>

Es ist nur noch zu zeigen, dass T die <u>Gruppenstrukturen</u> erhält. Seien also $[M_i, f_i] \in N_n(X)$, $i = 1,2$, gegeben. Zur Konstruktion von T bette man

M_1 in $A_1 = \{x \mid x_{n+k} > 0\} \subset \mathbb{R}^{n+k}$ ein, und

M_2 in $A_2 = \{x \mid x_{n+k} < 0\} \subset \mathbb{R}^{n+k}$. Man wählt tubulare Umgebungen $U_i \subset A_i$ von M_i; dann wird $T([M_1,f_1] + [M_2,f_2])$ durch eine Abbildung $S^{n+k} \longrightarrow M(\xi_k)$ repräsentiert, die über $S^{n+k} \vee S^{n+k}$ faktorisiert, und die Einschränkung auf die Summanden S^{n+k} erkennt man als Repräsentanten von $T[M_i,f_i]$. §§§

Literatur

1. K. Borsuk: "Über eine Klasse von lokal zusammenhängenden Räumen" (Fundam.Math. 19 (1932), 220-242

2. S.T. Hu: "Theory of retracts" (Wayne State University Press, Detroit 1965)

3. M.C. McCord: "Singular homology groups and homotopy groups of finite topological spaces" (Duke Math.Journ. 33 (1966), 465-474)

4. J. Milnor: "The geometric realization of a semi-simplicial complex" (Ann.of Math. 65 (1957), 357-362)

5. J.R. Munkres: "Elementary differential topology" (Ann.of Math. Studies 54, 1966)

6. R. Thom: "Quelques propriétés globales des variétés différentiables" (Comment.Math.Helv. 28 (1954), 17-86)

7. P.E. Conner und E.E. Floyd: "Differentiable periodic maps" (Springer Verlag 1964)

IV. Kapitel
Spektren, Homologie und Kohomologie

In diesem Kapitel erklären wir, wie man eine (Ko-)Homologietheorie mit einem Spektrum definiert, um insbesondere die zur Bordismen-Homologietheorie gehörende Kobordismentheorie einzuführen. Unsere Darstellung ist von überflüssigen und die Beweise erschwerenden Voraussetzungen, die man in der Literatur findet, befreit.

1. Spektren

(1.1) Definition

Ein Spektrum $\underline{\underline{X}} = (X_n, e_n \mid n \in Z)$ besteht aus einer Familie X_n von punktierten topologischen Räumen und einer Familie $e_n\colon X_n \wedge S^1 \longrightarrow X_{n+1}$ von punktierten Abbildungen.

Dabei wollen wir S^n immer als Einpunkt-Kompaktifizierung $(\mathbb{R}^n)^c$ von $\mathbb{R}^n$ mit dem Grundpunkt ∞ auffassen.

(1.2) Beispiele

(a) Sei X ein punktierter Raum, $X_n = \{o\}$ für $n < 0$, $X_n = X \wedge S^n$ für $n \geq 0$, mit $e_n\colon X_n \wedge S^1 = (X \wedge S^n) \wedge S^1 \longrightarrow X \wedge S^{n+1} = X_{n+1}$.

(b) Sei $\gamma_{n,\infty}$ das universelle n-dimensionale reelle Vektorbündel; wir setzen $M(\gamma_{n,\infty}) = MO(n)$, und

$$e_n\colon MO(n) \wedge S^1 = M(\gamma_{n,\infty}) \wedge S^1 \xrightarrow{(1)} M(\gamma_{n,\infty} \oplus \varepsilon) \xrightarrow{(2)} M(\gamma_{n+1,\infty}) = MO(n+1),$$

wobei (1) die Abbildung in (III, 4.10) und (2) von der Bündelabbildung $\gamma_{n,\infty} \oplus \varepsilon \longrightarrow \gamma_{n+1}$ induziert ist ($MO(n) = \{0\}$ für $n \leq 0$).

$MO =: (MO(n), e_n)$ heisst (orthogonales) Thom-Spektrum.

(c) Entsprechend sei $\gamma_{n,\infty}$ das universelle n-dimensionale komplexe Vektorbündel; wir setzen $MU(n) = M(\gamma_{n,\infty})$ und definieren das unitäre Thom-Spektrum $MU = (X_n, e_n)$ durch

$$X_{2n} = MU(n); \quad X_{2n+1} = MU(n) \wedge S^1 \qquad \text{und}$$

$$e_{2n} = \text{id}\colon \ X_{2n} \wedge S^1 \longrightarrow X_{2n+1};$$

$$e_{2n+1}\colon \ X_{2n+1} \wedge S^1 = (X_{2n} \wedge S^1) \wedge S^1 \longrightarrow X_{2n} \wedge S^2 =$$

$$X_{2n} \wedge \mathbb{C}^c = MU(n) \wedge \mathbb{C}^c \longrightarrow MU(n+1);$$

dabei ist die letzte Abbildung wieder durch die (komplexe) Bündelabbildung $\gamma_{n,\infty} \oplus \varepsilon \longrightarrow \gamma_{n+1,\infty}$ induziert.

(d) Sei $\underline{\underline{X}}$ ein Spektrum und Y ein punktierter Raum. Wir definieren ein Spektrum $Y \wedge \underline{\underline{X}} = (A_n, a_n)$ durch $A_n = Y \wedge X_n$ und

$$a_n : (Y \wedge X_n) \wedge S^1 \xrightarrow{i} Y \wedge (X_n \wedge S^1) \xrightarrow{id \wedge e_n} Y \wedge X_{n+1},$$

wobei i die Identität auf den zugrundeliegenden Mengen ist (i ist stetig, weil S^1 kompakt ist [6; Bemerkung 1, S. 340], [9; Satz 5, S. 75]).

Sei Z ein punktierter Raum; der Isomorphismus $\mathbb{R}^n \times \mathbb{R}^m = \mathbb{R}^{n+m}$ induziert $S^n \wedge S^m = (\mathbb{R}^n \times \mathbb{R}^m)^c = (\mathbb{R}^{n+m})^c = S^{n+m}$, und wir haben für $n > k$ Abbildungen

$$b_n^k(Z) : [Z \wedge S^{n-k}, X_n]^o \xrightarrow{\wedge S^1} [Z \wedge S^{n-k} \wedge S^1, X_n \wedge S^1]^o \xrightarrow{e_{n*}} [Z \wedge S^{n+1-k}, X_{n+1}]^o .$$

§§§

Bemerkung

Da das $\wedge$ -Produkt im allgemeinen nicht assoziativ ist, muss man mit der Klammerung vorsichtig sein. Die Existenz und Stetigkeit der verwandten Abbildungen folgert man leicht aus [9; Satz 5, S. 75].

(1.3) Lemma

Die Abbildung $b_n^k(Z)$ ist ein in Z natürlicher Homomorphismus von Gruppen.

Die Gruppenstruktur ist durch die Kogruppenstruktur $S^{n-k} \longrightarrow S^{n-k} \vee S^{n-k}$ induziert [4; § 2], [10; S. 39 ff].

(1.4) Definition

Sei $h^k(Z;\underline{\underline{X}})$ oder $\underline{\underline{X}}^k(Z)$ der direkte Limes über das System $([Z \wedge S^{n-k}, X_n]^o, b_n^k \mid n \in Z)$ für festes k und $n \longrightarrow \infty$. Wir nennen diese Gruppe die k-te Kohomologie von Z mit Koeffizienten in $\underline{\underline{X}}$.

Zu gegebenem Spektrum $\underline{\underline{X}}$ ist $h^k(Z;\underline{\underline{X}})$ ein kontravarianter Funktor von der Kategorie der punktierten topologischen Räume und Homotopieklassen von Abbildungen, in die Kategorie der abelschen Gruppen.

(1.5) Definition

Wir bezeichnen $h^{-k}(S^0;Z \wedge \underline{\underline{X}})$ mit $h_k(Z;\underline{\underline{X}})$ oder $\underline{\underline{X}}_k(Z)$, und nennen diese Gruppe die k-te Homologie von Z mit Koeffizienten in $\underline{\underline{X}}$. Es handelt sich um einen Kovarianten, homotcpieinvarianten Funktor.

2. Exakte Sequenzen

Sei $f\colon Y \longrightarrow Z$ eine punktierte Abbildung, sei o der Grundpunkt des Einheitsintervalls I, und $CY =: Y \wedge I$ der reduzierte Kegel über Y mit der kanonischen Inklusion $Y \longrightarrow CY$, gegeben durch $y \longmapsto (y,1)$. Sei $C_f =: Z \cup_f CY = Z + CY/(y,1) \sim f(y)$ der reduzierte Abbildungskegel von f, mit der kanonischen Inklusion $Pf\colon Z \longrightarrow Z \cup_f CY = C_f$.

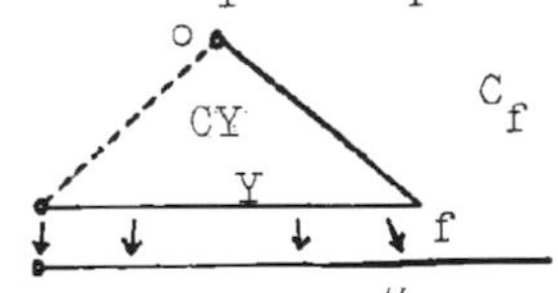

Dann ist für jeden punktierten Raum A die Folge

$$[Y,A]^o \longleftarrow [Z,A]^o \longleftarrow [C_f,A]^o \tag{2.1}$$

exakt, wie man durch Aufdröseln der Definitionen unmittelbar sieht [6; Satz 1, S. 305].

(2.2) Lemma

[6; Hilfssatz 18, S. 339]

Für jede Abbildung $f\colon Y \longrightarrow Z$ und jeden Raum X gibt es Homotopieäquivalenzen φ, ψ, so dass das Diagramm

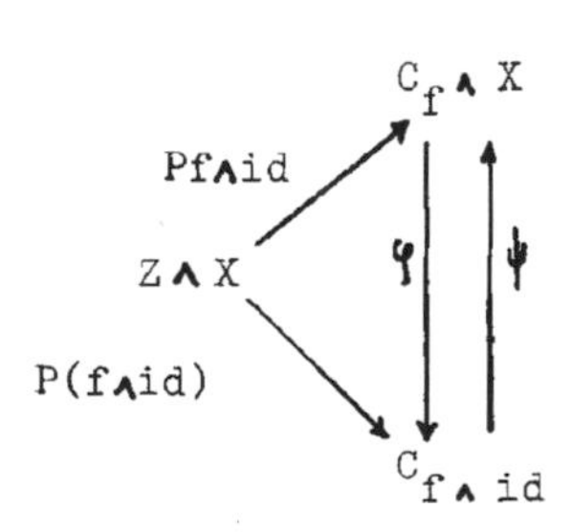

kommutativ ist.

Tatsächlich unterscheiden sich die Topologien von $C_f \wedge X$ und $C_{f\wedge id}$ nur in der Umgebung von Spitze und Basis des Kegels, und man deformiert eine geeignete Umgebung in die Spitze beziehungsweise Basis. §§§

(2.3) Satz

Die Folgen

$$h^k(Y;\underline{\underline{X}}) \longleftarrow h^k(Z;\underline{\underline{X}}) \longleftarrow h^k(C_f;\underline{\underline{X}})$$

und

$$h_k(Y;\underline{\underline{X}}) \longrightarrow h_k(Z;\underline{\underline{X}}) \longrightarrow h_k(C_f;\underline{\underline{X}})$$

sind exakt.

Beweis

Für die Kohomologie folgt die Exaktheit aus der Exaktheit von (2.1) und der Tatsache, dass ein direkter Limes von exakten Folgen wieder exakt ist.

Für die Homologie folgt ebenso unmittelbar $Pf_* \circ f_* = 0$. Sei also $x \in h_k(Z,\underline{\underline{X}})$ mit $Pf_*(x) = 0$ gegeben, dann wird x durch eine Abbildung

$$h: \ S^{n+k} \longrightarrow Z \wedge X_n$$

repräsentiert, und wir können annehmen, dass die Zusammensetzung

$$S^{n+k} \xrightarrow{\ h\ } Z \wedge X_n \xrightarrow{Pf\wedge id} C_f \wedge X_n$$

nullhomotop ist. Wir benutzen jetzt die Äquivalenz φ von (2.2) und betrachten die Abbildungsfolgen (Puppe-Folgen) der Abbildungen $id: \ S^n \longrightarrow S^n$ und $f \wedge id: \ Y \wedge X_n \longrightarrow Z \wedge X_n$ (siehe [6; S. 310-311]).

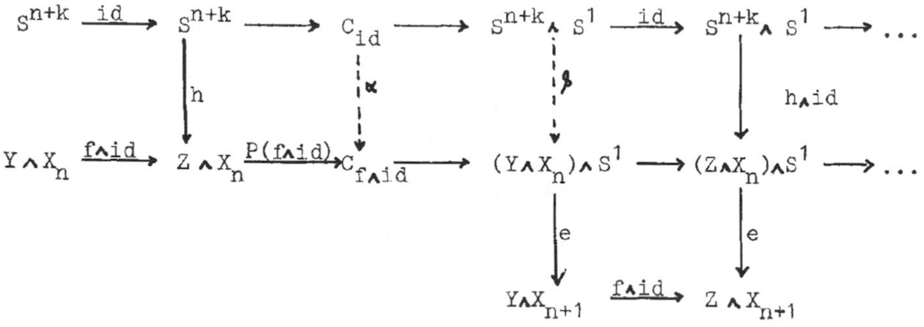

$$\begin{array}{ccccccccccc}
S^{n+k} & \xrightarrow{id} & S^{n+k} & \longrightarrow & C_{id} & \longrightarrow & S^{n+k}\wedge S^1 & \xrightarrow{id} & S^{n+k}\wedge S^1 & \longrightarrow & \dots \\
 & & \downarrow h & & \downarrow \alpha & & \downarrow \beta & & \downarrow h\wedge id & & \\
Y\wedge X_n & \xrightarrow{f\wedge id} & Z\wedge X_n & \xrightarrow{P(f\wedge id)} & C_{f\wedge id} & \longrightarrow & (Y\wedge X_n)\wedge S^1 & \longrightarrow & (Z\wedge X_n)\wedge S^1 & \longrightarrow & \dots \\
 & & & & & & \downarrow e & & \downarrow e & & \\
 & & & & & & Y\wedge X_{n+1} & \xrightarrow{f\wedge id} & Z\wedge X_{n+1} & &
\end{array}$$

Erläuterung

Die waagerechten Sequenzen sind die genannten Abbildungsfolgen. Die Abbildung α lässt sich einfügen, weil $P(f\wedge id)\circ h$ nullhomotop ist. Die Abbildungen β und $h\wedge id$ sind durch die Abbildung von Paaren (h,α) auf den höheren Termen der Abbildungsfolgen induziert, und e sind die Abbildungen, die die Spektren $Y\wedge\underline{\underline{X}}$ und $Z\wedge\underline{\underline{X}}$ definieren. Es repräsentiert $e\circ\beta$ ein Element $y\in h_k(Y;\underline{\underline{X}})$, das bei f_* auf das durch $e\circ(h\wedge id)$ repräsentierte Element, also auf x abgebildet wird. §§§

3. Einhängung

Die Isomorphismen

$$[Z\wedge S^{n-k},X_n]^o \longrightarrow [(Z\wedge S^1)\wedge S^{n-(k+1)},X_n]^o$$

sind mit den b_n^k verträglich, und definieren im Limes einen natürlichen Isomorphismus

(3.1) $$\sigma^*:\ h^k(Z;\underline{\underline{X}}) \longrightarrow h^{k+1}(Z\wedge S^1;\underline{\underline{X}})$$

den sogenannten Einhängungs-Isomorphismus der Kohomologie.

Ebenso sind die Abbildungen

$$[S^{n+k},Z\wedge X_n]^o \xrightarrow{S^1\wedge} [S^1\wedge S^{n+k},S^1\wedge (Z\wedge X_n)]^o \longrightarrow [S^{n+k+1},(S^1\wedge Z)\wedge X_n]^o$$

mit den b_n^k verträgliche Homomorphismen, und definieren daher im Limes eine natürliche Abbildung

(3.2) $$\sigma_*:\ h_k(Z;\underline{\underline{X}}) \longrightarrow h_{k+1}(S^1\wedge Z;\underline{\underline{X}}),$$

die Einhängungs-Abbildungen der Homologie, und

(3.3) Satz

Die Abbildung $\sigma_*:\ h_k(Z;\underline{\underline{X}}) \longrightarrow h_{k+1}(S^1\wedge Z;\underline{\underline{X}})$ ist ein natürlicher Isomorphismus.

Beweis

Um Vorzeichen zu vermeiden, zeigen wir, dass $\sigma_*\circ\sigma_*$ ein Isomorphismus ist; daraus folgt die Behauptung leicht.

Sei also für irgendeinen Raum A

$$\tau:\ S^2\wedge A \longrightarrow A\wedge S^2$$

die Vertauschung $\tau(s,a) = (a,s)$, dann ist die Zusammensetzung

$$\begin{array}{ccc}
[S^{n+k+2}, S^2 \wedge (Z \wedge X_n)]^o & \xrightarrow{\tau_*} & [S^{n+k+2}, (Z \wedge X_n) \wedge S^2]^o \\
 & & \downarrow e_{n+1*} \circ (e_n \wedge id_{S^1})_* \\
 & & [S^{n+k+2}, Z \wedge X_{n+2}]^o
\end{array}$$

mit den b_n verträglich, und induziert eine zu $\sigma_* \circ \sigma_*$ inverse Abbildung auf dem Limes. Beim Nachprüfen der Einzelheiten benutzt man, dass die Abbildung $S^{t+2} = S^2 \wedge S^t \xrightarrow{\tau} S^t \wedge S^2 = S^{t+2}$ homotop zur Identität ist. §§§

Aus (2.3), (3.1) und (3.3) folgt

(3.4) Satz

Die Funktoren $h_*(-;\underline{\underline{X}})$ mit den Isomorphismen σ_* bilden eine Homologietheorie, und die Funktoren $h^*(-;\underline{\underline{X}})$ mit den Isomorphismen σ^* bilden eine Kohomologietheorie.

Beweis

Die Abbildungsfolge

$$X \xrightarrow{f} Y \xrightarrow{Pf} C_f \longrightarrow S^1X \xrightarrow{Sf} S^1Y \longrightarrow SC_f \longrightarrow \ldots$$

liefert zusammen mit den Einhängungsisomorphismen die lange exakte Folge

$$\longleftarrow h^k(X) \longleftarrow h^k(Y) \longleftarrow h^k(C_f) \longleftarrow h^{k-1}(X) \longleftarrow \ldots .$$

Hat die Inklusion $X \subset Y$ die Homotopie-Erweiterungseigenschaft, so ist die kanonische Projektion $C_f \longrightarrow Y/X$ eine punktierte Homotopieäquivalenz, und man hat insbesondere $h^*(C_f) = h^*(Y/X)$. Entsprechend für die Homologie (siehe [6; Satz 2, S. 306]). §§§

4. Produkte

Wir studieren Produkte in den soeben erklärten Kohomologietheorien mit Koeffizienten in einem Spektrum.

(4.1) Definition

Sei $\underline{\underline{X}} = (X_n, e_n)$ ein Spektrum mit wohlpunktierten Räumen X_n [4; Abschnitt 4.9]. Ein Produkt in $\underline{\underline{X}}$ ist eine Familie

$$\{m_{k,l}: X_k \wedge X_l \longrightarrow X_{k+l} \mid k,l \in Z\}$$

von Abbildungen, mit der folgenden Eigenschaft:

Das Diagramm

$$\begin{array}{lccccc}
\Theta_L: & X_k \wedge (X_l \wedge S^1) & \xrightarrow{1 \wedge e_l} & X_k \wedge X_{l+1} & \xrightarrow{m_{k,l+1}} & X_{k+l+1} \\
 & \downarrow \lambda & & & & \| \\
\Theta: & (X_k \wedge X_l) \wedge S^1 & \xrightarrow{m_{k,l} \wedge 1} & X_{k+l} \wedge S^1 & \xrightarrow{e_{k+l}} & X_{k+l+1} \\
 & \downarrow (-1)^l \tau & & & & \| \\
\Theta_R: & (X_k \wedge S^1) \wedge X_l & \xrightarrow{e_k \wedge 1} & X_{k+1} \wedge X_l & \xrightarrow{m_{k+1,l}} & X_{k+l+1}
\end{array}$$

ist bis auf punktierte Homotopie kommutativ.

Dabei ist

$$\Theta_L = m_{k,l+1} \circ (1 \wedge e_l)$$

$$\Theta = e_{k+l} \circ (m_{k,l} \wedge 1)$$

$$\Theta_R = m_{k+1,l} \circ (e_k \wedge 1),$$

λ, τ sind die kanonischen Abbildungen, und (-1) ist durch eine Abbildung $S^1 \longrightarrow S^1$ vom Grad (-1) induziert.

Ungenau gesagt heisst das, dass die Vertauschung τ das übliche Vorzeichen hat, und dass die Produktabbildungen $m_{k,l}$ mit den Abbildungen e_n des Spektrums bis auf Homotopie verträglich sind.

Bemerkung

Bei der Definition (4.1) setzten wir wohlpunktierte Räume X_n voraus, da für solche Räume das $\wedge$-Produkt bis auf Homotopie assoziativ ist

[6; Satz 18, S. 336].

(4.2) Beispiel

In den Thom-Spektren MO und MU von (1.2 b und c) haben wir kanonische Produkte, nämlich:

Sei γ_k das universelle k-dimensionale Vektorbündel, und für jedes Paar (k,l) sei

$$f_{k,l}: \gamma_k \times \gamma_l \longrightarrow \gamma_{k+l}$$

eine Bündelabbildung. Sie induziert eine Abbildung der Thomräume

$$Mf_{k,l}: M(\gamma_k \times \gamma_l) \longrightarrow M(\gamma_{k+l}).$$

Ausserdem gibt es eine kanonische Homotopieäquivalenz

$$d_{k,l}: M\gamma_k \wedge M\gamma_l \longrightarrow M(\gamma_k \times \gamma_l).$$

Beweis

Für beliebige Bündel $\xi: E_\xi \longrightarrow B_\xi$ und $\eta: E_\eta \longrightarrow B_\eta$ ist die Abbildung

$$M(\xi \times \eta) = (E_\xi \times E_\eta) \cup \{\infty\} \longrightarrow \frac{(E_\xi \cup \{\infty\}) \times (E_\eta \cup \{\infty\})}{M\xi \times \{\infty\} \cup \{\infty\} \times M\eta},$$

die ausserhalb des Grundpunkts ∞ die Identität ist, stetig und eine Homotopieäquivalenz (jedoch nicht immer homöomorph!). Wir setzen also

$$m_{k,l} = Mf_{k,l} \circ d_{k,l}.$$

Im reellen Fall sind die Abbildungen $\Theta_L \circ \lambda$, Θ und $\Theta_R \circ \tau$ alle durch Bündelabbildungen induziert, also homotop, und weil die Abbildung

$$-\mathrm{id}: [X_k \wedge X_l \wedge S^1, X_{k+l+1}]^o \longrightarrow [X_k \wedge X_l \wedge S^1, X_{k+l+1}]$$

ebenfalls von einer Bündelabbildung

$$\mathrm{id} \times \mathrm{id} \times (-\mathrm{id}): \gamma_k \times \gamma_l \times \varepsilon \longrightarrow \gamma_k \times \gamma_l \times \varepsilon$$

induziert ist, braucht man das Vorzeichen nicht zu beachten, $1 \simeq (-1)$.

Im komplexen Fall haben wir $m_{k,l}$ nur für gerade k,l definiert, und weil es bei Spektren offenbar nur auf eine kofinale Teilfolge ankommt, genügt das.

(4.3) Definition

Ein Produkt $(m_{k,l})$ in $\underline{\underline{X}}$ heisst assoziativ, wenn das Diagramm

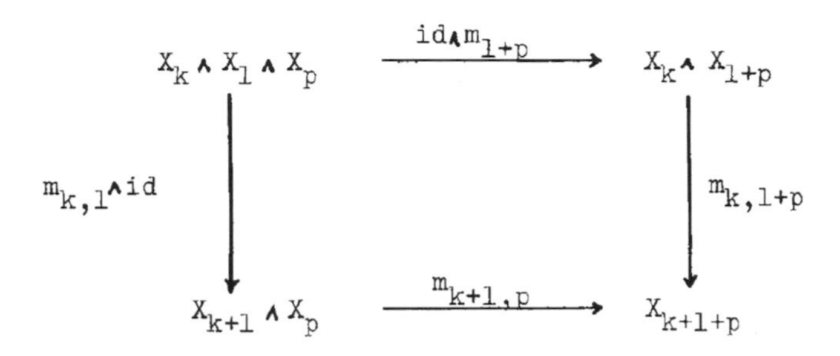

bis auf Homotopie kommutativ ist.

(4.4) Definition

Eine Folge von Abbildungen

$$i_k : S^k \longrightarrow X_k, \quad k \geq 0$$

heisst (Rechts-) Einselement für $(m_{k,l})$ wenn

$$X_l \wedge S^k \xrightarrow{\mathrm{id} \wedge i_k} X_l \wedge X_k \xrightarrow{m_{l,k}} X_{l+k}$$

für alle (l,k) homotop zur Abbildung des Spektrums

$$X_l \wedge S^k = X_l \wedge S^1 \wedge S^1 \wedge \ldots \wedge S^1 \xrightarrow{e_l \wedge \mathrm{id}} X_{l+1} \wedge S^{k-1} \longrightarrow \ldots \longrightarrow X_{l+k}$$

ist, und das Diagramm

$$\begin{array}{ccc} S^k \wedge S^1 & \xrightarrow{i_k \wedge \mathrm{id}} & X_k \wedge S^1 \\ \Vert & & \downarrow e_k \\ S^{k+1} & \xrightarrow{i_{k+1}} & X_{k+1} \end{array}$$

bis auf Homotopie kommutativ ist.

(4.5) Definition

Ein Produkt $(m_{k,l})$ in $\underline{\underline{X}}$ heisst kommutativ, wenn das Diagramm

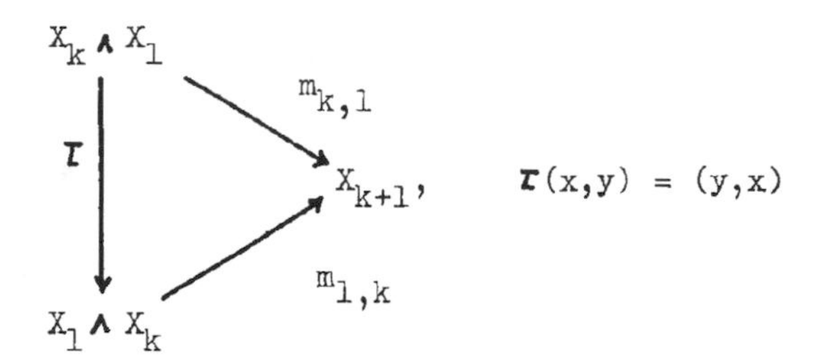

<u>für gerade</u> k,l bis auf Homotopie kommutativ ist.

Für ungerade k,l tritt dann notwendig das gewohnte Vorzeichen $(-1)^{k\cdot l}$ auf.

Das für das Thomspektrum MO konstruierte Produkt ist assoziativ und kommutativ; klassifizierende Abbildungen $k\cdot\varepsilon \longrightarrow \gamma_k$ induzieren ein Einselement $i_k\colon S^k \longrightarrow MO(k)$.

Ein Produkt in einem Spektrum $\underline{\underline{X}}$ induziert bilineare Abbildungen

$$\mu_{k,l}\colon h^k(Z;\underline{\underline{X}}) \times h^l(Y;\underline{\underline{X}}) \longrightarrow h^{k+l}(Z \wedge Y;\underline{\underline{X}}).$$

Das wollen wir erläutern:

Wir betrachten die folgende Abbildung $\bar{\mu}$:

$$\begin{array}{ccc}
[Z\wedge S^m, X_k]^\circ \times [Y\wedge S^n, X_l]^\circ & \xrightarrow{\ \wedge\ } & [Z\wedge S^m\wedge Y\wedge S^n, X_k\wedge X_l]^\circ \\
\Big\downarrow{\scriptstyle \bar{\mu}} & & \Big\downarrow{\scriptstyle \tau} \\
[Z\wedge Y\wedge S^{m+n}, X_{k+l}]^\circ & \xrightarrow{\ m_{k,l*}\ } & [Z\wedge Y\wedge S^m\wedge S^n, X_k\wedge X_l]^\circ
\end{array}$$

Setzen wir zur Abkürzung

$$(Z)_{k,m} = [Z\wedge S^m, X_{m+k}]^\circ,$$

und bezeichnen mit

$$b\colon (Z_{k,m}) \longrightarrow (Z_{k,m+1})$$

die Abbildungen, über die der direkte Limes zur Definition von $h^k(Z;\underline{\underline{X}})$ gebildet wird, so ist das Diagramm

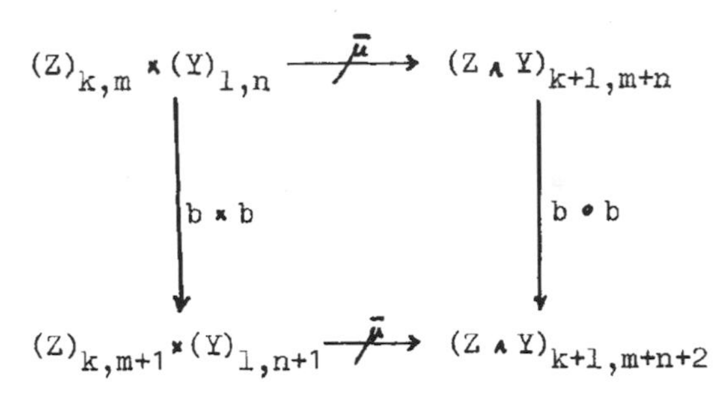

bis auf das Vorzeichen $(-1)^l$ kommutativ.

Die Abbibildungen

$$(-1)^{m\cdot l}\bar{\mu}: \quad (Z)_{k,m} \times (Y)_{l,n} \longrightarrow (Z \wedge Y)_{k+l,m+n}$$

sind also mit der Bildung des Limes verträglich, und induzieren eine in Z und Y natürliche Abbildung (Multiplikation)

(4.6) $\quad \mu_{k,l}: \; h^k(Z;\underline{\underline{X}}) \times h^l(Y;\underline{\underline{X}}) \longrightarrow h^{k+l}(Z \wedge Y;\underline{\underline{X}})$.

(4.7) Satz

Die Multiplikation $(\mu_{k,l})$ ist bilinear. Ist das Produkt in $\underline{\underline{X}}$ assoziativ, so ist das Produkt $(\mu_{k,l})$ assoziativ. Ist das Produkt in $\underline{\underline{X}}$ kommutativ, so auch das Produkt $(\mu_{k,l})$. Ist $(i_k: S^k \longrightarrow X_k)$ eine Rechts-Eins für das Produkt in $\underline{\underline{X}}$, so repräsentieren die Elemente $[i_k]^o \in [S^k, X_k]^o$ alle dasselbe Element $1 \in h^o(S^o;\underline{\underline{X}})$, und es ist $\mu(x,1) = x$.

(4.8) Bemerkung

Sei $\tau: X \wedge Y \longrightarrow Y \wedge X$ die Vertauschung, dann heisst $(\mu_{k,l})$ kommutativ, falls für $x \in h^k(X)$, $y \in h^l(Y)$

$$\mu_{k,l}(x,y) = (-1)^{k\cdot l}\,\tau^* \circ \mu_{l,k}(y,x).$$

Beweis

Direkte Verifikation aus den Definitionen. §§§

(4.9) Definition

$$h^k(X;MO) =: \tilde{N}^k(X)$$

$$h^k(X^+;MO) =: N^k(X)$$

$$h^k(X;MU) =: \tilde{U}^k(X)$$

$$h^k(X^+;MU) =: U^k(X).$$

Dabei sei X^+ der Raum $X + {}^{\shortparallel}\{+\}$ mit dem Grundpunkt $+$.

Die Gruppe $N^k(X)$ heisst k-te (nicht orientierte) Kobordismengruppe des Raumes X. Entsprechend heisst $U^k(X)$ die k-te unitäre Kobordismengruppe von X.

Da MO wie gesagt eine assoziative, kommutative Multiplikation mit Einselement hat, können wir durch

$$N^k(X) \otimes N^l(X) \xrightarrow{\mu} N^{k+l}(X \times X) \xrightarrow{d^*} N^{k+l}(X)$$

mit der Diagonale $d\colon X \longrightarrow X \times X$ aus $N^*(X)$ einen graduierten Ring mit Einselement machen. Zugleich wird $N^*(X)$ eine graduierte Algebra über $N^* =: (N^n) =: (N^n(\text{Punkt}))$.

(4.10) Satz

Die Isomorphismen

$$N_n \xrightarrow{T} \lim_k \pi_{n+k}(MO(k)) = N^{-n} = h_n(S^o;MO)$$

sind mit der Multiplikation verträglich.

Beweis

Seien $[M_1] \in N_m$ und $[M_2] \in N_n$ gegeben.

Wir wählen Einbettungen

$$j = j_1 \times j_2\colon\ M_1 \times M_2 \longrightarrow \mathbb{R}^{m+k} \times \mathbb{R}^{n+l}.$$

Dann gilt für die Normalenbündel

$$\nu_j = \nu_{j_1} \times \nu_{j_2}.$$

Die aus der Konstruktion von T (Satz III, 5.8 und Vorgänger) sich ergebenden Repräsentanten für

$$\mu(T[M_1],T[M_2]) \quad \text{und} \quad T[M_1 \times M_2]$$

haben die Eigenschaft, dass sie transversal zum Nullschnitt von $MO(k+1)$ sind, mit dem Urbild des Nullschnitts $M_1 \times M_2$; und Punkte von $S^{m+k+n+1}$ werden bei beiden Repräsentanten in dieselbe "Faser" von $MO(k+1)$ abgebildet, wenn man als klassifizierende Abbildung von ν_j die Abbildung

$$\nu_j = \nu_{j_1} \times \nu_{j_2} \longrightarrow \gamma_{k,\infty} \times \gamma_{l,\infty} \xrightarrow{f_{k,l}} \gamma_{k+l,\infty}$$

wählt, wobei $f_{k,l}$ das Produkt im Spektrum MO induziert. §§§

(4.11) Satz

Sei $\underline{\underline{X}}$ ein Spektrum mit Einselement $(i_k\colon S^k \longrightarrow X_k)$. Die Abbildung $i_1\colon S^1 \longrightarrow X_1$ repräsentiert die Einhängung des Einselements: $\sigma 1 = e \in h^1(S^1;\underline{\underline{X}})$, und der Einhängungsisomorphismus (3.1)

$$\sigma^*\colon h^k(Y;\underline{\underline{X}}) \longrightarrow h^{k+1}(Y \wedge S^1;\underline{\underline{X}})$$

ist durch $\sigma^*(y) = \mu(y,e)$ gegeben.

Beweis

Sei $y \in h^k(Y;\underline{\underline{X}})$ repräsentiert durch $u\colon Y \wedge S^{n-k} \longrightarrow X_n$, dann ist $\sigma^* y$ repräsentiert durch u oder durch

$$Z \wedge S^1 \wedge S^{n-k} = Z \wedge S^1 \wedge S^{n-(k+1)} \wedge S^1 = Z \wedge S^{n-k} \wedge S^1 \xrightarrow{u \wedge id} X_n \wedge S^1 \xrightarrow{e_n} X_{n+1}$$

und $\mu(y,e)$ ist bis auf das Vorzeichen $(-1)^{n-k}$ repräsentiert durch

$$Z \wedge S^1 \wedge S^{n-k} \xrightarrow{T} Z \wedge S^{n-k} \wedge S^1 \xrightarrow{u \wedge id} X_n \wedge S^1 \xrightarrow{id \wedge i_1} X_n \wedge X_1 \xrightarrow{m_{n,1}} X_{n+1}$$

und die Zusammensetzung der beiden letzten Abbildungen ist nach Definition des Einselements die Abbildung e_n des Spektrums. §§§

(4.12) Bemerkung

Sind A und B Teilräume von X, so haben wir ein Produkt

$$h^k(X/A) \otimes h^l(X/B) \longrightarrow h^{k+l}(X/(A \cup B)),$$

weil die Diagonale $d\colon X \longrightarrow X \times X$ eine Abbildung $X/(A \cup B) \longrightarrow X/A \wedge X/B$ induziert.

5. Konstruktion von Ω-Spektren

(5.1) Satz

Sei $\underline{\underline{X}}$ ein Spektrum; der Funktor $h^k(-;\underline{\underline{X}})$ ist endlich additiv, und der Funktor $h_k(-;\underline{\underline{X}})$ ist additiv, das heisst, wir haben kanonische Isomorphismen

$$h^k(\bigvee_{i=1}^{n} Z_i) = \prod_{i=1}^{n} h^k(Z_i)$$

$$h_k(\bigvee_{i\in J} Z_i) = \bigoplus_{i\in J} h_k(Z_i)$$

für wohlpunktierte Räume Z_i (das heisst: Räume, bei denen die Inklusion $* \longrightarrow Z_i$ des Grundpunktes eine Kofasering ist; für den Fall der Homologie nehmen wir überdies an, dass für $z \in Z_i$ und $z \neq *$ eine Umgebung U von $*$ existiert, so dass $z \notin U$.)

Beweis

Die endliche Additivität folgt aus den Eigenschaften einer (Ko-)Homologietheorie [5; Theorem 13.2, S. 33]. Die Homologie ist als Limes von Homotopiemengen $[S^{n+k};Z\ X_n]^o$ definiert. Weil S^{n+k} ein kompaktes Polyeder ist, kann man in $Z \wedge X_n$ zur kompakt erzeugten Topologie übergehen [11; Satz 3.2], dann ist

$$(\bigvee_{i\in J} Z_i) \wedge X_n = \bigvee_{i\in J}(Z_i \wedge X_n) = \varinjlim_{J'} \bigvee_{i\in J'}(Z_i \wedge X_n),$$

wobei $J' \subset J$ die endlichen Teilsysteme durchläuft. Weil S^{n+k} kompakt ist, kann man den Limes herausziehen (Hier ersetzt unsere etwas komplizierte Bedingung die übliche T_1-Voraussetzung (siehe [3; Hilfssatz 2.14]); sie ist insbesondere für Räume mit separatem Grundpunkt erfüllt), und erhält mit $Z = \bigvee_{i\in J} Z_i$:

$$[S^{n+k}, Z \wedge X_n]^o = \varinjlim_{J'} [S^{n+k}, \bigvee_{i\in J'} Z_i \wedge X_n],$$

also durch Übergang zum Limes für $n \longrightarrow \infty$:

$$h_k(Z) = \varinjlim_{J'} h_k(\bigvee_{i\in J'} Z_i) = \varinjlim_{J'} \bigoplus_{i\in J'} h_k(Z_i) = \bigoplus_{i\in J} h_k(Z_i). \qquad §§§$$

Tatsächlich zeigt das Argument eine Verträglichkeit der Homologie mit dem Limes, was, wie wir sehen werden, kein Zufall ist.

Für die Kohomologie ist das Ergebnis so lange befriedigend, als wir es mit endlichen Zellenkomplexen zu tun haben; jedoch können wir uns im Folgenden darauf nicht beschränken. Da ein darstellbarer Kohomologiefunktor offenbar additiv wäre, läge es nahe, sich auf den Satz von Brown [1; Theorem I] zu berufen, um die gegebene Kohomologietheorie $h^*(-;\underline{\underline{X}})$ für unendliche Komplexe durch einen darstellbaren Funktor zu ersetzen, der auf endlichen Komplexen mit $h^*(-;\underline{\underline{X}})$ übereinstimmt. Stattdessen werden wir eine explizite Konstruktion eines Darstellungsobjekts geben, die mehr Information über das Objekt liefert, und kanonisch ist.

Sei also $\underline{\underline{X}} = (X_n, e_n)$ ein Spektrum. Der Abbildung $e_n : X_n \wedge S^1 \longrightarrow X_{n+1}$ entspricht dann bei der Adjunktionsgleichung

$$\mathrm{Map}(X \wedge S^1, Y)^o = \mathrm{Map}(X, \Omega Y)^o$$

eine wohlbestimmte Abbildung

$$(5.2) \qquad \eta_n : X_n \longrightarrow \Omega X_{n+1}$$

in den Schleifenraum von X_{n+1} (gleich Raum der punktierten Abbildungen $S^1 \longrightarrow X_{n+1}$). Wir werden den "Homotopielimes" der Folge

$$(5.3) \qquad X_n \xrightarrow{\eta_n} \Omega X_{n+1} \xrightarrow{\Omega \eta_{n+1}} \Omega^2 X_{n+2} \longrightarrow \cdots$$

als Darstellungsobjekt nehmen. Wir erklären uns genauer:

Sei $\mathfrak{a}$ eine Folge von punktierten Räumen und punktierten Abbildungen

$$\mathfrak{a} : A_o \xrightarrow{\alpha_o} A_1 \xrightarrow{\alpha_1} A_2 \xrightarrow{\alpha_2} \cdots$$

(5.4) Definition

Das Teleskop $\Sigma \mathfrak{a}$ (beziehungsweise $\Sigma_k \mathfrak{a}$) ist definiert durch

$$\Sigma \mathfrak{a} = \sum_{i=o}^{\infty} A_i \times [i, i+1]/\sim \;;$$

dabei bezeichnet $\sum_{i=o}^{\infty}$ die topologische Summe, und die Äquivalenzrelation $\sim$ wird durch die Relation $(a_i, i+1) = (\alpha_i(a_i), i+1)$ für alle $a_i \in A_i$, erzeugt. Der Grundpunkt von $\Sigma \mathfrak{a}$ sei $(*_o, o)$.

Sei

$$\Sigma_k \mathfrak{a} = \sum_{i=o}^{k} A_i \times [i, i+1] + A_{i+1} \times \{i+1\}/\sim$$

mit der entsprechenden Äquivalenzrelation.

Wir haben kanonische Inklusionen

(5.5) $s_k: \Sigma_k \mathfrak{a} \longrightarrow \Sigma_{k+1}\mathfrak{a}$ und $t_k: \Sigma_k \mathfrak{a} \longrightarrow \Sigma \mathfrak{a}$,

so dass $t_k = t_{k+1} \circ s_k$.

Wir wollen im Folgenden mit $\Omega_K X$ den Raum der punktierten Abbildungen $K \longrightarrow X$ mit der kompaktoffenen Topologie bezeichnen; dabei ist K ein beliebiger kompakter punktierter Raum. Für $K = S^1$ ist $\Omega_K = \Omega$, und allgemein ist Ω_K ein Funktor.

(5.6) Lemma

Die Inklusionen s_k und t_k sind Kofaserungen; $\Sigma\mathfrak{a}$ ist der topologische direkte Limes der $\Sigma_k\mathfrak{a}$, und die kanonische Abbildung

$$\varinjlim_k \Omega_K \Sigma_k \mathfrak{a} \longrightarrow \Omega_K \Sigma \mathfrak{a}$$

ist ein Homöomorphismus.

Beweis

Siehe [4; Definition 3.3], [8], [11; Theorem 7.1]) zum Begriff der Kofaserung. Die letzte Abbildung ist eine Bijektion von Mengen, weil K kompakt ist, und daher jede Abbildung $K \longrightarrow \Sigma\mathfrak{a}$ über einen endlichen Teil faktorisiert; es folgt unmittelbar aus den Definitionen, dass die Topologien übereinstimmen; das übrige ist klar. §§§

(5.7) Lemma

Sei $f: A \longrightarrow B$ eine punktierte Abbildung und eine (nicht-punktierte) Kofaserung, dann ist auch $\Omega_K f: \Omega_K A \longrightarrow \Omega_K B$ eine punktierte Abbildung und eine Kofaserung.

Beweis

Sei $Z_f = (A \times I + B)/(a,o) \sim f(a)$ der Abbildungszylinder von f mit der kanonischen Projektion $\pi_f: Z_f \longrightarrow B$. Dass f eine Kofaserung ist, kann man auch so fassen, dass es zu der kanonischen Abbildung $\tilde{f}: Z_f \longrightarrow B \times I = Z_B$ ein Linksinverses r gibt: $r \circ \tilde{f} = \mathrm{id}$. Dann ist die Zusammensetzung

$$\Omega_K B \times I \xrightarrow{(1)} R_K(B \times I) \xrightarrow{(2)} R_K(Z_f) \xrightarrow{(3)} Z_{\Omega_K f}$$

linksinvers zu $\widetilde{\Omega_K f}$. Dabei sei

$$R_K(Z_f) = \{w\colon K \longrightarrow Z_f \mid \pi_f \circ w(*) = *\} \subset \mathrm{Map}(K, Z_f);$$

(1) sei die Abbildung $(w,t) \longmapsto w_t$ mit $w_t(s) = (w(s),t)$, für $s \in K$.

(2) ist von $r\colon B \times I \longrightarrow Z_f$ induziert, wobei $B \times I = Z_B$;

(3) sei die Abbildung $w \longmapsto (\pi_f \circ w, \tau(w))$ mit $\tau(w) = \min\{t \mid w(s) = (a,t) \in Z_f$ für ein $s \in K\}$. §§§

(5.8) Definition

Seien $\mathfrak{A}\colon A_o \xrightarrow{\alpha_o} A_1 \xrightarrow{\alpha_1} \ldots$ und $\mathfrak{B}\colon B_o \xrightarrow{\beta_o} B_1 \xrightarrow{\beta_1} \ldots$ Folgen von Räumen und Abbildungen. Eine Abbildung $(f_i,h_i)\colon \mathfrak{A} \longrightarrow \mathfrak{B}$ besteht aus einer Folge von Abbildungen $f_i\colon A_i \longrightarrow B_i$, und einer Folge von Homotopien $h_i\colon f_{i+1} \circ \alpha_i \simeq \beta_i \circ f_i$. Dabei wollen wir unter einer Homotopie (ausnahmsweise) eine Abbildung $h_i\colon A_i \times [0,t_h] \longrightarrow B_{i+1}$ mit $0 \leq t_h < \infty$ verstehen. Man kann dann Abbildungen

$$\mathfrak{A} \xrightarrow{(f_i,h_i)} \mathfrak{B} \xrightarrow{(g_i,k_i)} \mathfrak{C}$$

zusammensetzen, indem man die Abbildungen der Räume zusammensetzt, und die Homotopien aneinanderfügt:

$$(g_i,k_i) \circ (f_i,h_i) = (g_i \circ f_i,\ [g_{i+1} \circ h_i] + [k_i \circ (f_i \times \mathrm{id}_{[o,t_k]})]).$$

Bei dieser Definition der Zusammensetzung bilden die Abbildungen (5.8) eine Kategorie. Wir ordnen einer Abbildung $(f_i,h_i)\colon \mathfrak{A} \longrightarrow \mathfrak{B}$ auf funktorielle Weise eine Abbildung

$$(5.9) \qquad \Sigma(f_i,h_i)\colon \quad \Sigma\mathfrak{A} \longrightarrow \Sigma\mathfrak{B}$$

zu, die auf $A_i \times [i,i+1]$ durch folgendes Diagramm erklärt ist:

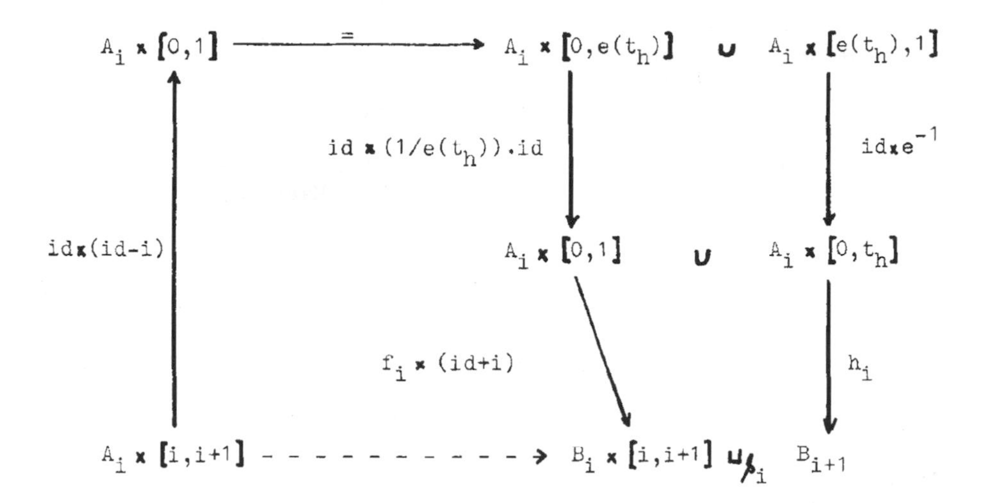

Dabei ist $e: [0,\infty] \longrightarrow [0,1]$ der (orientierungsumkehrende) Homömorphismus, der für $t < \infty$ durch $e(t) = \exp(-t)$ gegeben ist. Man zerlegt also das Intervall $[i,i+1]$ in zwei Teile; auf dem ersten Teil ist (nach Ausdehnung auf Länge 1) die Abbildung im Wesentlichen durch $f_i \times id$ gegeben, und auf dem zweiten durch die Homotopie h_i.

(5.10) Satz

Sei $(f_i,h_i)\colon \mathfrak{a} \longrightarrow \mathfrak{b}$ eine Abbildung von Folgen. Sind die Abbildungen $f_i\colon A_i \longrightarrow B_i$ Homotopieäquivalenzen, so ist auch $\Sigma(f_i,h_i)$ eine Homotopieäquivalenz.

Man kann dies ziemlich direkt beweisen (siehe [6; Hilfssatz 7, S. 314] analog). Wir ziehen es vor, zu zeigen, dass (5.10) eine formale Konsequenz des folgenden grundlegenden Satzes der allgemeinen Homotopietheorie ist:

(5.11) Satz

Seien in dem kommutativen Dreieck

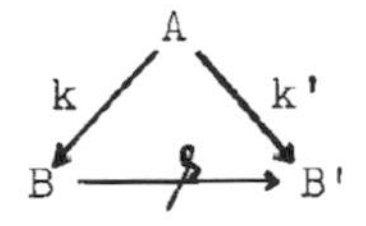

k, k' Kofaserungen und β eine Homotopieäquivalenz, dann ist β eine Homotopieäquivalenz unter A, das heisst, auch ein Homotopieinverses $\bar{\beta}$ von β ist eine Abbildung unter A, und die Homotopien $\beta \cdot \bar{\beta} \simeq id$

$\bar{\beta}\circ\beta \simeq \mathrm{id}$ sind konstant auf A [4; Satz 3.6].

(5.12) Lemma

Seien in dem kommutativen Quadrat (der Abbildung von Paaren $(\alpha,\beta): k \longrightarrow k'$):

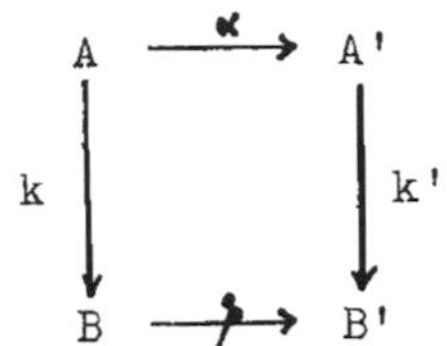

k, k' Kofaserungen und α, β Homotopieäquivalenzen, dann ist (α,β) eine Homotopieäquivalenz von Paaren $k \longrightarrow k'$.

Beweis

Man betrachte das Diagramm

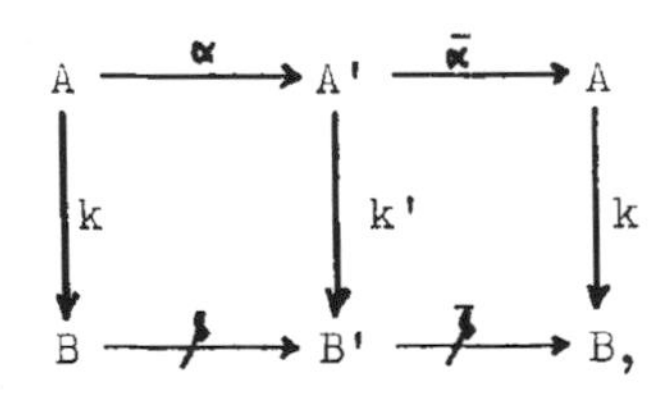

wo $\bar{\alpha}$, $\bar{\beta}$ homotopieinvers zu α, β sind. Das rechte Quadrat ist homotopiekommutativ ($\bar{\beta}\circ k' \simeq \bar{\beta}\circ k'\circ\alpha\circ\bar{\alpha} = \bar{\beta}\circ\beta\circ k\circ\bar{\alpha} \simeq k\circ\bar{\alpha}$), und weil k' eine Kofaserung ist, kann man (nach Deformation von $\bar{\beta}$) annehmen, dass es kommutativ ist. Dann hat man Abbildungen von Paaren (α,β) und $(\bar{\alpha},\bar{\beta})$ und nach (5.11) sind die Zusammensetzungen $(\bar{\alpha},\bar{\beta})\circ(\alpha,\beta): k \longrightarrow k$ und $(\alpha,\beta)\circ(\bar{\alpha},\bar{\beta}): k' \longrightarrow k'$ Homotopieäquivalenzen von Paaren. Nun folgt allgemein in einer Kategorie, wenn $\varphi\circ\psi$ und $\psi'\circ\varphi$ Äquivalenzen sind, also $\varphi\circ\psi\circ\chi = \mathrm{id}$ und $\chi'\circ\psi'\circ\varphi = \mathrm{id}$, so ist $\chi'\circ\psi' = \chi'\circ\psi'\circ\varphi\circ\psi\circ\chi = \psi\circ\chi$ invers zu φ, also φ eine Äquivalenz; daher ist (α,β) eine Homotopieäquivalenz von Paaren. §§§

(5.13) Lemma

In dem kommutativen Diagramm

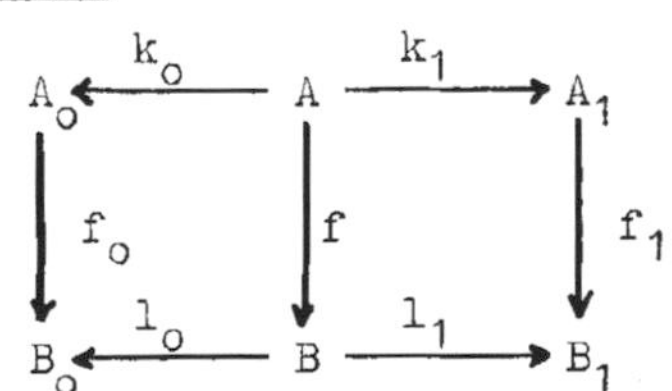

<u>seien</u> k_o, k_1, l_o, l_1 <u>Kofaserungen, und</u> f_o, f, f_1 <u>Homotopieäquivalenzen, dann induzieren</u> (f_o, f, f_1) <u>eine Homotopieäquivalenz</u>

$$A_o \sqcup_A A_1 \longrightarrow B_o \sqcup_B B_1 .$$

<u>Beweis</u>

Nach (5.12) haben wir ein Homotopieinverses von Paaren
$(g, g_o): (B \xrightarrow{l_o} B_o) \longrightarrow (A \xrightarrow{k_o} A_o)$ und entsprechend
$(g', g_1): (B \xrightarrow{l_1} B_1) \longrightarrow (A \xrightarrow{k_1} A_1)$.

Da g homotop zu g', nämlich homotopieinvers zu f ist, und da l_1 eine Kofaserung ist, können wir annehmen $g' = g$, das heisst (g_o, g, g_1) ist eine Abbildung der unteren in die obere Zeile, die das Diagramm kommutativ macht.

Jetzt schliessen wir wie eben, dass die Zusammensetzung $(g_o \circ f_o,\ g \circ f,\ g_1 \circ f_1)$ als Abbildung der oberen Zeile in sich homotop zu einer Abbildung $(\varphi_o, id, \varphi_1)$ ist, wobei φ_o, φ_1 Homotopieäquivalenzen sind. Und weil wir für φ_o und φ_1 nach (5.11) homotopieinverse Abbildungen unter A finden, ist $(\varphi_o, id, \varphi_1)$ eine Homotopieäquivalenz der oberen Zeile mit sich; der entsprechende Schluss gilt für die umgekehrte Zusammensetzung, daher die Behauptung. §§§

<u>Beweis</u> von (5.10)

Sei $A = \sum_{i=o}^{\infty} A_i$ (topologische Summe), dann haben wir eine Abbildung $\alpha = \Sigma\alpha_i : A \longrightarrow A$, und $\Sigma\mathfrak{A}$ ist der Abbildungstorus des Paares (α, id), das heisst $\Sigma\mathfrak{A} = A \times [0,1]/\sim$ mit $(a,1) \sim (\alpha(a), 0)$ für $a \in A$.
Wir erhalten denselben Raum, wenn wir für die Abbildungen $\varphi_o = (\alpha, id): A + A \longrightarrow A$ und $\varphi_1 = (id, id): A + A \longrightarrow A$ die Abbildungszylinder Z_{φ_o} und Z_{φ_1} bilden, mit den kanonischen Inklusionen $k_o: A + A \longrightarrow Z_{\varphi_o}$, $k_1: A + A \longrightarrow Z_{\varphi_1}$, als $\Sigma\mathfrak{A} = Z_{\varphi_o} \sqcup_{(A+A)} A_{\varphi_1}$

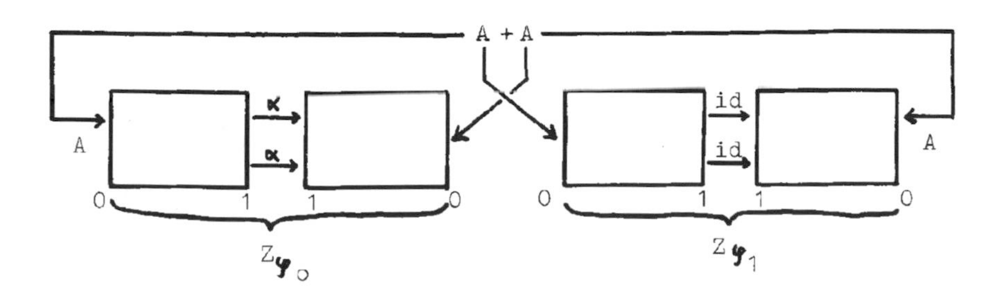

Die Abbildung (f_i, h_i) induziert die Abbildung $\Sigma(f_i, h_i)$ und damit eine Abbildung der Zeilen

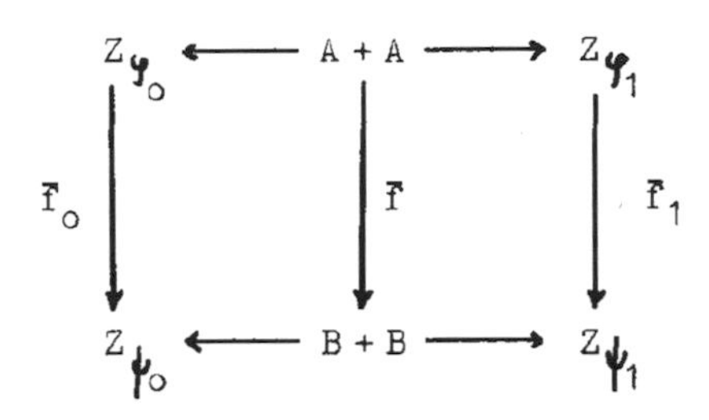

für die Folgen $\mathfrak{a}$ und $\mathfrak{b}$.

Dieses Diagramm erfüllt die Voraussetzung von (5.12), denn die Abbildungen $\bar{f}_o, \bar{f}, \bar{f}_1$ sind bis auf Homotopie durch die f_i gegeben. §§§

Sei $\mathfrak{a}$ eine Folge wie oben, und $A = \underrightarrow{\lim}(A_i, \alpha_i)$, dann haben wir eine kanonische Projektion

$$p_{\mathfrak{a}} : \Sigma\mathfrak{a} \longrightarrow A$$

gegeben durch $p_{\mathfrak{a}}(a_i, i+t) = [a_i]$.

(5.14) Satz

Die Projektion $p: \Sigma\mathfrak{a} \longrightarrow A$ ist eine Homotopieäquivalenz, falls eine der beiden folgenden Bedingungen erfüllt ist:

(1) Die Abbildungen $\alpha_i: A_i \longrightarrow A_{i+1}$ sind Kofaserungen.

(2) Die Abbildungen $\alpha_i: A_i \longrightarrow A_{i+1}$ sind Inklusionen, und es gibt Funktionen $\lambda_i: A \longrightarrow [0,1]$, so dass $A_i \subset \lambda_i^{-1}(0) \subset \lambda_i^{-1}[0,1) \subset A_{i+1}$.

Beweis (1)

Sind die α_i Kofaserungen, so gibt es eine linksinverse Abbildung für die von $\alpha_i \times \mathrm{id}$ induzierte Abbildung

$$A_i \times [0,i+1] \cup_{\alpha_i} A_{i+1} \longrightarrow A_{i+1} \times [0,i+1].$$

Diese ist also insbesondere eine Inklusion und gibt zusammen mit den Inklusionen

$$A_i \times [i,i+1] \cup_{\alpha_i} A_{i+1} \longrightarrow A_i \times [0,i+1] \cup_{\alpha_i} A_{i+1}$$

eine Inklusion $\Sigma_i \mathfrak{a} \longrightarrow A_{i+1} \times [0,i+1]$, und diese Abbildungen setzen sich zu einer Inklusion

$$\Sigma \mathfrak{a} \longrightarrow A \times [0,\infty)$$

zusammen, so dass $p_{\mathfrak{a}}$ die Zusammensetzung

$$\Sigma \mathfrak{a} \longrightarrow A \times [0,\infty) \xrightarrow{pr_1} A$$

ist. Es genügt also zu zeigen, dass $\Sigma \mathfrak{a} \subset A \times [0,\infty)$ ein starker Deformationsretrakt ist. Weil α_i eine Kofaserung ist, haben wir eine starke Deformationsretraktion

$$r_i: \ A_{i+1} \times [0,i+1] \longrightarrow A_i \times [0,i+1] \cup_{\alpha_i} A_{i+1}.$$

(Beweis: Die Inklusion $k: \ X =: A_i \times [0,i+1] \cup_{\alpha_i} A_{i+1} \longrightarrow A_{i+1} \times [0,i+1] =: Y$ ist nach dem Produktsatz für Kofaserungen eine Kofaserung [7; Satz 2], [11; Theorem 6.3] und offenbar eine Homotopieäquivalenz. Wendet man (5.11) auf das Dreieck

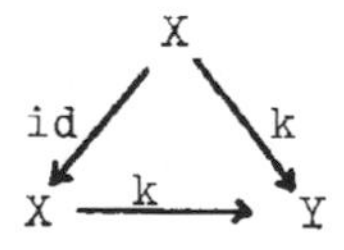

an, so folgt die Behauptung).

Die Folge $r_0, r_0 \circ r_1, r_0 \circ r_1 \circ r_2, \ldots$ definiert im Limes eine starke Deformationsretraktion $\varrho: \ A \times [0,\infty) \longrightarrow \Sigma \mathfrak{a}$ (dabei setzen wir $r_i(a,t) = (a,t)$ für $t > i+1$, $(a,t) \in \Sigma \mathfrak{a}$).

Sei $\varrho_{i,n} = r_i \circ r_{i+1} \ \ldots \circ r_{i+n}$ und $\varrho_i = \varinjlim_n \varrho_{i,n}$;

dann ist $\varrho_0 = \varrho$, $\varrho_i = r_i \circ \varrho_{i+1}$ und $\varrho_\infty = \lim_{i \to \infty} \varrho_i = id_{A \times [0,\infty)}$,

und die Deformationen von r_i definieren durch Aneinandersetzen eine Deformation $[0,\omega] \times (A \times [0,\infty)) \longrightarrow A \times [0,\infty)$ von $\varrho_0 = \varrho$ nach $\varrho_\infty = id$ (Figur 5.15).

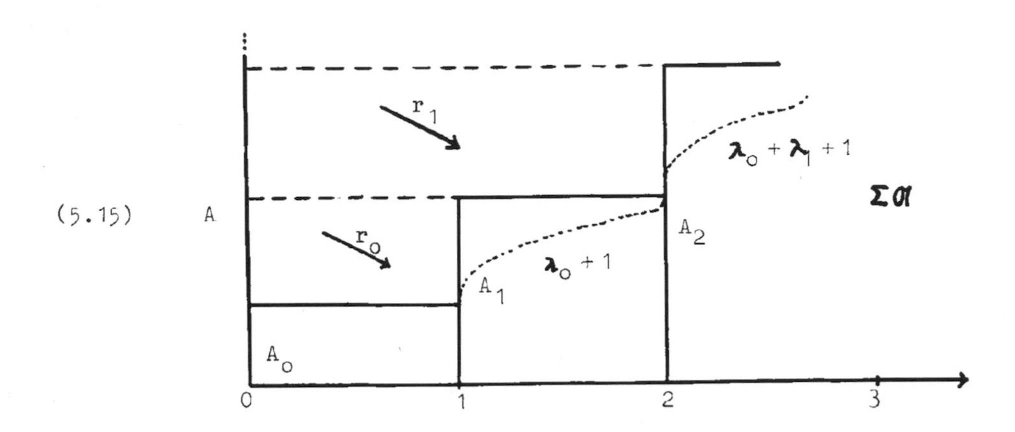

Beweis (2)

Man kann die Funktionen λ_i etwas abändern, so dass der Abschluss von $\lambda_i^{-1}[0,1)$ im Innern von A_{i+1} liegt. Dann ist eine zu $p_{\mathfrak{a}}$ homotopieinverse Abbildung

$$\lambda : A \longrightarrow \Sigma\mathfrak{a}$$

durch $\lambda(a) = (a, 1 + \sum_{i=0}^{\infty} \lambda_i(a))$ gegeben. Die Summe ist an jeder Stelle endlich, und die Deformation H der Identität in $\lambda \cdot p_{\mathfrak{a}}$ ist durch

$$H((a,t),\tau) = (a, (1-\tau)\cdot t + \tau\cdot(1+ \Sigma\lambda_i(a)))$$

gegeben (Figur 5.15). §§§

(5.16) Satz

In dem kommutativen Diagramm mit Kofaserungen α_i, β_i seien

$$\begin{array}{ccccccc} A_0 & \xrightarrow{\alpha_0} & A_1 & \xrightarrow{\alpha_1} & A_2 & \longrightarrow & \dots \\ {\scriptstyle f_0}\downarrow & & {\scriptstyle f_1}\downarrow & & {\scriptstyle f_2}\downarrow & & \\ B_0 & \xrightarrow{\beta_0} & B_1 & \xrightarrow{\beta_1} & B_2 & \longrightarrow & \dots \end{array}$$

die Abbildungen f_i Homotopieäquivalenzen, dann ist die Abbildung

$$\underrightarrow{\lim}(f_i) : \underrightarrow{\lim}(A_i, \alpha_i) \longrightarrow \underrightarrow{\lim}(B_i, \beta_i)$$

eine Homotopieäquivalenz.

Beweis

Betrachte das kommutative Diagramm

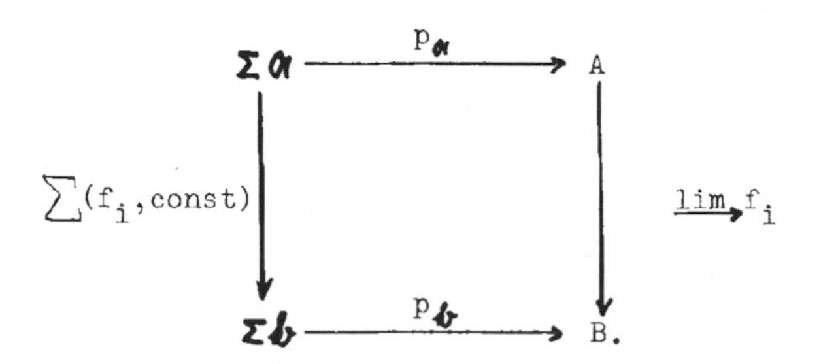

Nach (5.10) ist $\Sigma(f_i,\mathrm{const})$ eine Homotopieäquivalenz, und nach (5.14,1) auch die Abbildungen p; man hat natürlich ein entsprechendes Ergebnis mit der Bedingung (5.14,2). §§§

Wir kehren gestärkt zu den Spektren zurück:

Für ein Spektrum $\underline{\underline{X}} = (X_n, e_n\colon X_n \wedge S^1 \longrightarrow X_{n+1})$ sei η_n die adjungierte Abbildung von e_n (5.2); sei

$$\mathfrak{X}_i\colon\quad X_i \xrightarrow{\eta_i} \Omega X_{i+1} \xrightarrow{\Omega\eta_{i+1}} \Omega^2 X_{i+2} \longrightarrow \cdots$$

die induzierte Folge von Räumen und Abbildungen, und

(5.17) $$\overline{X}_i := \Sigma\,\mathfrak{X}_i .$$

(5.18) Satz

Es gibt eine kanonische Homotopieäquivalenz

$$\omega_i\colon\quad \overline{X}_i \longrightarrow \Omega\overline{X}_{i+1},$$

das heisst, die $(\overline{X}_i, \omega_i)$ bilden ein Ω-Spektrum.

Beweis

Es ist $\Omega\overline{X}_{i+1} = \Omega\Sigma\mathfrak{X}_{i+1} = \lim_k \Omega\Sigma_k \mathfrak{X}_{i+1} \simeq$

$$\Sigma\{\Omega_k(\mathfrak{X}_{i+1})\}_{k\geq 0} \simeq \Sigma\{\Omega(\Omega^{k+1}X_{i+k+2})\}_{k\geq 0} =$$

$$\Sigma\{\Omega^{k+2}X_{i+k+2}\}_{k\geq 0} \simeq \overline{X}_i,$$

wie man sieht, indem man nacheinander (5.17), (5.6), (5.6) und (5.7) und (5.14), (5.10) anwendet; die vorletzte Gleichung ist klar, und die letzte Äquivalenz ist ein trivialer Spezialfall der Tatsache, dass das Teleskop einer kofinalen Teilfolge von $\mathfrak{a}$ kanonisch homotopieäquivalent zu $\Sigma\mathfrak{a}$ ist. §§§

Wir wollen ein Spektrum $\underline{\underline{X}}$ wohlpunktiert nennen, wenn alle X_i wohlpunktiert sind; nach (5.7) ist dann auch $\Omega^j X_i$ wohlpunktiert, und aus (5.11) folgt leicht, dass man eine Homotopieäquivalenz wohlpunktierter Räume in eine punktierte Homotopieäquivalenz deformieren kann, falls das Bild des Grundpunkts in der richtigen Bogenkomponente liegt. Ist $\underline{\underline{X}}$ wohlpunktiert, so sind die Räume $\overline{X}_i$ wohlpunktiert, und man kann also annehmen, dass ω_i eine punktierte Homotopieäquivalenz ist; den Deformationsweg des Grundpunkts wählt man auf der Halbgeraden im Teleskop, die die Grundpunkte verbindet.

(5.19) Satz

Die Funktoren $h^k(Z;\overline{X}) := [Z,\overline{X}_k]^o$ zusammen mit den kanonischen Isomorphismen

$$h^k(Z;\overline{X}) = [Z,\overline{X}_k]^o \xrightarrow{\omega *} [Z,\Omega\overline{X}_{k+1}]^o = [Z\wedge S^1,\overline{X}_{k+1}]^o = h^{k+1}(Z\wedge S^1,\overline{X})$$

bilden eine (streng) additive Kohomologietheorie, für jedes wohlpunktierte Spektrum $\underline{\underline{X}}$. Es gibt eine natürliche Transformation von Kohomologietheorien

$$\rho_*: \ h^*(Z;\underline{\underline{X}}) \longrightarrow h^*(Z;\overline{X}),$$

die für kompakte Räume Z ein Isomorphismus ist.

Beweis

Der erste Teil des Satzes ist ebenso zu verstehen und mit (2.1) zu beweisen, wie (3.4). Die Transformation ρ ist durch die Zusammensetzung

$$h^k(Z;\underline{\underline{X}}) = \varinjlim_i [Z \wedge S^i, X_{k+i}]^o \cong \varinjlim_i [Z, \Omega^i X_{k+i}]^o \cong$$

$$\varinjlim_i [Z, \Sigma_i \mathbf{X}_k]^o \longrightarrow [Z, \Sigma \mathbf{X}_k]^o = h^k(Z;\overline{X})$$

gegeben, und der Pfeil ist nach (5.6) für kompakte Z ein Isomorphismus.

§§§

(5.20)* Bemerkung

Man kann auf die Voraussetzung verzichten, dass die Spektren wohlpunktiert sind, wenn man es für die Räume Z voraussetzt, aber natürlich sind die Thomspektren MO und MU wohlpunktiert.

(5.21)* Bemerkung

In einem konvergenten Spektrum [12; S. 242 ff] sind die Abbildungen $[Z \wedge S^i, X_{k+i}]^o \longrightarrow [Z \wedge S^{i+1}, X_{k+i+1}]^o$ für Zellenkomplexe Z der Dimension $\leq n$, und $i = i(n)$ genügend gross, Isomorphismen, und daher ist für diese Komplexe

$$h^k(Z;\underline{\underline{X}}) = \varinjlim_i [Z \wedge S^i, X_{k+i}]^o = [Z \wedge S^N, X_{k+N}]^o = [Z, \Omega^N X_{k+N}]$$

für ein N, also ist $h^k(-;\underline{\underline{X}})$ für diese Z darstellbar, also additiv. Weil ϱ_* ein Isomorphismus auf Sphären ist, ist daher ϱ_* auch isomorph für endlich-dimensionale Zellenkomplexe [1; Lemma 1.5], [4; 5.2 und Satz 7.1]. Ist $h^*(-;\underline{\underline{X}})$ additiv für abzählbare Komplexe und Z abzählbar, oder $h^*(-;\underline{\underline{X}})$ additiv und $\underline{\underline{X}}$ konvergent, so entnimmt man unserem nächsten Abschnitt, dass $\varrho_*\colon h^*(Z;\underline{\underline{X}}) \longrightarrow h^*(Z;\overline{X})$ isomorph ist.

Die Spektren MO und MU, die wir hier untersuchen, sind konvergent; wir werden jedoch von dieser Tatsache keinen Gebrauch machen (siehe [2; (12.7), S. 32]).

(5.22) Vereinbarung

Soweit wir es künftig mit unendlichen Komplexen zu tun haben, werden wir unter h^* und insbesondere N^* stets die additive Kohomologietheorie (5.19) verstehen. Wir werden jedoch Elemente und Rechnungen häufig in $h^*(-;\underline{\underline{X}})$ aufschreiben; unsere Aussagen sind dann als Aussagen über die Bilder ϱ_* zu verstehen.

Literatur

1. E.H. Brown: "Cohomology theories" (Ann.of Math. 75 (1962), 467-484)
2. P.E. Conner, E.E. Floyd: "Differentiable periodic maps" (Springer Verlag 1964)
3. A. Dold, R. Thom: "Quasifaserungen und unendliche symmetrische Produkte" (Ann.of Math. 67 (1958), 239-281)
4. A. Dold: "Halbexakte Homotopiefunktoren" (Lecture Notes in Mathematics 12, Springer Verlag 1966)
5. S. Eilenberg, N.E. Steenrod: "Foundations of algebraic topology" (Princeton University Press 1952)
6. D. Puppe: "Homotopiemengen und ihre induzierten Abbildungen I" (Math.Zeitschr. 69 (1958), 299-344)
7. D. Puppe: "Bemerkungen über die Erweiterung von Homotopien" (Arch.Math. 18 (1967), 81-88)
8. D. Puppe: "Homotopietheorie" (Lecture Notes in Mathematics, Springer Verlag (erscheint demnächst))
9. H. Schubert: "Topologie" (Teubner Verlag, Stuttgart 1964)
10. E.H. Spanier: "Algebraic topology" (McGraw-Hill Book Company, New York 1966)
11. N.E. Steenrod: "A convenient category of topological spaces" (Mich.Math.J. 14 (1967), 133-152)
12. G.W. Whitehead: "Generalized homology theories" (Trans.Amer.Math. Soc. 102 (1962), 227-283)

V. Kapitel

Verträglichkeit der Kohomologie mit dem Limes

In diesem Kapitel untersuchen wir, unter welchen Voraussetzungen die Kohomologie mit dem Limes verträglich ist.

1. Ein Satz von Milnor

Sei $\mathfrak{A} : A_o \xrightarrow{\alpha_o} A_1 \xrightarrow{\alpha_1} A_2 \longrightarrow \cdots$
eine Folge von wohlpunktierten Räumen und punktierten Abbildungen. Dann sieht man leicht, daß die Inklusion der Halbgeraden im Teleskop $\bigcup_{i=o}^{\infty} \{*_i\} \times [i, i+1]$, die die Grundpunkte verbindet, eine Cofaserung ist.:
Man erhält daher einen zu $\Sigma\mathfrak{A}$ (nach IV,(5.11) punktiert-) homotopieäquivalenten Raum $\Sigma^o\mathfrak{A}$, das reduzierte Teleskop, das aus $\Sigma\mathfrak{A}$ durch Identifizieren dieser Halbgeraden entsteht. Wir wollen die Kohomologie von $\Sigma^o\mathfrak{A}$ berechnen.

(1.1) Definition

Sei $G_o \xleftarrow{p_o} G_1 \xleftarrow{p_1} G_2 \longleftarrow \cdots$
eine Folge von Gruppen und Homomorphismen, dann haben wir eine Operation von $\prod_{i=o}^{\infty} G_i$ auf der Menge $\prod_{i=o}^{\infty} G_i$, gegeben durch:

$$(g_o, g_1, \ldots) \cdot (h_o, h_1, \ldots) = (g_o h_o p_o(g_1)^{-1}, g_1 h_1 p_1(g_2)^{-1}, \ldots, g_\nu h_\nu p_\nu (g_{\nu+1})^{-1}, \ldots) .$$

Die Faktormenge von $\prod_{i=o}^{\infty} G_i$ nach dieser Operation heißt $\lim^1(G_i, p_i)$.

Hat man eine Folge von Homomorphismen $f_i : G_i \longrightarrow G_i'$ des Systems der G_i in ein entsprechendes System (G_i', p_i'), so daß $f_i \circ p_i = p_i' \circ f_{i+1}$, so induziert $\{f_i\}$ in offenbarer Weise eine Abbildung $\lim^1(G_i, p_i) \longrightarrow \lim^1(G_i', p_i')$, so daß $\lim^1$ ein Funktor wird.

(1.2) Lemma

Sind die Gruppen G_i abelsch, so hat man eine exakte Folge

$$0 \longrightarrow \lim^o(G_i, p_i) \longrightarrow \prod_{i=o}^{\infty} G_i \xrightarrow{d} \prod_{i=o}^{\infty} G_i \longrightarrow \lim^1(G_i, p_i) \longrightarrow 0 ,$$

dabei bezeichnen wir mit $\lim^o$ den inversen Limes, und $d(g_o, g_1, \ldots) = (g_o - p_o(g_1), g_1 - p_1(g_2), \ldots)$.

Beweis

folgt unmittelbar aus den Definitionen. §§§

(1.3) Satz (Milnor [4]):

Sei Y ein punktierter Raum und $\mathfrak{A}$ eine Folge von wohlpunktierten Räumen und Abbildungen, dann gibt es eine in $\mathfrak{A}$ und Y natürliche exakte Folge punktierter Mengen

$$o \longrightarrow \lim{}^1[A_i \wedge S^1, Y]^o \xrightarrow{\lambda} [\Sigma^o \mathfrak{A}, Y]^o \xrightarrow{\varkappa} \lim{}^o[A_i, Y]^o \longrightarrow o$$

wobei λ injektiv ist. Ist Y ein Schleifenraum, so ist dieses eine exakte Folge von Gruppen ($\varkappa$ ist durch die Inklusionen $A_i \longrightarrow \Sigma\mathfrak{A}$ induziert).

(1.4) Bemerkung

Sind die Abbildungen α_i Cofaserungen, so kann man $\Sigma^o\mathfrak{A}$ durch $\varinjlim(A_i, \alpha_i)$ ersetzen, was uns hauptsächlich interessiert. Insbesondere gibt das System der $h^*(A_i)$ Auskunft über $h^*(\varinjlim A_i)$.

Beweis von (1.3)

Wir stellen das reduzierte Teleskop ähnlich wie in (IV,5) als reduzierten Abbildungstorus dar (zum Begriff des Abbildungstorus siehe auch [2;3.27, 3.28]).

Betrachte die Abbildungen

$$id : \bigvee_{i=o}^{\infty} A_i \longrightarrow \bigvee_{i=o}^{\infty} A_i$$

$$\alpha = \bigvee_{i=o}^{\infty} \alpha_i : \bigvee_{i=o}^{\infty} A_i \longrightarrow \bigvee_{i=o}^{\infty} A_i$$

und bilde das homotopiekommutative Diagramm

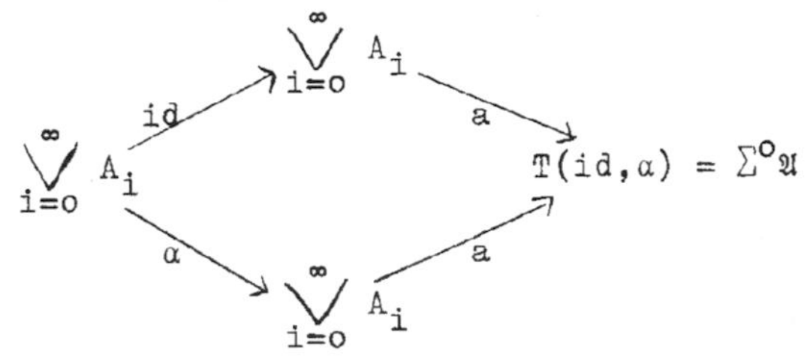

$T(id, \alpha)$ entsteht aus der topologischen Summe $(\bigvee_{i=o}^{\infty} A_i) + (\bigvee_{i=o}^{\infty} A_i) \times [0,1]$ durch die Identifikationen:

$$\tilde{a} \sim (\tilde{a}, 0) \ , \ \alpha\tilde{a} \sim (\tilde{a}, 1) \ , \ * \sim (*, t) \ ,$$

für $\tilde{a} \in \bigvee_{i=o}^{\infty} A_i$. Die Abbildung a wird durch die Inklusion des ersten Summanden induziert. Der Abbildungstorus ist schwacher Differenzenkokern in der Homotopiekategorie; in dem Diagramm, daß durch Anwenden des Funktors $[-;Y]^o$ aus dem obigen hervorgeht,

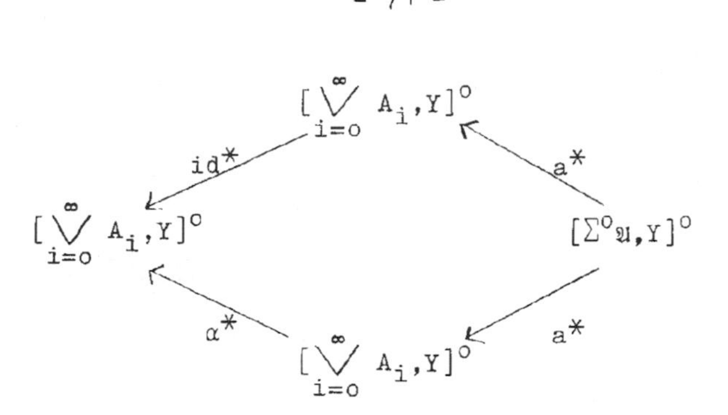

ist $[\Sigma^o\mathfrak{A},Y]^o$ schwacher Differenzenkern, das heißt ein Element in der Mitte, das bei den beiden Abbildungen nach links dasselbe Bild hat, kommt von rechts. Das bedeutet aber, daß die Abbildung

$[\Sigma^o\mathfrak{A},Y]^o \xrightarrow{a^*} \lim{}^o[A_i,Y]^o$ surjektiv ist.

Der Kern dieser Abbildung stimmt mit dem Kern der Abbildung

$$[\bigvee_{i=o}^{\infty} A_i,Y]^o \xleftarrow{a^*} [\Sigma^o\mathfrak{A},Y]^o \quad \text{überein.}$$

Wir beschreiben ihn mit Hilfe der Puppefolge der Abbildung

$a : \bigvee_{i=o}^{\infty} A_i \longrightarrow \Sigma^o\mathfrak{A}$; sie hat die Form:

$$\begin{array}{ccccccccc}
\bigvee_{i=o}^{\infty} A_i & \xrightarrow{a} & \Sigma^o\mathfrak{A} & \xrightarrow{Pa} & \Sigma^o\mathfrak{A}/\bigvee_{i=o}^{\infty} A_i & \xrightarrow{Qa} & (\bigvee_{i=o}^{\infty} A_i)\wedge S^1 & \longrightarrow & \dots \\
 & & & \searrow & \| & & \| & & \\
 & & & & \bigvee_{i=o}^{\infty}(A_i\wedge S^1) & \dashrightarrow & \bigvee_{i=o}^{\infty}(A_i\wedge S^1) & &
\end{array}$$

Der Kern von a^* ist das Bild von $(Pa)^*$, und zwei Elemente in $[\bigvee_{i=o}^{\infty} A_i\wedge S^1,Y]^o$ haben dasselbe Bild bei $(Pa)^*$ in $[\Sigma^o\mathfrak{A},Y]^o$ genau dann, wenn sie durch Operation eines Elementes aus dem rechten Term $[(\bigvee_{i=o}^{\infty} A_i)\wedge S^1,Y]^o$ auseinander hervorgehen (s.[2; Satz 5.6] oder [5; § 4.3 ff]).

Wir müssen also zeigen, daß diese Operation gerade die in (1.1) beschriebene ist.

Wir betrachten allgemein zu einem Diagramm

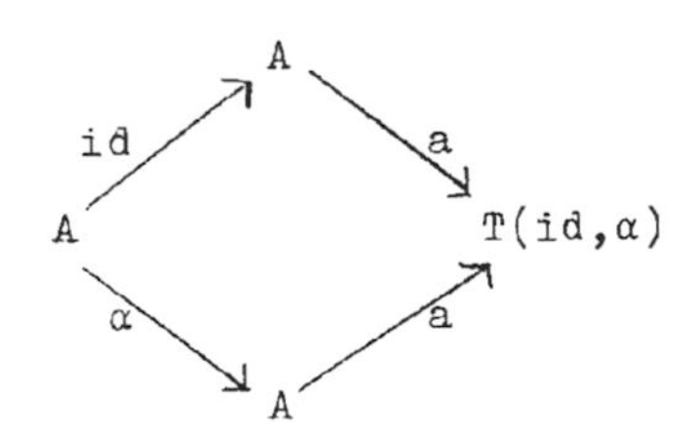

die Abbildungsfolge

$$A \longrightarrow T(id,\alpha) \longrightarrow T(id,\alpha)/A \longrightarrow A_\wedge S^1$$
$$T(id,\alpha)/A = A_\wedge S^1$$

(1.5) Lemma

Die Operation von $[A_\wedge S^1,Y]^o$ auf $[T(id,\alpha)/A,Y]^o = [A_\wedge S^1,Y]^o$ ist durch $g(h) = gh\alpha^*(g)^{-1}$ gegeben, wobei

$$g \in [A_\wedge S^1,Y]^o \quad , \quad h \in [T(id,\alpha)/A,Y]^o \quad .$$

Beweis

Der folgende comic-strip illustriert die Operation der Abbildungsfolge und den Beweis des Lemmas:

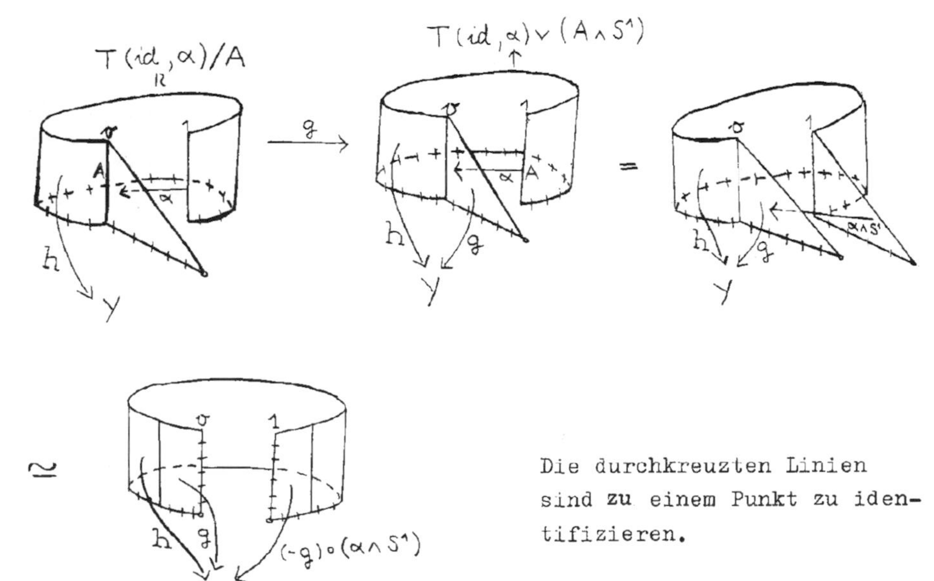

Die durchkreuzten Linien sind zu einem Punkt zu identifizieren.

Die genaue Verifikation sei dem Leser überlassen. Damit ist (1.3) für beliebige halbexakte additive Homotopiefunktoren gezeigt. §§§

2. Eigenschaften von $\lim^1$ für abelsche Gruppen

Sei $G_0 \xleftarrow{p} G_1 \xleftarrow{p} \ldots$ ein inverses System von abelschen Gruppen; dann ist nach (1.2) auch $\lim^1(G_i,p_i)$ eine abelsche Gruppe. Wir untersuchen diese Gruppe und sind insbesondere an Bedingungen dafür interessiert, daß $\lim^1$ verschwindet.

(2.1) Satz

Eine kurze exakte Folge

$$0 \longrightarrow (G_i',p_i') \longrightarrow (G_i,p_i) \longrightarrow (G_i'',p_i'') \longrightarrow 0$$

inverser Systeme induziert funktoriell eine exakte Folge

$$0 \longrightarrow \lim^0(G_i',p_i') \longrightarrow \lim^0(G_i,p_i) \longrightarrow \lim^0(G_i'',p_i'')$$

$$\xrightarrow{\partial} \lim^1(G_i',p_i') \longrightarrow \lim^1(G_i,p_i) \longrightarrow \lim^1(G_i'',p_i'') \longrightarrow 0 .$$

Beweis

Die gegebene kurze exakte Folge induziert eine kurze Folge

$$\begin{array}{ccccccccc} 0 & \longrightarrow & \prod G_i' & \longrightarrow & \prod G_i & \longrightarrow & \prod G_i'' & \longrightarrow & 0 \\ & & \downarrow d & & \downarrow d & & \downarrow d & & \\ 0 & \longrightarrow & \prod G_i' & \longrightarrow & \prod G_i & \longrightarrow & \prod G_i'' & \longrightarrow & 0 \end{array}$$

mit Abbildungen d aus (1.2). Wir fassen

$0 \longrightarrow \prod G_i \xrightarrow{d} \prod G_i \longrightarrow 0$ als Kettenkomplex auf, entsprechend für die die beiden anderen Systeme. Dann ergibt die zu der kurzen Folge gehörende lange Folge der Homologie die Behauptung. §§§

(2.2) Lemma

Sind in dem System (G_i,p_i) alle Abbildungen p_i epimorph, so ist $\lim^1(G_i,p_i) = 0$.

Beweis

Sei $g = (g_0,g_1,\ldots) \in \prod G_i$; man hat zu zeigen, daß g im Bild von d liegt, das heißt man hat die Gleichungen

$$\begin{aligned} g_0 &= x_0 - p(x_1) \\ g_1 &= x_1 - p(x_2) \end{aligned} \qquad x_i \in G_i$$

zu lösen; man setze zum Beispiel $x_0 = 0$ und wähle rekursiv x_i, so daß $p(x_i) = x_{i-1} - g_{i-1}$. §§§

(2.3) Satz

Zu jedem inversen System (G_i, p_i) gibt es eine injektive Abbildung $(f_i) : (G_i, p_i) \longrightarrow (H_i, q_i)$ von inversen Systemen, so daß jedes q_i epimorph ist und damit insbesondere $\lim^1(H_i, q_i) = 0$.

Beweis

Man setzt $H_k = \bigoplus_{j=o}^{k} G_j$ mit der Abbildung

$$q_k : H_{k+1} = \left(\bigoplus_{j=o}^{k} G_j\right) \oplus G_{k+1} \xrightarrow{(id, i_k \circ p_{k+1})} \bigoplus_{j=o}^{k} G_j = H_k ,$$

wobei i_k die Inklusion in den k-ten Summanden ist.
Durch (2,1) und (2.3) ist $\lim^1$ als Satellit von $\lim^\circ$ charakterisiert [3; Proposition 2.21] §§§
Sei $G_o \xleftarrow{p_o} G_1 \xleftarrow{p_1} G_2 \longleftarrow \ldots$ ein inverses System und $n_o < n_1 < n_2 \ldots$ eine unendliche Folge von natürlichen Zahlen, dann hat man durch Zusammensetzen der p_i Abbildungen

$$G_{n_i} \xleftarrow{p'_{n_i}} G_{n_{i+1}}$$

und eine Abbildung P von inversen Systemen

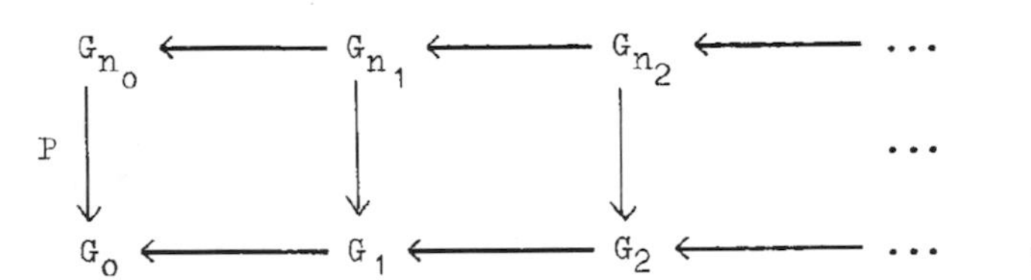

die ebenfalls durch Zusammensetzen der p_i zwischen G_{n_i} und G_i gegeben ist.

(2.4) Satz

Die Abbildung P induziert einen kanonischen Isomorphismus

$$\lim^1(G_{n_i}, p'_{n_i}) \longrightarrow \lim^1(G_i, p_i) .$$

Beweis

Wir betten das System (G_i, p_i) nach (2.3) in ein System (H_i, q_i) mit Epimorphismen q_i ein, und bilden aus diesem System zu der Teilfolge $\{n_i\}$ ganz analog wie oben ein System (H_{n_i}, q'_{n_i}), wo die q'_{n_i} immer noch epimorph sind.
Dann haben wir eine Abbildung von kurzen exakten Folgen:

$$\begin{array}{ccccccccc}
0 & \longrightarrow & (G_{n_i}, p'_{n_i}) & \longrightarrow & (H_{n_i}, q'_{n_i}) & \longrightarrow & (\overline{H}_{n_i}, \overline{q}_{n_i}) & \longrightarrow & 0 \\
 & & \downarrow P & & \downarrow Q & & \downarrow & & \\
0 & \longrightarrow & (G_i, p_i) & \longrightarrow & (H_i, q_i) & \longrightarrow & (\overline{H}_i, \overline{q}_i) & \longrightarrow & 0
\end{array}$$

und erhalten aus (2.1) eine Abbildung exakter Folgen:

$$\begin{array}{ccccccc}
 & & & & & & 0 \\
 & & & & & & \| \\
\lim^0(H_{n_i}, q'_{n_i}) & \longrightarrow & \lim^0(\overline{H}_{n_i}, \overline{q}_{n_i}) & \longrightarrow & \lim^1(G_{n_i}, p'_{n_i}) & \longrightarrow & \lim^1(H_{n_i}, q'_{n_i}) \\
\cong \downarrow & & \cong \downarrow & & \downarrow & & \downarrow \\
\lim^0(H_i, q_i) & \longrightarrow & \lim^0(\overline{H}_i, \overline{q}_i) & \longrightarrow & \lim^1(G_i, p_i) & \longrightarrow & \lim^1(H_i, q_i) \\
 & & & & & & \| \\
 & & & & & & 0
\end{array}$$

Die beiden ersten Abbildungen sind isomorph, denn es ist wohlbekannt, daß man zur Berechnung von $\lim^0$ ein kofinales Teilsystem betrachten kann; daher ist die von P induzierte Abbildung isomorph. §§§

(2.5) Lemma

Verschwinden alle Abbildungen des inversen Systems (G_i, p_i), so ist $\lim^1(G_i, p_i) = \lim^0(G_i, p_i) = 0$.

Beweis

Die Abbildung $d : \prod G_i \longrightarrow \prod G_i$ ist die Identität. §§§

(2.6) Lemma

Sei (G_i, p_i) ein inverses System, dann induziert die Abbildung von inversen Systemen

$$\begin{array}{ccccccccc}
G_0 & \xleftarrow{p_0} & G_1 & \xleftarrow{p_1} & G_2 & \xleftarrow{p_2} & G_3 & \longleftarrow & \cdots \\
\downarrow & & \downarrow p_0 & & \downarrow p_1 & & \downarrow p_2 & & \\
\{0\} & \longleftarrow & \mathrm{im}(p_0) & \xleftarrow{q_1} & \mathrm{im}(p_1) & \xleftarrow{q_2} & \mathrm{im}(p_2) & \longleftarrow & \cdots
\end{array}$$

mit $q_i = p_{i-1}|\mathrm{im}(p_i)$, Isomorphismen von $\lim^0$ und $\lim^1$.

Beweis

Wir haben eine exakte Folge von inversen Systemen

$$0 \longrightarrow (\ker(p_{i-1}), 0) \longrightarrow (G_i, p_i) \longrightarrow (\mathrm{im}(p_{i-1}), q_i) \longrightarrow 0 \quad ,$$

die Behauptung folgt daher unmittelbar aus (2.1) und (2.5). §§§

(2.7) <u>Definition</u>

Wir sagen: Das System (G_i, p_i) erfüllt die <u>Mittag-Leffler Bedingung (ML)</u>, wenn folgendes gilt:
Für jedes i existiert ein j, so daß für alle $k \geq j$

$$\mathrm{im}(G_{i+k} \longrightarrow G_i) = \mathrm{im}(G_{i+j} \longrightarrow G_i) .$$

Mit anderen Worten: Die absteigende Folge von Untergruppen $\mathrm{im}(p_i) \supset \mathrm{im}(p_i \circ p_{i+1}) \supset \mathrm{im}(p_i \circ p_{i+1} \circ p_{i+2}) \supset \ldots$ ist für jedes i endlich.

(2.8) <u>Satz</u>

<u>Erfüllt das inverse System</u> (G_i, p_i) <u>die Mittag-Leffler Bedingung</u> (ML), <u>so ist</u> $\lim^1(G_i, p_i) = 0$.

<u>Beweis</u>

Wir wählen zu jedem i ein $j(i)$ so daß $\mathrm{im}(G_{j(i)} \longrightarrow G_i) = \mathrm{im}(G_k \longrightarrow G_i)$ für alle $k > j$, und bestimmen eine Folge n_i von natürlichen Zahlen rekursiv durch $n_o = 0$, $n_{i+1} = j(n_i)$.
Dann ist nach (2.4) $\lim^1(G_i, p_i) = \lim^1(G_{n_i}, p'_{n_i})$ und dieses ist nach (2.6) gleich $\lim^1(\mathrm{im}(p'_{n_i}), p'_{n_{i-1}} \; \mathrm{im}(p'_{n_i}))$. In diesem System sind nach Konstruktion alle Abbildungen epimorph, daher mit (2.2) die Behauptung. §§§

In gewissen Fällen - in allen, die uns hier interessieren - läßt sich dieser Satz umkehren:

(2.9) <u>Satz</u>

<u>Sind die Gruppen</u> G_i <u>abzählbar und ist</u> $\lim^1(G_i, p_i) = 0$, <u>so erfüllt das System die Bedingung ML von (2.7)</u>.

<u>Beweis</u>

Wegen (2.4) kann man einen Anfang des Systems weglassen und daher annehmen, ML sei für G_o verletzt.
Wir bezeichnen die Abbildung $p_o \circ p_1 \circ \ldots \circ p_k : G_k \longrightarrow G_o$ mit p^k und setzen $I_k = \mathrm{im}(p^k)$; $C_k = \mathrm{koker}\,(p^k)$; dann haben wir Inklusionen

$$G_o = I_o \xleftarrow{i_o} I_1 \xleftarrow{i_1} I_2 \xleftarrow{i_2} I_3 \longleftarrow \ldots$$

und Projektionen

$$0 = C_o \xleftarrow{\pi_o} C_1 \xleftarrow{\pi_1} C_2 \xleftarrow{\pi_2} C_3 \longleftarrow \dots$$

und damit eine exakte Folge inverser Systeme

$$0 \longrightarrow (I_k, i_k) \longrightarrow (G_o, id) \longrightarrow (C_k, \pi_k) \longrightarrow 0 .$$

Diese induziert nach (2.1) eine lange Folge

$$\begin{array}{ccccccc} & & & & 0 & & \\ & & & & \uparrow & & \\ \dots \longrightarrow & \lim^o(G_o, id) & \longrightarrow & \lim^o(C_k, \pi_k) \longrightarrow & \lim^1(I_k, i_k) & \longrightarrow \dots \\ & \| & & & \uparrow \lim^1(p^k) & \\ & G_o & & & \lim^1(G_k, p_k) & . \end{array}$$

Die senkrechten Pfeile sind dabei das letzte Stück der entsprechenden Folge für die kurze Folge

$$0 \longrightarrow (\ker(p^k), p_k | \ker(p^{k+1})) \longrightarrow (G_k, p_k) \xrightarrow{(p^k)} I_k \longrightarrow 0 .$$

Ist nun $\lim^1(G_k, p_k) = 0$ so folgt $\lim^1(I_k, i_k) = 0$; außerdem ist G_o abzählbar, also $\lim^o(C_k, \pi_k)$ abzählbar. Aber die Abbildungen π_k sind epimorph, daher gilt für die Kardinalzahlen $\varkappa$:

$$\varkappa(\lim^o(C_k, \pi_k)) = \prod_{k=o}^{\infty} \varkappa(\ker(\pi_k)) = \prod_{k=o}^{\infty} \varkappa(I_k/I_{k+1})$$

und diese Zahl ist überabzählbar, es sei denn $\varkappa(I_k/I_{k+1}) = 1$ für fast alle k , das heißt $I_{k+1} = I_k$ für fast alle k , und das ist ML. §§§

(2.10) <u>Satz</u>

<u>Sind die Gruppen G_i endlich, so ist $\lim^1(G_i, p_i) = 0$; sind die Gruppen G_i endlich erzeugt, so ist $\lim^1(G_i, p_i)$ teilbar.</u>

<u>Beweis</u>

Die erste Behauptung folgt, weil das System (G_i, p_i) für endliche G_i offenbar ML erfüllt. Zum Beweis der zweiten bilden wir die beiden kurzen exakten Folgen

$$0 \longrightarrow (nG_i, p_i) \longrightarrow (G_i, p_i) \longrightarrow (G_i/nG_i, \overline{p}_i) \longrightarrow 0$$

$$0 \longrightarrow (\ker(n: G_i \to G_i), p_i | \dots) \longrightarrow (G_i, p_i) \longrightarrow (nG_i, p_i) \longrightarrow 0,$$

wobei n die Multiplikation mit $n \in \mathbb{Z}$ bezeichnet.
Die exakte Folge (2.1) liefert Epimorphismen

$$\lim^1(G_i,p_i) \xrightarrow{n} \lim^1(nG_i,p_i) \longrightarrow \lim^1(G_i,p_i) \ ,$$

weil die Gruppen G_i/nG_i endlich sind; das heißt jedes Element von $\lim^1(G_i,p_i)$ ist durch n teilbar. §§§

3. Skelettfiltrierung

In der Kohomologietheorie erhält man inverse Systeme abelscher Gruppen durch die Inklusionen der Skelette eines Zellenkomplexes.

(3.1) Definition

Sei X ein topologischer Raum und h^* eine Kohomoloietheorie, dann ist $F^p h^n(X)$ die Untergruppe der Elemente $x \in h^n(X)$, die im Kern jeder Abbildung

$$f^* : h^n(X) \longrightarrow h^n(K)$$

liegen, die von einer Abbildung $f : K \longrightarrow X$ eines $(p-1)$-dimensionalen Zellenkomplexes K nach X induziert ist. Wir sagen: Das Element x hat die (singuläre) Filtrierung p, falls $x \in F^p h^*(X)$.

(3.2) Bemerkung

(a) Sei $s : SX \longrightarrow X$ die kanonische Abbildung der Realisierung des singulären Komplexes nach X, und S^pX das p-Gerüst von SX, dann ist

$$F^p h^*(X) = \ker(s^*:h^*(X) \longrightarrow h^*(S^{p-1}X) \ ,$$

weil jede Abbildung $K^{p-1} \longrightarrow X$ über $S^{p-1}X$ (bis auf Homotopie) faktorisiert.

(b) Ist X ein Zellenkomplex mit p-Gerüst X^p, so ist

$$F^p h^*(X) = \ker(h^*(X) \longrightarrow h^*(X^{p-1})).$$

(c) Ist $f^*:h^*(Y) \longrightarrow h^*(X)$ von einer Abbildung $f : X \longrightarrow Y$ induziert, so ist

$$f^*(F^p h^*(Y)) \subset F^p h^*(X).$$

(d) Segal [7; S.111] hat eine Filtrierung $\bar{F}^p$ angegeben, die wie die singuläre für Zellenkomplexe mit der gewöhnlichen übereinstimmt. Eine Čech-Filtrierung $\check{F}^p$ kann man durch

$$\check{F}^p h^*(X) = \bigcup_f \operatorname{im}(F^p h^*(K) \xrightarrow{f^*} h^*(X))$$

$$f : K \longrightarrow X \ , \ K \ \text{Zellenkomplex},$$

erklären. Für jede im Sinne von (c) natürliche Filtrierung G^p gilt

$$F^p h^*(X) \supset G^p h^*(X) \supset \check{F}^p h^*(X) ,$$

falls G^p für Zellenkomplexe die gewöhnliche Filtrierung ist. Die Filtrierungen F^p , $\overline{F}^p$, $\check{F}^p$ sind multiplikativ im Sinne von (3.5).

(3.3) Definition

Die Untergruppen

$$h^n(X) = F^o h^n(X) \supset F^1 h^n(X) \supset F^2 h^n(X) \supset \dots$$

bilden eine Umgebungsbasis der o für eine Topologie auf $h^n(X)$; diese Topologie heißt Skelett-Topologie. Induzierte Abbildungen sind stetig für diese Topologie.

(3.4) Satz

Sei X ein Zellenkomplex mit p-Gerüst X^p . Die Skelett-Topologie auf $h^n(X)$ ist genau dann komplett und Hausdorffsch, wenn $\lim_p{}^1(h^{n-1}(X^p)) = 0$ ist; dabei sind die Abbildungen des inversen Systems durch die Inklusionen der Skelette induziert.

Beweis

Allgemein gilt:

$$\lim_p{}^o(h^n(X^p)) = \lim_p{}^o(\mathrm{im}\left[(\lim_q{}^o h^n(X^q)) \longrightarrow h^n(X^p)\right] =$$
$$= \lim_p{}^o \mathrm{im}\left[h^n(X) \longrightarrow h^n(X^p)\right] = \lim_p{}^o h^n(X)/F^p h^n(X) .$$

Die zweite Gleichung gilt, weil nach dem Satz von Milnor (1.3) die Abbildung $h^n(X) \longrightarrow \lim_q{}^o h^n(X^q)$ epimorph ist.

Nach demselben Satz gilt:
$h^n(X) = \lim{}^o h^n(X^p)$ genau dann, wenn $\lim{}^1 h^{n-1}(X^p) = 0$, und es ist wohlbekannt, daß $h^n(X) = \lim{}^o(h^n(X)/F^p h^n(X))$ genau dann gilt, wenn die Topologie, die durch die Filtrierung F^p definiert wird, komplett und Hausdorffsch ist [1; S.31].§§§§

Die wichtigste Eigenschaft der Filtrierung ist, daß sie multiplikativ ist.

(3.5) Satz

Sei h^* eine multiplikative Kohomologietheorie, dann induziert die Multiplikation eine Abbildung

$$F^p h^*(X) \otimes F^q h^*(X) \longrightarrow F^{p+q} h^*(X) .$$

Beweis

Es genügt zu zeigen, daß ein entsprechendes Ergebnis für die äußere Multiplikation gilt:

$$F^p h^*(X) \otimes F^q h^*(Y) \longrightarrow F^{p+q} h^*(X \times Y) .$$

Sei also $a \in F^p h^*(X)$, $b \in F^q h^*(Y)$, und K ein Zellenkomplex der Dimension $p+q-1$. Eine Abbildung $(f,g) : K \longrightarrow X \times Y$ kann man über die Diagonale von K faktorisieren:

$$K \xrightarrow{d} K \times K \xrightarrow{f \times g} X \times Y ,$$

und $(f \times g)^*(a \times b) = a_1 \times b_1 \in h^*(K \times K)$, wobei $a_1 = f^*(a) \in F^p h^*(K)$ und $b_1 = g^*(b) \in F^q h^*(K)$. Damit haben wir das Problem auf den Spezialfall reduziert zu zeigen, daß $d^*(a_1 \times b_1) = a_1 \cdot b_1 = 0$ ist.
Aber die exakte Folge

$$\begin{array}{ccccc} h^*(K,K^{p-1}) & \xrightarrow{j^*} & h^*(K) & \longrightarrow & h^*(K^{p-1}) \\ a_2 & \dashrightarrow & a_1 & \longrightarrow & 0 \end{array}$$

zeigt, daß $a_1 = j^*(a_2)$ mit $a_2 \in h^*(K,K^{p-1})$, entsprechend
$b_1 = j^*(b_2)$ mit $b_2 \in h^*(K,K^{q-1})$;
also ist $a_1 \times b_1$ Bild von

$$a_2 \times b_2 \in h^*(K \times K,\ K^{p-1} \times K \cup K \times K^{q-1}) .$$

Daher zeigt die exakte Folge

$$\begin{array}{ccccc} h^*(K \times K,\ K^{p-1} \times K \cup K \times K^{q-1}) & \longrightarrow & h^*(K \times K) & \longrightarrow & h^*(K^{p-1} \times K \cup K \times K^{q-1}) \\ a_2 \times b_2 & \longrightarrow & a_1 \times b_1 & \longrightarrow & 0 \end{array}$$

daß $a_1 \cdot b_1 = 0$ ist, denn die Diagonale $d : K \longrightarrow K \times K$ faktorisiert über das $(p+q-1)$-Gerüst von $K \times K$, also insbesondere über $K^{p-1} \times K \cup K \times K^{q-1}$. §§§

(3.6) Bemerkung

Sei X ein Zellenkomplex, $w \in F^1 h^*(X)$ und $\lim\limits_{p}{}^1 (h^*(X^p)) = 0$, dann folgt aus (3.4, 3.5), daß jede formale Potenzreihe $\sum\limits_{i=0}^{\infty} a_i w^i$ mit Koeffizienten in $h^*(\text{Punkt})$, als Reihe in $h^*(X)$, für die Skelettopologie konvergiert, also ein wohlbestimmtes Element definiert. Davon werden wir später oft Gebrauch machen.

(3.7)* Exkurs

Wir haben für eine Kohomologietheorie h (auf Zellenkomplexen X) eine Atiyah-Hirzebruch Spektralfolge $(E_r^{p,q}, d_r)$, mit $E_2^{p,q} = H^p(X;h^q)$, deren E_∞-Term die assoziierte Gruppe einer geeigneten Filtrierung von $h^{p+q}(X)$ ist. Es ist $E_1^{p,q} = h^{p+q}(X^p,X^{p-1})$, und d_r ist als Korrespondenz $d_r : E_1^{p,q} \longrightarrow E_1^{p+r,q-r+1}$ in dem Diagramm $(n = p+q)$:

$$\begin{array}{ccccccccccc} & & & & & & & & h^{n+1}(X^{p+r},X^{p+r-1}) & & \\ & & & & & & & & \uparrow \partial & & \\ \dots & \xleftarrow{i} & h^n(X^{p-1}) & \xleftarrow{i} & h^n(X^p) & \xleftarrow{i} & \dots & \xleftarrow{i} & h^n(X^{p+r-1}) & \xleftarrow{i} & \dots \\ & & & & \uparrow k & & & & & & \\ & & & & h^n(X^p,X^{p-1}) & & & & & & \end{array}$$

durch die Zusammensetzung $d_r = \partial\circ(i^{-r})\circ k$ gegeben [6; 3.15].

(3.8)* Lemma

Das inverse System $(h^n(X^p),i_p)$ erfüllt ML genau dann, wenn für jedes p gilt:

$$\mathrm{im}(k) \cap \mathrm{im}(i^r) = I_r^p$$

ist schließlich konstant, das heißt es gibt ein r, so daß für alle $s \geq 0$ $I_r^p = I_{r+s}^p$.

Beweis

Es ist klar daß diese Bedingung aus ML folgt. Die Umkehrung folgt durch Induktion nach p: Sei also r so gewählt, daß

$$\mathrm{im}(h^n(X^{p+r}) \longrightarrow h^n(X^{p-1})) = \mathrm{im}(h^n(X^{p+r+s}) \longrightarrow h^n(X^{p-1}))$$

nach Induktionsannahme, und $I_r^p = I_{r+s}^p$ für alle $s \geq 0$.
Sei $a \in \mathrm{im}(h^n(X^{p+r}) \longrightarrow h^n(X^p)$ und $a \notin \mathrm{im}(h^n(X^{p+r+s}) \longrightarrow h^n(X^p)$. Nach Induktionsannahme ist $i(a) \in \mathrm{im}(h^n(X^{p+r+s}) \longrightarrow h^n(X^{p-1}))$, also $a = b + c$ mit $b \in \mathrm{im}(h^n(X^{p+r+s}) \longrightarrow h^n(X^p))$, und $i(c) = 0$, also $c \in \mathrm{im}(k)$. Damit ist $c \in I_r^p$, aber $c \notin I_{r+s}^p$ im Widerspruch zur Annahme. §§§
Daß die Folge $\dots I_r^p \supset I_{r+1}^p \dots$ schließlich konstant wird, bedeutet für die Spektralfolge, daß der Kern von d_r schließlich kon-

stant wird. Da das Bild aus $h^n(X^{p-r})$ kommt, wird es sowieso schließlich konstant, also

(3.9)* Satz

Das inverse System $(h^n(X^p), i_p)$ erfüllt genau dann die Bedingung ML (2.7), wenn es für jedes p ein r gibt, so daß

$$E_r^{p,n-p} = E_{r+s}^{p,n-p} \quad \text{für alle} \quad s \geq 0 .$$

Insbesondere ist die Bedingung erfüllt, wenn die Spektralfolge trivial ist (alle Differentiale verschwinden).

Literatur

1. N. Bourbaki: "Éléments de matématique, algèbre commutative, chapitre 3" (Hermann, Paris 1961)

2. A. Dold: "Halbexakte Homotopiefunktoren" (Lecture Notes in Mathematics 12, Springer Verlag 1966)

3. A. Grothendieck: "Sur quelques points d'algèbre homologique" (Tôhoku Math. J. 9(1957), 119-221)

4. J. Milnor: "On axiomatic homology theory" (Pacific J. Math. 12(1962), 337-341)

5. D. Puppe: "Homotopiemengen und ihre induzierte Abbildungen I" (Math. Zeitschr. 69(1958), 299-344)

6. D. Puppe: "Korrespondenzen in abelschen Kategorien" (Math. Ann. 148(1962), 1-30)

7. G. Segal: "Classifying spaces and spectral sequences" (Publ. Math. Inst. des Hautes Études Scient. (Paris) 34(1968), 105-112)

VI. Kapitel

Charakteristische Klassen

In diesem Kapitel konstruieren wir charakteristische Klassen für Vektorbündel in der Kobordismentheorie N^*. Wir berechnen die Kobordismengruppen $N^*(\mathbb{R}P^k)$ der reellen projektiven Räume, und ebenso die der Grassmann-Mannigfaltigkeiten als Algebren über dem Ring N^*, dessen Struktur wir dabei nicht als bekannt voraussetzen. Vielmehr werden die Ergebnisse dieses Kapitels zur Berechnung von N^* später wesentlich benutzt.
Bei der Behandlung der Kobordismentheorie der unendlichen projektiven Räume und Grassmann-Mannigfaltigkeiten ist unsere Darstellung etwas unschön geblieben. Einerseits beruhen die folgenden Überlegungen auf der multiplikativen Struktur von $N^*(-)$, und diese haben wir nur für die (nicht additive) Theorie in (IV, 4) zureichend erklärt. Andererseits wollen wir die Kobordismengruppen der genannten Räume durch Übergang zum Limes aus denen der endlichen projektiven Räume und Grassmann-Mannigfaltigkeiten berechnen, und brauchen dazu die additive Theorie. Wir werden also zunächst in der multiplikativen Theorie arbeiten, und die allgemeinen Ergebnisse dann benutzen, um die additive Theorie für die unendlichen Räume zu berechnen. Es stellt sich dabei natürlich heraus, daß $\lim^1$ immer verschwindet. Die Kobordismengruppen der jeweiligen unendlichen Räume sind als inverser Limes der Kobordismengruppen der zugehörigen endlichen Räume durch diese vollständig bestimmt, und haben insbesondere die eindeutig bestimmte multiplikative Struktur des inversen Limes. Natürlich hätte man sich auch damit begnügen können, die Theorie $\mathfrak{N}^*(X) = \lim^0 N^*(X^n)$ zu betrachten.

1. Thom-Klassen

Sei $\xi : E \to B$ ein k-dimensionales numerierbares Vektorbündel und $f_\xi : \xi \to \gamma_{k,\infty}$ eine Bündelabbildung in das universelle Bündel; die Abbildung f_ξ ist bis auf Homotopie durch ξ bestimmt, und induziert eine Abbildung

$$M(f_\xi) : M(\xi) \longrightarrow MO(k)$$

der zugehörigen Thomräume.

(1.1) Definition

Das Element $t(\xi) \in \tilde{N}^k(M\xi)$, welches durch $[Mf_\xi]^o \in [M\xi, MO(k)]^o$ repräsentiert wird, heißt (kanonische) Thomklasse von ξ.
Die Thomklasse $t(\xi)$ ist durch das Vektorbündel ξ eindeutig bestimmt.
Die Existenz der Thomklassen- wie wir sehen werden auch ihre formalen

grundlegenden Eigenschaften - ist für andere Kohomologietheorien nicht ganz leicht zu beweisen, zum Beispiel auch für die gewöhnliche Kohomologietheorie $H^*(-;Z_2)$. Für die Kobordismentheorie N^* ist die Existenz von Thomklassen dagegen eine Trivialität, N^* ist geradezu definiert als die "freie Kohomologietheorie über Thomklassen".
Zum Beispiel ist die Thomklasse des universellen Bündels $\gamma_{k,\infty}$ durch $[id]^\sigma \in [MO(k),MO(k)]^0$ gegeben. Jedes Element von $N^*(X)$ ist daher (bis auf Einhängung) Bild von $t(\gamma_{k,\infty})$ für ein k, bei einer induzierten Abbildung. Sei nämlich $[h] \in \tilde{N}^n(X)$ repräsentiert durch

$$h \in [X \wedge S^k, MO(n+k)]^0,$$

so repräsentiert h nach (IV,3.1) auch das Element $\sigma^k[h] \in \tilde{N}^{n+k}(X \wedge S^k)$, und das kommutative Dreieck

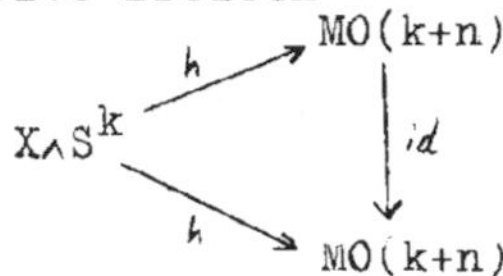

zeigt:

(1.2) Lemma

Ist $[h] \in \tilde{N}^n(X)$ *repräsentiert durch* $h \in [X \wedge S^k, MO(k+n)]^0$, *so ist* $\sigma^k[h] = h^* t(\gamma_{k+n,\infty})$. §§§

Die Thomklassen haben folgende grundlegende Eigenschaften:

(1.3) Satz

(a) *Natürlichkeit: Ist* h: $\xi \longrightarrow \eta$ *eine Bündelabbildung, so ist* $(Mh)^* t(\eta) = t(\xi)$

(b) *Multiplikativität: Bei der Identifikation* $M(\xi \times \eta) \simeq M(\xi) \wedge M(\eta)$ *(durch die Identität auf den zugrundeliegenden Mengen erklärte kanonische Homotopieäquivalenz) gilt:* $t(\xi \times \eta) = t(\xi) \cdot t(\eta)$.

(c) *Normierung: Ist* ε *das 1-dimensionale triviale Bündel über einem Punkt, so ist* $M(\varepsilon) = S^1$ und $t(\varepsilon) = e = \sigma(1) \in \tilde{N}^1(S^1)$.

Beweis

(c) folgt unmittelbar aus der Definition von t und σ.

(a) Ist f: $\eta \longrightarrow \gamma_{k,\infty}$ eine Bündelabbildung, so ist $f \circ h : \xi \longrightarrow \gamma_{k,\infty}$ eine Bündelabbildung für ξ, und daher repräsentiert das Element $M(f \circ h) = M(f) \circ M(h)$ zugleich $(Mh)^* t(\eta)$ und $t(\xi)$.

(b) Seien $f_\xi : \xi \longrightarrow \gamma_{l,\infty}$ und $f_\eta : \eta \longrightarrow \gamma_{k,\infty}$ Bündelabbildungen, dann zeigt das Diagramm

$$\begin{array}{ccccc} M\xi \wedge M\eta & \xrightarrow{Mf_\xi \wedge Mf_\eta} & MO(l) \wedge MO(k) & \longrightarrow & MO(l+k) \\ \wr\!\wr & & \wr\!\wr & & \| \\ M(\xi \times \eta) & \xrightarrow{M(f_\xi \times f_\eta)} & M(\gamma_{l,\infty} \times \gamma_{k,\infty}) & \longrightarrow & MO(l+k) \end{array}$$

die Behauptung: $t(\xi)\cdot t(\eta)$ wird durch die obere Zeile repräsentiert, $t(\xi \times \eta)$ durch die untere. §§§

(1.4) Definition

Sei h^* eine multiplikative Kohomologietheorie. Unter einer Thomklasse in h^* verstehen wir eine Abbildung, die jeder Isomorphieklasse von Vektorbündeln ξ^k (k= Dimension von ξ) eine Klasse $\tau(\xi) \in h^k(M\xi)$ zuordnet, die natürlich, multiplikativ und normiert im Sinne von (1.3) ist.

(1.5) Satz

Sei h^* eine multiplikative Kohomologietheorie; die Zuordnung

$$\varphi \longmapsto \varphi(t(-))$$

definiert eine eineindeutige Beziehung zwischen der Menge der natürlichen, unitären, stabilen, multiplikativen Transformationen $\varphi: N^*(-) \longrightarrow h^*(-)$ und der Menge der Thomklassen in h^*.

Beweis

Es ist klar, daß φ die Thomklasse $t(-)$ in N^* in eine Thomklasse $\tau(-) = \varphi(t(-))$ überführt, und (1.2) zeigt, daß φ durch $\varphi t(\gamma_{k,\infty})$, $k \geq 0$ eindeutig bestimmt ist. Für eine gegebene Thomklasse τ in h^* setzt man $\varphi(t(\gamma_{k,\infty})) = \tau(\gamma_{k,\infty})$ und verifiziert, daß dadurch eine natürliche Transformation $\varphi: N^* \to h^*$ definiert ist. §§§

Die Berechnung von N^*, die wir vorführen werden, beruht auf einem - im wesentlichen algebraischen - Studium der Thomklassen und dieser (wenn auch triviale) Satz deutet eine dabei grundlegende Idee an.

2. Der Thom-Homomorphismus

Seien ξ, η Vektorbündel über B und $C \subset B$ ein Unterraum. Die Einschränkung von ξ, η auf C bezeichnen wir mit ξ', η'.
Wir erklären eine Art Diagonale:

(2.1) Definition

Die Abbildung Δ ist die Zusammensetzung der folgenden Abbildungen:
$M(\xi \oplus \eta)/M(\xi' \oplus \eta') \longrightarrow M(\xi \times \eta)/M(\xi' \times \eta') \longrightarrow (M\xi \wedge M\eta)/(M\xi \wedge M\eta') \longrightarrow M\xi \wedge (M\eta/M\eta')$.

(2.2) Bemerkung

Ist $C = \emptyset$, so ist die Abbildung $\Delta: M(\xi \oplus \eta) \longrightarrow M\xi \wedge M\eta$ durch die Diagonale auf der Basis gegeben. Ist $\dim \eta = 0$, also $M\eta = B^+$ ($= B + \{\infty\}$), so haben wir $\Delta: M\xi/M\xi' \longrightarrow M\xi \wedge (B^+/C^+)$.
Die Abbildung Δ dient zur Erklärung des Thom-Homomorphismus:

(2.3) Definition

Sei $\dim \xi = n$; der Thom-Homomorphismus $\phi(\xi)$ ist die Abbildung

$$\begin{array}{ccc} \tilde{N}^k(M\eta/M\eta') & \xrightarrow{t(\xi)\cdot} & \tilde{N}^{k+n}(M\xi \wedge (M\eta/M\eta')) \\ & {\scriptstyle \phi(\xi)} \searrow \quad \swarrow {\scriptstyle \Delta^*} & \\ & \tilde{N}^{k+n}(M(\xi\oplus\eta)\,/\,M(\xi'\oplus\eta')) & \end{array}$$

Dabei ist die erste Abbildung die Multiplikation mit $t(\xi)$.

(2.4) Satz

Die Abbildung Δ hat folgende Eigenschaften

(a) Natürlichkeit:

Seien ξ, η Vektorbündel über B, und $C \subset B$; ξ_1, η_1 Vektorbündel über B_1 und $C_1 \subset B_1$; und es seien Bündelabbildungen $f : \xi \longrightarrow \xi_1$ und $g : \eta \longrightarrow \eta_1$ gegeben, die auf der Basis die Abbildung von Paaren $\bar{f} = \bar{g} : (B,C) \longrightarrow$ $\longrightarrow (B_1, C_1)$ induzieren, dann haben wir ein kommutatives Diagramm:

$$\begin{array}{ccc} M(\xi\oplus\eta)\,/\,M(\xi'\oplus\eta') & \xrightarrow{\Delta} & M\xi \wedge (M\eta\,/\,M\eta') \\ {\scriptstyle M(f\oplus g)} \downarrow & & \downarrow {\scriptstyle Mf \wedge Mg} \\ M(\xi_1\oplus\eta_1)\,/\,M(\xi_1'\oplus\eta_1') & \xrightarrow{\Delta} & M\xi_1 \wedge (M\eta_1/\,M\eta_1') \end{array}$$

(b) Multiplikativität

Seien ξ_1, ξ_2, η Vektorbündel über B und $C \subset B$, dann haben wir ein kommutatives Diagramm:

$$\begin{array}{ccc} M(\xi_2\oplus\xi_1\oplus\eta)\,/\,M(\xi_2'\oplus\xi_1'\oplus\eta') & \xrightarrow{\Delta} & M\xi_2 \wedge (M(\xi_1\oplus\eta)\,/\,M(\xi_1'\oplus\eta')) \\ {\scriptstyle \Delta} \downarrow & & \downarrow {\scriptstyle id \wedge \Delta} \\ M(\xi_2\oplus\xi_1) \wedge (M\eta\,/M\eta') & \xrightarrow{d \wedge id} & M\xi_2 \wedge M\xi_1 \wedge (M\eta\,/M\eta') \end{array}$$

wobei $d : M(\xi_2\oplus\xi_1) \longrightarrow M(\xi_2 \times \xi_1) \simeq M\xi_2 \wedge M\xi_1$ von der kanonischen Bündelabbildung über der Diagonale der Basis induziert ist.

(c) Normierung:

Sei $\xi : \mathbb{R}^n \times B \longrightarrow B$ das triviale Bündel, $C = \{0\}$ der Grundpunkt von B, und $\dim \eta = 0$. Dann ist die Abbildung

$\Delta : S^n \wedge B = M\xi\,/M\xi' \longrightarrow M\xi \wedge (M\eta\,/M\eta') = M\xi \wedge B = S^n \wedge B^+ \wedge B$

durch $\Delta : (s,b) \longmapsto (s,b,b)$ gegeben.

Beweis

(a) Man verifiziert, daß es für jeden Pfeil der Definition (2.1) von Δ ein entsprechendes kommutatives Diagramm gibt.

(b) Die beiden Wege sind durch Bündelabbildungen über der Diagonale der Basis induziert.

(c) folgt aus der Definition von Δ. §§§

Durch Zusammensetzen von (1.3) und (2.4) erhalten wir

(2.5) Satz

Der Thomhomomorphismus hat folgende Eigenschaften:

(a) Natürlichkeit (Bezeichnungen wie in (2.4,a)):

Das folgende Diagramm ist kommutativ:

$$\begin{array}{ccc} \tilde{N}^k(M\eta/M\eta') & \xrightarrow{\phi(\xi)} & \tilde{N}^{k+n}(M(\xi\oplus\eta)/M(\xi'\oplus\eta')) \\ \downarrow (Mg)^* & & \downarrow M(f\oplus g)^* \\ \tilde{N}^k(M\eta_1/M\eta_1') & \xrightarrow{\phi(\xi_1)} & \tilde{N}^{k+n}(M(\xi_1\oplus\eta_1)/M(\xi_1'\oplus\eta_1')) \end{array}$$

(b) Multiplikativität:

Für Vektorbündel ξ_1, ξ_2 und η gilt: $\phi(\xi_2\oplus\xi_1) = \phi(\xi_2)\circ\phi(\xi_1)$.

(c) Normierung:

Ist $\xi : \mathbb{R}^n \times B \longrightarrow B$ das triviale Bündel, $C = \emptyset$ und $\dim\eta = 0$, so ist die Abbildung $\phi(\xi) : N^k(B) \longrightarrow \tilde{N}^{k+n}(S^n \wedge B)$ gleich dem Einhängungsisomorphismus.

Beweis:

(a) folgt aus (1.3,a) und (2.4,a)

(b) Wir betrachten das folgende Diagramm:

$$\begin{array}{ccccc} \tilde{N}^*(M\eta/M\eta') & \xrightarrow{t\xi_1\cdot} & \tilde{N}^*(M\xi_1\wedge(M\eta/M\eta')) & \xrightarrow{t\xi_2\cdot} & \tilde{N}^*(M\xi_2\wedge M\xi_1\wedge(M\eta/M\eta')) \\ & (1) & \downarrow \Delta_1^* & (2) & \downarrow (id\wedge\Delta_1)^* \\ \downarrow \phi(\xi_2\oplus\xi_1) & & \tilde{N}^*(M(\xi_1\oplus\eta)/M(\xi_1'\oplus\eta')) & \xrightarrow{t\xi_2\cdot} & \tilde{N}^*(M\xi_2\wedge(M(\xi_1\oplus\eta)/M(\xi_1'\oplus\eta'))) \\ & & & (3) & \downarrow \Delta_2^* \\ \tilde{N}^*(M(\xi_2\oplus\xi_1)\wedge(M\eta/M\eta')) & & \xrightarrow{\Delta_{21}^*} & & \tilde{N}^*(M(\xi_2\oplus\xi_1\oplus\eta)/M(\xi_2'\oplus\xi_1'\oplus\eta)) \end{array}$$

(Diagonale Pfeile: $\phi(\xi_1)$ von $\tilde{N}^*(M\eta/M\eta')$ nach $\tilde{N}^*(M(\xi_1\oplus\eta)/M(\xi_1'\oplus\eta'))$, $\phi(\xi_2)$ von dort nach $\tilde{N}^*(M(\xi_2\oplus\xi_1\oplus\eta)/M(\xi_2'\oplus\xi_1'\oplus\eta))$; gestrichelter Pfeil von rechts oben nach links unten.)

Das Dreieck (1) und (3) ist kommutativ nach Definition von ϕ. Das Quadrat (2) ist kommutativ, weil die Multiplikation natürlich ist. Das Dreieck $\bullet\rightarrow\bullet\rightarrow\bullet$ ist kommutativ, weil die Thomklasse multiplikativ ist, und das Dreieck $\bullet\longrightarrow\bullet$ ist kommutativ, weil Δ multiplikativ ist (1.3,b) und (2.4,b). Zusammen zeigt die Kommutativität des Diagramms die Behauptung.

(c) Wir haben ein kommutatives Diagramm:

$$\begin{array}{ccccc} \tilde{N}^k(B) & \xrightarrow{t\xi\cdot} & \tilde{N}^{k+n}(\overbrace{M\xi\wedge B}^{S^n\wedge B^+\wedge B}) & \xrightarrow{\Delta^*} & \tilde{N}^{k+n}(S^n\wedge B) \\ \downarrow e^n\cdot & (1) & \nearrow (pr\wedge id_B)^* & (2) & \nearrow id \\ \tilde{N}^{k+n}(S^n\wedge B) & & & & \end{array}$$

Dabei sei $e^n = \sigma^n(1)$, und das ist nach (1.3,b und c) die Thomklasse des (trivialen) n-dimensionalen Bündels über dem Punkt. Sei $pr : S^n\wedge B^+ \longrightarrow S^n$ die Projektion, dann folgt aus der Natürlichkeit der Thomklasse: $t\xi = pr^* e^n$. Daher ergibt die Natürlichkeit der Multiplikation, daß (1) kommutativ ist, und (2) ist kommutativ, weil nach (2.4,c) $(pr \wedge id_B) \circ \Delta = id_{(S^n \wedge B)}$ ist. Die Multiplikation mit e^n ist nach (IV,4.11) der Einhängungsisomorphismus. §§§

3. Der Thom-Isomorphismus

(3.1) Satz

Seien ξ, η Vektorbündel von endlichem Typ über B, und sei $A \subset B$ eine Kofaserung. Wir bezeichnen mit ξ', η' die Einschränkung von ξ beziehungsweise η auf A. Die Abbildung (2.3)

$$\Phi(\xi) : \tilde{N}^k(M\eta/M\eta') \longrightarrow \tilde{N}^{k+n}(M(\xi \oplus \eta)/M(\xi' \oplus \eta'))$$

ist ein Isomorphismus.

Beweis* (siehe auch 3.5)

(i) Reduktion auf den absoluten Fall

Wir benutzen folgendes

(3.2) Lemma

Ist ξ ein numerierbares Vektorbündel über B und $A \subset B$ eine Kofaserung, so ist auch $M(\xi') \subset M(\xi)$ eine Kofaserung, wobei $\xi' = \xi|A$.

Beweis

Sei $\pi : S(\xi) \longrightarrow B$ das Sphärenbündel von ξ, (siehe auch VI,4) dann sieht man, daß $M(\xi)$ der Abbildungskegel C_π ist; entsprechend ist $M(\xi')$ ein Abbildungskegel $C_{\pi'}$. Ist eine Homotopie auf $C_{\pi'}$ gegeben, so induziert sie insbesondere eine Homotopie auf der Basis A von $S(\xi')$. Diese Homotopie kann man auf B erweitern, weil $A \subset B$ eine Kofaserung ist, und die Erweiterung induziert eine Homotopie auf $S(\xi)$ durch Zusammensetzen mit $\pi : S(\xi) \longrightarrow B$. Es bleibt die Aufgabe,

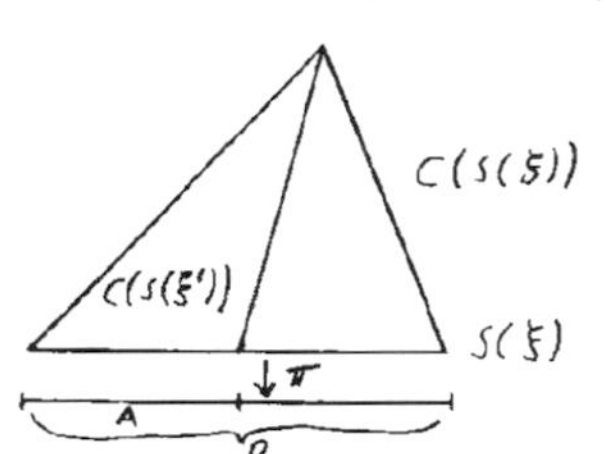

eine Homotopie von dem Teil $C(S(\xi')) \cup S(\xi) \subset C(S(\xi))$ auf den Kegel $C(S(\xi))$ fortzusetzen. Nun ist die Inklusion $S(\xi') \subset S(\xi)$ eine Kofaserung [1;Satz 3] , und daher genügt es, folgendes zu zeigen:

(3.3) Lemma

Ist $K \subset L$ eine Kofaserung und $C(K)$, $C(L)$ der Kegel über K beziehungsweise L, so ist auch $C(K) \cup L \subset C(L)$ eine Kofaserung.

Beweis

Nach dem Produktsatz für Kofaserungen [2; Satz 4] ist die Inklusion $K \times [0,1] \cup L \times \{0,1\} \subset L \times [0,1]$ eine Kofaserung, und die Inklusion von (3.3) entsteht hieraus, indem man den Teil $L \times \{1\}$ des Unterraumes zu einem Punkt identifiziert; sie hat damit auch die Homotopie-

Erweiterungs - Eigenschaft. §§§

Damit ist (3.2) gezeigt.

(3.4) Lemma

Das Diagramm

$$\begin{array}{ccc}
\tilde{N}^k(M\eta/M\eta') & \xleftarrow{\partial^*} & \tilde{N}^{k-1}(M\eta') \\
\Phi(\xi)\downarrow & & \downarrow\Phi(\xi') \\
\tilde{N}^{k+n}(M(\xi\oplus\eta)/M(\xi'\oplus\eta')) & \xleftarrow{\partial^*} & \tilde{N}^{k+n-1}(M(\xi'\oplus\eta'))
\end{array}$$

ist kommutativ.

Beweis

Wir haben ein kommutatives Diagramm

$$\begin{array}{ccccc}
\tilde{N}^*(M\eta/M\eta') & \xleftarrow{\partial^*} & \tilde{N}^*(M\eta') & & \\
t\xi\cdot\downarrow & & t\xi\cdot\downarrow & \searrow^{t\xi'\cdot} & \\
\tilde{N}^*(M\xi\wedge(M\eta/M\eta')) & \xleftarrow{\partial^*} & \tilde{N}^*(M\xi\wedge M\eta') & \longrightarrow & \tilde{N}^*(M\xi'\wedge M\eta') \\
\Delta^*\downarrow & & \downarrow & \swarrow_{\Delta^*} & \\
\tilde{N}^*(M(\xi\oplus\eta)/M(\xi'\oplus\eta')) & \xleftarrow{\partial^*} & \tilde{N}^*(M(\xi'\oplus\eta')) & &
\end{array}$$

§§§

Jetzt zeigt das Fünferlemma in dem Diagramm

$$\begin{array}{ccccccc}
\ldots\leftarrow\tilde{N}^*(M\eta') & \longleftarrow & \tilde{N}^*(M\eta) & \longleftarrow & \tilde{N}^*(M\eta/M\eta') & \longleftarrow & \\
\downarrow\Phi(\xi') & & \downarrow\Phi(\xi) & & \downarrow\Phi(\xi) & & \\
\ldots\leftarrow\tilde{N}^*(M(\xi'\oplus\eta')) & \longleftarrow & \tilde{N}^*(M(\xi\oplus\eta)) & \longleftarrow & \tilde{N}^*(M(\xi\oplus\eta)/M(\xi'\oplus\eta')) & \longleftarrow &
\end{array}$$

$$\begin{array}{ccccc}
\longleftarrow\tilde{N}^*(M\eta') & \longleftarrow & \tilde{N}^*(M\eta) & \longleftarrow & \ldots \\
\downarrow\Phi(\xi') & & \downarrow\Phi(\xi) & & \\
\longleftarrow\tilde{N}^*(M(\xi'\oplus\eta')) & \longleftarrow & \tilde{N}^*(M(\xi\oplus\eta)) & \longleftarrow & \ldots
\end{array}$$

daß es genügt, zu beweisen, daß (für $A = \emptyset$)

$\Phi(\xi) : \tilde{N}^k(M\eta) \longrightarrow \tilde{N}^{k+n}(M(\xi\oplus\eta))$

unter unseren Voraussetzungen isomorph ist.

(ii) Sei ξ trivial

Dann zeigt das kommutative Diagramm

$$\begin{array}{ccccc}
\tilde{N}^k(M\eta) & \xrightarrow{t\xi\cdot} & \tilde{N}^{k+n}(M\xi\wedge M\eta) & = & \tilde{N}^{k+n}(B^+\wedge S^n\wedge M\eta) \\
e^n\cdot\downarrow & \searrow^{(1\wedge e^n)\cdot} & & \nearrow^{id} & \downarrow\Delta^* \\
 & & \tilde{N}^{k+n}(B^+\wedge S^n\wedge M\eta) & & \\
 & \nearrow_{pr^*} & & & \\
\tilde{N}^{k+n}(S^n\wedge M\eta) & & \xrightarrow{id} & & \tilde{N}^{k+n}(S^n\wedge M\eta)
\end{array}$$

($pr : B^+\wedge S^n \longrightarrow S^n$ Projektion), daß $\Phi(\xi)$ der Einhängungsisomorphismus ist.

(iii) Sei ξ von endlichem Typ

Nach (I,3.6) besitzt ξ ein inverses Bündel ξ^-, das heißt $\xi \oplus \xi^-$ ist trivial, also ist $\phi(\xi) \circ \phi(\xi^-) = \phi(\xi \oplus \xi^-)$ isomorph nach (ii), und ebenso ist $\phi(\xi^-) \circ \phi(\xi)$ isomorph, daher ist auch $\phi(\xi)$ isomorph. §§§

(3.5) Bemerkung

Sei $\dim \eta = 0$ und $A = \emptyset$, dann ist $\phi(\xi)$ der klassische Isomorphismus

$$N^k(B) \longrightarrow \tilde{N}^{k+n}(M\xi).$$

Für diesen Fall reduziert sich der Beweis von (3.1) auf den trivialen Teil (iii). Nur diesen Spezialfall werden wir vorläufig benutzen.

(3.6) Bemerkung

Setzen wir voraus, daß die Theorie $N^*(-)$ additiv und multiplikativ ist, so kann man (V,1.3) benutzen, um einen Thomisomorphismus wie in (3.1) für beliebige numerierbare Vektorbündel zu erhalten.

4. Die Gysin - Sequenz

Sei $\xi : E \longrightarrow B$ ein Vektorbündel von endlichem Typ; mit Hilfe einer Partition der Eins führen wir ein Skalarprodukt in den Fasern von ξ ein. Sei $D(\xi) = \{e \in E \mid |e| \leq 1\}$ das Einheits - Zellenbündel von ξ und $S(\xi) = \{e \in E \mid |e| = 1\}$ das Einheits - Sphärenbündel von ξ. Die Abbildung $D(\xi) \longrightarrow M(\xi)$

$$e \longmapsto \begin{cases} \frac{e}{1-e} & \text{für } e < 1 \\ \infty & \text{für } e = 1 \end{cases}$$

induziert einen Homöomorphismus $M(\xi) = D(\xi)/S(\xi)$. Die Inklusion $S(\xi) \longrightarrow D(\xi)$ ist eine Kofaserung, wir haben also eine exakte Sequenz:

$$\ldots \longleftarrow N^k(S\xi) \longleftarrow N^k(D\xi) \longleftarrow \tilde{N}^k(D\xi/S\xi) \longleftarrow \ldots$$

Diese Sequenz können wir etwas umschreiben, denn die Projektion $\xi | D(\xi) : D(\xi) \longrightarrow B$ ist eine Homotopieäquivalenz, also $N^k(D\xi) = N^k(B)$, und wenn $\dim \xi = n$, so liefert der Thomisomorphismus (3.5) : $N^{k-n}(B) = \tilde{N}^k(D\xi/S\xi)$.

(4.1) Satz

Sei $\xi : E \longrightarrow B$ ein Vektorbündel von endlichem Typ. Es gibt eine exakte Sequenz

$$\ldots \longleftarrow N^k(S\xi) \xleftarrow{\xi^*} N^k(B) \xleftarrow{\alpha} N^{k-n}(B) \longleftarrow N^{k-1}(S\xi) \longleftarrow \ldots$$ §§§

Wir untersuchen die Abbildungen in dieser Sequenz. Die Abbildung ξ^* ist durch die Projektion $\xi | S(\xi) : S(\xi) \longrightarrow B$ induziert. Die Abbildung α ist die Zusammensetzung

$$\begin{array}{ccccccc} N^{k-n}(B) & \xrightarrow{\phi(\xi)} & \tilde{N}^k(D\xi/S\xi) & \xrightarrow{pr^*} & \tilde{N}^k(D\xi^+) & \xrightarrow{\cong} & \tilde{N}^k(B^+) \\ & {\scriptstyle t\xi\cdot} \searrow & & \nearrow {\scriptstyle \Delta^*} & & & \\ & & \tilde{N}^k((D\xi/S\xi) \wedge B^+) & & & & \end{array}$$

Die dabei benutzte Zusammensetzung
$B^+ \longrightarrow D\xi/S\xi \xrightarrow{\Delta} (D\xi/S\xi) \wedge B^+$
ist gleich
$B^+ \longrightarrow B^+ \wedge B^+ \xrightarrow{s \wedge id} (D\xi/S\xi) \wedge B^+$,
wobei $s : B^+ \longrightarrow D\xi/S\xi$ der Nullschnitt ist.

(4.2) Definition

Sei $\xi : E \longrightarrow B$ ein n-dimensionales (numerierbares) Vektorbündel, und $s : B^+ \longrightarrow M(\xi)$ der Nullschnitt. Das Element $e(\xi) = s^*t(\xi) \in N^n(B)$ heißt (N^* -) Eulerklasse von ξ.
Nach dem was wir sagten, ist die Abbildung α in (4.1) durch Multiplikation mit der Eulerklasse gegeben.

(4.3) Definition

Die exakte Sequenz
$\ldots \longrightarrow N^{k-n}(B) \xrightarrow{e\xi\cdot} N^k(B) \xrightarrow{\xi^*} N^k(S\xi) \longrightarrow N^{k-n+1}(B) \longrightarrow \ldots$
heißt Gysin-Sequenz von ξ.

(4.4) Satz

Die Eulerklasse hat folgende Eigenschaften:

(a) Natürlichkeit: Ist $h : \xi \longrightarrow \eta$ eine Bündelabbildung, so ist $\bar{h}^* e(\eta) = e(\xi)$.

(b) Multiplikativität: $e(\xi \times \eta) = e(\xi) \cdot e(\eta)$

(c) Ist $\xi = \xi' \oplus \varepsilon$ mit einem trivialen Bündel ε, und $\dim \varepsilon > 0$, so ist $e(\xi) = 0$.

Beweis

(a) und (b) folgen aus (1.3), und (c) folgt, weil in diesem Fall der Nullschnitt $B^+ \longrightarrow M(\xi)$ homotop zur konstanten Abbildung ist. §§§

5. Kohomologie der projektiven Räume

Sei X ein topologischer Raum und $\mathbb{R}P^n$ der n-dimensionale reelle projektive Raum. Wir wollen $N^*(X \times \mathbb{R}P^n)$ in Abhängigkeit von $N^*(X)$ und n berechnen. Die Projektion $pr_1 : X \times \mathbb{P}\mathbb{R}^n \longrightarrow X$ induziert $pr_1^* : N^*(X) \longrightarrow N^*(X \times \mathbb{R}P^n)$, und macht $N^*(X \times \mathbb{R}P^n)$ zu einer Algebra über $N^*(X)$. Über $\mathbb{R}P^n$ haben wir ein Geradenbündel η_n, das wir folgendermaßen beschreiben: Sei $S^n \subset R^{n+1}$ die Einheitssphäre, dann operiert $\mathbb{Z}_2$ mit erzeugendem Element $g \in \mathbb{Z}_2$ auf S^n durch
$g(x) = -x$ für $x \in S^n \subset R^{n+1}$.
Es ist $S^n/\mathbb{Z}_2 = \mathbb{R}P^n$; auf $S^n \times \mathbb{R}$ operiert $\mathbb{Z}_2$ diagonal durch $g(x,z) = (-x, -z)$, und wir erhalten aus der Projektion durch Übergang zum Quotienten ein Geradenbündel $\eta_n : (S^n \times \mathbb{R})/\mathbb{Z}_2 \longrightarrow S^n/\mathbb{Z}_2 = \mathbb{R}P^n$.

(5.1) Definition

Das Bündel η_n über $\mathbb{R}P^n$ heißt kanonisches Geradenbündel.

(5.2) Lemma

Für die Inklusion $\mathbb{R}P^n \subset \mathbb{R}P^{n+1}$ gilt: $\eta_{n+1}|\mathbb{R}P^n = \eta_n$. Es ist $\mathbb{R}P^n = G_{1,n+1}$ und $\eta_n = \gamma_{1,n+1}$ (siehe I, 3.2).

Beweis

Die erste Behauptung folgt unmittelbar aus der Definition. Ist $[x] \in \mathbb{R}P^n$ und $\langle x \rangle$ die durch x erzeugte Gerade, so liefert
$([x],r) \longmapsto (\langle x \rangle, rx)$, $r \in \mathbb{R}$
die Bündelabbildung $\eta_n \longrightarrow \gamma_{1,n+1}$. §§§

(5.3) Bezeichnung

Sei $w \in N^1(\mathbb{R}P^n)$ die Eulerklasse (4.2) des kanonischen Geradenbündels: $w = e(\eta_n)$. Das Element w wird uns bis zum Ende der Vorlesung verfolgen. Die Inklusion $\mathbb{R}P^n \longrightarrow \mathbb{R}P^{n+1}$ induziert $N^1(\mathbb{R}P^{n+1}) \longrightarrow N^1(\mathbb{R}P^n)$, und hierbei wird $e(\eta_{n+1})$ auf $e(\eta_n)$ abgebildet (Natürlichkeit); darum notieren wir die Abhängigkeit von n nicht. Etwas ungenau bezeichnen wir auch $pr_2^* w \in N^1(X \times \mathbb{R}P^n)$ kurz mit w. Dann haben wir einen Homomorphismus von $N^*(X)$-Algebren
$\sigma_n : N^*(X)[w] \longrightarrow N^*(X \times \mathbb{R}P^n)$,
der w auf w abbildet.

(5.4) Satz

Die Abbildung σ_n induziert einen Isomorphismus
$N^*(X)[w]/(w^{n+1}) \cong N^*(X \times \mathbb{R}P^n)$.

(5.5) Bemerkung

$N^*(X)[w]$ ist der graduierte Polynomring über dem graduierten Ring $N^*(X)$, ein Element $x \in N^*(X)[w]$ hat den Grad k, wenn $x = \sum a_i w^i$, mit $a_i \in N^{k-i}(X)$.

Beweis von (5.4)

Wir beweisen die Behauptung durch Induktion nach n.
n = 0 : $\mathbb{R}P^0$ ist ein Punkt und die Behauptung richtig.
Sei also n > 0. Die Inklusion $j : X \times \mathbb{R}P^{n-1} \longrightarrow X \times \mathbb{R}P^n$ induziert die lange exakte Sequenz
$$\ldots \longrightarrow \tilde{N}^k(X \times \mathbb{R}P^n / X \times \mathbb{R}P^{n-1}) \longrightarrow N^k(X \times \mathbb{R}P^n) \xrightarrow{j^*} N^k(X \times \mathbb{R}P^{n-1}) \longrightarrow \ldots$$
Da $j^* w = w$, ist j^* nach Induktionsannahme epimorph, und der erste und letzte Pfeil der Sequenz ist Null, wir haben eine kurze exakte Sequenz

(5.6) $0 \longrightarrow \widetilde{N}^*(X \times \mathbb{R}P^n / X \times \mathbb{R}P^{n-1}) \xrightarrow{i^*} N^*(X \times \mathbb{R}P^n) \xrightarrow{j^*} N^*(X \times \mathbb{R}P^{n-1}) \longrightarrow 0$

Dabei ist $(X \times \mathbb{R}P^n)/(X \times \mathbb{R}P^{n-1}) = X^+ \wedge (\mathbb{R}P^n/\mathbb{R}P^{n-1}) = X^+ \wedge S^n$. Nach dem Einhängungsisomorphismus ist daher $\widetilde{N}^*(X \times \mathbb{R}P^n / X \times \mathbb{R}P^{n-1})$ ein freier $N^*(X)$ - Modul mit einem Erzeugenden in der Dimension n.
Da nach Induktionsannahme $N^*(X \times \mathbb{R}P^{n-1})$ ein freier $N^*(X)$ - Modul mit Basis $\{1, w, \ldots, w^{n-1}\}$ ist, spaltet die Folge (5.6) auf, und $N^*(X \times \mathbb{R}P^n)$ wird frei erzeugt von $\{1, w, \ldots, w^{n-1}, u\}$, wobei $u \in \mathrm{im}(i^*)$.

Wir benutzen jetzt:

<u>(5.7) Lemma</u>

<u>Es ist</u> $uw = 0$.

<u>Beweis</u>

Wir beschreiben die Punkte des $\mathbb{R}P^n$ durch Koordinaten $[x_0, \ldots, x_n]$, mit $\Sigma |x_i| = 2$.
Sei dann

$A = \{[x_0, \ldots, x_n] \mid |x_n| \leq 1\} \subset \mathbb{R}P^n$

$B = \{[x_0, \ldots, x_n] \mid |x_n| \geq 1\} \subset \mathbb{R}P^n$.

Dann haben wir eine Deformationsretraktion

$([x_0, \ldots, x_n], t) \longmapsto [\varphi(t) \cdot x_0, \ldots, \varphi(t) x_{n-1}, t x_n]$

mit $\varphi(t) = (2 - t|x_n|) / \sum_{i=0}^{n-1} |x_i|$,

von A auf $\mathbb{R}P^{n-1}$, und eine entsprechende Deformation, die B auf $[0, \ldots, 0, 2]$ zusammenzieht. Weil $j^* u = 0$, verschwindet das Bild von u in $N^*(X \times A)$, liegt also im Bild von $\widetilde{N}^*(X^+ \wedge (\mathbb{R}P^n/A))$. Ebenso, weil w im Kern von $N^*(X \times \mathbb{R}P^n) \longrightarrow N^*(X \times \{*\})$ liegt, ist w im Bild von $\widetilde{N}^*(X^+ \wedge (\mathbb{R}P^n/B))$; zusammen kommt uw aus $\widetilde{N}^*(X^+ \wedge (\mathbb{R}P^n/A \cup B)) = 0$. §§§

Wir kehren zum <u>Beweis von (5.4)</u> zurück:
Wir betrachten die Gysin - Sequenz (4.3) des Bündels $\xi = id_X \times \eta_n$ über $X \times \mathbb{R}P^n$. Es ist $S(\eta_n) = (S^n \times S^0)/\mathbb{Z}_2 = S^n$, also $S(\xi) = X \times S^n$, und $e(\xi) = w$ aus Natürlichkeit. Wir haben folgende Gysin - Sequenz:

$\widetilde{N}^*(X \times S^n) \longrightarrow \widetilde{N}^*(X \times \mathbb{R}P^n) \xrightarrow{w \cdot} \widetilde{N}^*(X \times \mathbb{R}P^n) \xrightarrow{(id \times q)^*} \widetilde{N}^*(X \times S^n)$

mit $q : S^n \longrightarrow S^n/\mathbb{Z}_2 = \mathbb{R}P^n$. Hieraus erhalten wir:

<u>(5.8) Lemma</u>

$u \in \mathrm{im}(\widetilde{N}^*(X \times \mathbb{R}P^n) \xrightarrow{w \cdot} \widetilde{N}^*(X \times \mathbb{R}P^n))$.

<u>Beweis</u>

Hier benutzen wir, daß jedes Element von N^* die Ordnung 2 hat:
Das Element u ist im Bild von i^* in (5.6), und die Zusammensetzung $(id \times q)^* \circ i^*$ ist von der geometrischen Abbildung

$X \times S^n \xrightarrow{id \times q} X \times \mathbb{R}P^n \longrightarrow (X \times \mathbb{R}P^n)/(X \times \mathbb{R}P^{n-1}) = X^+ \wedge S^n$

induziert, und diese ist gleich der Zusammensetzung

$X \times S^n \longrightarrow X^+ \wedge S^n \xrightarrow{id \wedge q} X^+ \wedge \mathbb{R}P^n \xrightarrow{id \wedge p} X^+ \wedge S^n$

mit $p : \mathbb{R}P^n \longrightarrow \mathbb{R}P^n/\mathbb{R}P^{n-1} = S^n$.

Die Abbildung $p \circ q: S^n \longrightarrow \mathbb{R}P^n \longrightarrow S^n$ hat aber den Grad 2 und daher auch die Abbildung $(id \wedge p) \circ (id \wedge q)$; sie induziert daher die Nullabbildung in N^*. Es ist also $0 = (id \wedge q)^* \circ (id \wedge p)^* = (id \wedge q)^* \circ i^*$, also $(id \wedge q)^* u = 0$, und aus der Gysinsequenz ergibt sich die Behauptung. Jetzt erhalten wir $u \in im(W \cdot)$, das heißt

$$u = w \cdot (a_o + a_1 w^1 + a_2 w^2 + \dots + a_{n-1} w^{n-1} + a_n u)$$
$$= a_o w + a_1 w^2 + \dots + a_{n-1} w^n, \text{ da } u \cdot w = 0$$
$$= a_{n-1} w^n, \text{ da } u \text{ in } N^*(X \times \mathbb{R}P^{n-1}) \text{ das Bild } 0 \text{ hat.}$$

Andererseits ist auch $j^*(w^n) = 0$ nach Induktionsannahme, und daher $w^n = b\ u$ für ein $b \in N^*(X)$. Also ist $a_{n-1} = b^{-1}$ Einheit in $N^*(X)$, und die Elemente $\{1, w, w^2, \dots, w^n\}$ bilden eine $N^*(X)$-Basis von $N^*(X \times \mathbb{R}P^n)$. Es gilt die Relation $w^{n+1} = bwu = 0$. §§§

Wir gehen jetzt in der Folge
$\dots \longrightarrow \mathbb{R}P^n \longrightarrow \mathbb{R}P^{n+1} \longrightarrow \mathbb{R}P^{n+2} \longrightarrow \dots$
zum Limes über, und erhalten:

(5.9) Lemma

Sei $\mathbb{R}P^\infty = \lim \mathbb{R}P^n$, dann ist $\mathbb{R}P^\infty = G_{1,\infty}$, und wir haben über $\mathbb{R}P^\infty$ ein kanonisches Geradenbündel $\eta = \gamma_{1,\infty}$, mit dem Sphärenbündel $S^\infty = \lim S^n$.

Beweis

folgt aus (5.2) durch Übergang zum Limes. §§§

Wir betrachten insbesondere ein Produkt

$$\mathbb{R}P^\infty \times \mathbb{R}P^\infty \times \dots \times \mathbb{R}P^\infty = (\mathbb{R}P^\infty)^k.$$

Sei $pr_i : (\mathbb{R}P^\infty)^k \longrightarrow \mathbb{R}P^\infty, \quad i = 1, \dots, k,$

die Projektion auf den i-ten Faktor, dann haben wir ein Geradenbündel $\eta_i = pr_i^* \eta$ über $(\mathbb{R}P^\infty)^k$. Sei $w(i) \in N^*((\mathbb{R}P^\infty)^k)$ die Eulerklasse von η_i. Mit entsprechenden Bezeichnungen für Produkte endlicher projektiver Räume gilt:

(5.10) Satz

Die Abbildungen σ in (5.4) induzieren einen kanonischen Isomorphismus von graduierten Algebren

$$N^*[[w(1), \dots, w(k)]] \longrightarrow \lim_n{}^\circ \ N^*((\mathbb{R}P^n)^k)$$

bei dem $w(i)$ auf die Eulerklasse von η_i abgebildet wird. Für die additive Theorie $N^*(-)$ ist die kanonische Abbildung

$$N^*((\mathbb{R}P^\infty)^k) \longrightarrow \lim_n{}^\circ \ N^*((\mathbb{R}P^n)^k)$$

isomorph.

(5.11) Bemerkung

Wir verstehen allgemein unter $N^*(X)[[w]]$ den graduierten formalen Potenzreihenring in der Unbestimmten w, und entsprechend für mehrere Unbestimmte. Ein Element $x \in N^*(X)[[w]]$ vom Grad k ist eine formale Reihe $x = \sum_{i=0}^{\infty} a_i w^i$ mit $a_i \in N^{k-i}(X)$, wenn w den Grad 1 hat. Insbesondere brechen die Reihen ab, wenn $N^{k-i}(X) = 0$ für große i.

Beweis von (5.10)

Die erste Behauptung wird durch (5.4) auf die rein algebraische Aussage reduziert, daß der Potenzreihenring inverser Limes von amputierten Polynomringen ist:

$$N^*[[w(1),\dots,w(k)]] = \lim_n{}^{\circ} \, (N^*[w(1),\dots,w(k)] \,/\, (w(i)^n) \, .$$

Die universelle Eigenschaft von $\lim^{\circ}$ liefert die Abbildung, und man sieht leicht, daß die Abbildung monomorph und epimorph ist. Die zweite Behauptung folgt, weil in dem inversen System $\{N^*((\mathbb{R}P^n)^k)\}_{n\in\mathbb{Z}^+}$ alle Abbildungen $N^*((\mathbb{R}P^{n+1})^k) \longrightarrow N^*((\mathbb{R}P^n)^k)$ epimorph sind, und daher $\lim_n^1(N^*((\mathbb{R}P^n)^k)) = 0$. §§§

6. Projektive Bündel

Wir verallgemeinern (5.4) auf Bündel mit einem projektiven Raum als Faser. Sei ξ: $E \longrightarrow B$ ein k-dimensionales Vektorbündel und $P(\xi)$: $P(E) \longrightarrow B$ das zugehörige projektive Bündel. Es entsteht aus ξ, indem man die Faser $\xi^{-1}(b)$ durch den projektiven Raum $P(\xi^{-1}b) = (\xi^{-1}b)/\mathbb{R}^{\times}$ ersetzt, wo $\mathbb{R}^{\times}$ die multiplikative Gruppe der reellen Zahlen bezeichnet. Eine lokale Trivialisierung von ξ induziert eine lokale Trivialisierung von $P(\xi)$. Über $P(E)$ als Basis haben wir ein kanonisches Geradenbündel

(6.1) $\qquad H_\xi : \check{E} \longrightarrow P(E)$.

Die Faser von H_ξ über dem Punkt $x \in P(E)$ ist der durch x beschriebene 1-dimensionale Unterraum der Faser $\xi^{-1}(P(\xi)x)$ des Bündels ξ. Ist $S(\xi)$: $S(E) \longrightarrow B$ das Sphärenbündel von ξ, so operiert $\mathbb{Z}_2$ antipodisch auf $S(\xi)$, und wir haben:

$$\check{E} = S(E) \times_{\mathbb{Z}_2} \mathbb{R} \longrightarrow S(E)/\mathbb{Z}_2 = P(E)$$

analog (5.1).

(6.2) Satz

Sei ξ: $E \longrightarrow B$ ein k-dimensionales Vektorbündel von endlichem Typ, und sei $e \in N^1(P(E))$ die Eulerklasse von H_ξ. Die Abbildung $P(\xi)^*$: $N^*(B) \longrightarrow N^*(P(E))$ macht $N^*(P(E))$ zu einem freien Modul über dem Ring $N^*(B)$, mit der Basis $\{1,e,e^2,\dots,e^{k-1}\}$. Insbesondere ist die

Abbildung $P(\xi)^*$ monomorph.

(6.3) Bemerkung

Der Satz sagt im Gegensatz zu (5.4) nichts über die multiplikative Struktur.

Beweis von (6.2)

Ist ξ das triviale Bündel $pr_1 \colon B \times \mathbb{R}^k \longrightarrow B$, so ist auch $P(\xi) = pr_1 \colon B \times \mathbb{R}P^{k-1} \longrightarrow B$ trivial, und ein Vergleich der Definitionen zeigt: $H_\xi = pr_2^* \eta$, also $e = w$, die Behauptung ist dieselbe wie (5.4) für die additive Struktur.

Das Element e ist in gewissem Sinne natürlich: Ist insbesondere $C \subset B$, so haben wir Abbildungen $\xi|C \longrightarrow \xi$ und damit $P(E|C) \longrightarrow P(E)$, also eine induzierte Abbildung $N^*(P(E)) \longrightarrow N^*(P(E|C))$, die $e(H_\xi)$ auf $e(H_{\xi|C})$ abbildet.

Sei also $B = C_1 \cup C_2$, und $\xi_{1,2} = \xi|C_1 \cap C_2$ trivial; sei außerdem der Satz richtig für $\xi_1 = \xi|C_1$ und $\xi_2 = \xi|C_2$, und die Überdeckung $\{C_1, C_2\}$ von B sei numerierbar, dann haben wir exakte Mayer-Vietoris-Folgen ($E_i = E|C_i$, und $E_{1,2} = E|C_1 \cap C_2$):

$$\begin{array}{ccccccc}
\longleftarrow N^*(P(E_{1,2})) & \longleftarrow & N^*(P(E_1)) \oplus N^*(P(E_2)) & \longleftarrow & N^*(P(E)) & \longleftarrow & \cdots \\
\uparrow\cong & & \uparrow\cong & & \uparrow & & \\
\bigoplus_{i=0}^{k-1} e^i N^*(C_1 \cap C_2) & \longleftarrow & \bigoplus_{i=0}^{k-1} e^i (N^*(C_1) \oplus N^*(C_2)) & \longleftarrow & \bigoplus_{i=0}^{k-1} e^i N^*(B) & \longleftarrow &
\end{array}$$

Die obere Folge gehört zu dem Tripel $(P(E), P(E_1), P(E_2))$, und die untere entsteht aus der Mayer-Vietoris-Folge des Tripels (B, C_1, C_2) durch Bildung des freien Moduls mit der Basis $\{1, e, \ldots, e^{k-1}\}$. Das Fünferlemma zeigt, daß der rechte senkrechte Pfeil ein Isomorphismus ist. Der Satz folgt jetzt durch Induktion nach der Anzahl der Mengen einer Überdeckung von B, die ξ trivialisiert. § § §

(6.4) Satz und Definition

Es gibt eindeutig bestimmte Elemente

$w_0(\xi) := 1,\ w_1(\xi), \ldots,\ w_k(\xi)$, mit $w_j(\xi) \in N^j(B)$, sodaß

$w_k(\xi) + w_{k-1}(\xi)e + w_{k-2}(\xi)e^2 + \ldots + e^k = 0.$

Diese Elemente heißen die charakteristischen Klassen von ξ.

Beweis

Dies ist die Darstellung von e^k als Linearkombination der e^j, $j = 0, 1, \ldots, k-1$. § § §

Das Nicht-Verschwinden der $w_j(\xi)$ beschreibt die Abweichung der multiplikativen Struktur von $N^*(P(E))$, von der der Algebra $N^*(B \times \mathbb{R}P^{k-1})$, die man für das triviale Bündel erhält. Die $w_j(\xi)$ sind damit insbesondere Hindernisse für die Trivialität von ξ , sie verschwinden, falls ξ trivial ist.

(6.5) Satz

Die charakteristischen Klassen w_j haben folgende Eigenschaften:

(a) Natürlichkeit: Sei $f\colon \xi \longrightarrow \eta$ eine Bündelabbildung, die auf der Basis die Abbildung $\bar{f}$ induziert, dann ist

$$\bar{f}^* w_j(\eta) = w_j(\xi).$$

(b) Multiplikativität: Setzen wir $w(\xi) = 1 + w_1(\xi) + w_2(\xi) + \ldots + w_k(\xi)$ für $\dim \xi = k$, so gilt

$$w(\xi \oplus \eta) = w(\xi) \cdot w(\eta).$$

(c) Normierung: Sei η ein Geradenbündel, dann ist $w_1(\eta) = e(\eta)$ die Eulerklasse von η.

(6.6) Bemerkung

Die charakteristischen Klassen sind durch die Eigenschaften (a) - (c) eindeutig bestimmt, wie man an dem folgenden Beweis abliest. Dies wird sich auch später (7.16) ergeben.

Beweis von (6.5)

(a) Eine Bündelabbildung $f\colon \xi \longrightarrow \eta$ induziert eine Abbildung $P(f)\colon P(\xi) \longrightarrow P(\eta)$ und eine Abbildung $H_\xi \longrightarrow H_\eta$ über $P(f)$. Die Behauptung folgt aus der Natürlichkeit der Eulerklasse (4.4,a).

(c) Ist $\eta\colon E \longrightarrow B$ ein Geradenbündel, so ist $P(\eta) = \mathrm{id}\colon B \longrightarrow B$, und $H_\eta = \eta$, die definierende Gleichung für die w_j in (6.4) heißt also $e(\eta) + e = o$ (wir rechnen modulo 2!).

(b) Wir haben kanonische Inklusionen

$$P(\xi) \subset P(\xi \oplus \eta) \supset P(\eta).$$

Sei $U = P(\xi \oplus \eta) - P(\eta)$, $V = P(\xi \oplus \eta) - P(\xi)$, dann ist $P(\xi)$ Deformationsretrakt von U, und $P(\eta)$ Deformationsretrakt von V; ist $(u,v) \in S(\xi \oplus \eta)^{-1}(b)$ so ist eine Deformation von U auf $P(\xi)$ durch $[u,v] \longmapsto [\varphi(t) \cdot u,\ t \cdot v]$ mit $\varphi(t) = |u|^{-1}(1-t^2|v|^2)^{\frac{1}{2}}$ gegeben, und entsprechend für V. Offenbar ist $U \cup V = P(\xi \oplus \eta)$. Sei nun $\dim \xi = k$, $\dim \eta = 1$, dann betrachten wir in $N^*(P(\xi \oplus \eta))$ die Elemente

$$\sum_{i=o}^{k} w_i(\xi) e^{k-i} = x ,$$

$$\sum_{j=o}^{1} w_j(\eta) e^{1-j} = y .$$

Die Definition von $w_i(\xi)$ in (6.4) und die exakte Folge

$$\begin{array}{ccccccc} \cdots \longrightarrow & N^*(P(\xi\oplus\eta),U) & \xrightarrow{j^*} & N^*(P(\xi\oplus\eta)) & \xrightarrow{i^*} & N^*(U) & \longrightarrow \cdots \\ & & & & & \downarrow\cong & \\ & \cup & & \cup & & & \\ & x' \mapsto & - - - - \to & x & \longmapsto & 0 \in N^*(P(\xi)) & \end{array}$$

lehrt, daß x Bild von $x' \in N^*(P(\xi\oplus\eta),U)$ ist; entsprechendes gilt für y. Daher ist $x \cdot y$ Bild von $x' \cdot y' \in N^*(P(\xi\oplus\eta),U \cup V) = 0$, also

$$0 = x \cdot y = \left(\sum_{i=0}^{k} w_i(\xi)e^{k-i}\right) \cdot \left(\sum_{j=0}^{l} w_j(\eta)e^{l-j}\right).$$

Nach (6.4) haben wir eine definierende Relation

$$\sum_{s=0}^{k+l} w_s(\xi\oplus\eta)e^{k+l-s} = 0.$$

Es folgt also durch Koeffizientenvergleich für e^{k+l-s}:

$$w_s(\xi\oplus\eta) = \sum_{i+j=s} w_i(\xi) \cdot w_j(\eta) ,$$

was die Behauptung ist. §§§

7. Kobordismengruppen von Grassmann-Mannigfaltigkeiten

Über einem kommutativen Ring R mit Einselement bilden wir den Ring $R[[t]]$ der formalen Potenzreihen in einer Unbestimmten t. Die Reihen

$$(7.1.) \qquad 1 + a_1t + a_2t^2 + \ldots$$

sind Einheiten in $R[[t]]$. Setzt man $A = a_1 + a_2t + \ldots$, so erhält man das Inverse von (7.1) aus

$$1 - At + A^2t^2 - + \ldots$$

durch Ordnen nach Potenzen von t. Wählt man insbesondere $R = \mathbb{Z}[a_1,a_2,\ldots]$ als Polynomring in Unbestimmten a_i, so erhält man eine zu (7.1) inverse Reihe

$$1 + \bar{a}_1t + \bar{a}_2t^2 + \ldots$$

deren Koeffizienten $\bar{a}_i = \bar{a}_i(a_1,a_2,\ldots)$ ganzzahlige Polynome in den a_j sind, die man als universelle Formeln zur Berechnung der inversen Reihe auffassen kann.

(7.2) Satz

Es gibt genau eine Abbildung $\iota: \mathbb{Z}[a_1,a_2,\ldots] \longrightarrow \mathbb{Z}[a_1,a_2,\ldots]$ $\iota(a_i) = \bar{a}_i$, sodaß $(1+a_1t+a_2t^2+\ldots)\cdot(1+\bar{a}_1t+\bar{a}_2t^2+\ldots) = 1$ in $\mathbb{Z}[a_1,a_2,\ldots][[t]]$. Es ist $\iota^2 = \mathrm{id}$, und für jeden Ring R hat die Reihe $(1+r_1t+r_2t^2+\ldots) \in R[[t]]$ das eindeutig bestimmte Inverse $1+\bar{r}_1t+\bar{r}_2t^2+\ldots$ mit $\bar{r}_i = \bar{a}_i(r_1,r_2,\ldots)$.

Beweis

Die Existenz der Polynome $\bar{a}_i$ haben wir schon bemerkt; die Eindeutigkeit folgt, weil die Einheiten in $R[[t]]$ eine Gruppe bilden. Wegen $1/(1/f) = f$ für $f \in \mathbb{Z}[a_1, a_2, \ldots][[t]]$ folgt $\bar{a}_i(\bar{a}_1, \bar{a}_2, \ldots) = a_i$, also $\iota^2 = \mathrm{id}$. § § §

Sei nun $R = N^*(X)$; die formalen Reihen in $N^*(X)[[t]]$ sollen wie in (5.11) graduiert sein, mit Grad $t = (-1)$. Wir bilden aus den charakteristischen Klassen eines Bündels (von endlichem Typ) ξ über X die Reihe

$$(7.3) \qquad w(\xi) = \sum w_i(\xi) t^i .$$

Die Unbestimmte t dient natürlich im Grunde nur zur Bezeichnung des Grades. Wir erhalten aus (6.5,b):

$$(7.4) \qquad w(\xi) \cdot w(\xi^-) = w(\xi \oplus \xi^-) = 1,$$

denn man sieht aus (4.4,c) , (6.5), daß die charakteristischen Klassen eines trivialen Bündels verschwinden.

Man kann also die $w_i(\xi^-)$ als gewisse Polynome (mit Koeffizienten in $\mathbb{Z}_2$) der $w_i(\xi)$ berechnen, und die formal inverse Reihe von $w(\xi)$ muß abbrechen, wenn ξ ein inverses Bündel besitzt, weil $w_i(\xi^-) = o$ für $i > \dim \xi^-$.

Ist zum Beispiel η das kanonische Geradenbündel über $\mathbb{R}P^n$, so ist $w(\eta) = 1 + wt$, also (modulo 2!)

$$(7.5) \qquad w(\eta^-) = 1 + wt + w^2t^2 + \ldots + w^nt^n.$$

Also hat η^- mindestens die Dimension n, und wir werden gleich ein inverses Bündel der Dimension n sehen.

Wir betrachten allgemeiner die Grassmann-Mannigfaltigkeiten $G_{k,n}$ der k-dimensionalen Unterräume des $\mathbb{R}^n$, mit dem kanonischen Vektorbündel $\gamma_{k,n}$ (siehe I, 3.2). Wir haben ein inverses Bündel $\bar{\gamma}_{k,n}: \bar{E}_{k,n} \to G_{k,n}$,

$$(7.6) \quad \bar{E}_{k,n} = \{(H,v) \mid H \in G_{k,n} \text{ und } v \in H^\perp\} \subset G_{k,n} \times \mathbb{R}^n .$$

Offenbar ist

$$\gamma_{k,n} \oplus \bar{\gamma}_{k,n} = pr_1 : G_{k,n} \times \mathbb{R}^n \longrightarrow G_{k,n} \quad \text{(triviales Bündel)},$$

und insbesondere ist $\dim \bar{\gamma}_{k,n} = n-k$.

Es folgt also aus (7.4):

$$(7.7) \qquad w(\gamma_{k,n}) \cdot w(\bar{\gamma}_{k,n}) = 1, \text{ und } w_i(\bar{\gamma}_{k,n}) = 0 \text{ für } i > n-k.$$

Sei $N^*[w_i]_k$ der Polynomring über N^* in Unbestimmten w_i vom Grad i, $i = 1,2,\ldots k$. In $N^*[w_i]_k[[t]]$ haben wir die formale Reihe

$$1 + w_1t + w_2t^2 + w_3t^3 + \ldots + w_kt^k$$

und die dazu inverse Reihe

$$1 + \bar{w}_1 t + \bar{w}_2 t^2 + \bar{w}_3 t^3 + \ldots .$$

Wir haben eine Abbildung von N*-Algebren

$$N^*[w_i]_k \longrightarrow N^*(G_{k,n}) ,$$

die w_i auf $w_i(\gamma_{k,n})$ abbildet, und die Polynome $\bar{w}_i \in N^*[w_i]_k$ mit $i > n-k$ liegen im Kern dieser Abbildung (7.7). Sei $\bar{I}^r$ das Ideal in $N^*[w_i]_k$, das von den Polynomen $\bar{w}_i$ mit $i > r$ erzeugt wird, dann haben wir also eine Abbildung von N*-Algebren

$$\sigma_{k,n} : N^*[w_i]_k / \bar{I}^{n-k} \longrightarrow N^*(G_{k,n}).$$

<u>(7.8) Satz</u>

<u>Die Abbildung $\sigma_{k,n}$ ist ein Isomorphismus.</u>

<u>(7.9) Bemerkung</u>

Es ist $G_{k,n} = G_{n-k,n}$ (Übergang zum orthogonalen Komplement) und die entsprechende Symmetrie gilt für das algebraische Objekt; man kann $N^*[w_i]_k / \bar{I}^{n-k}$ auch erhalten als

$$N^*[w_1, \ldots, w_k, \bar{w}_1, \ldots, \bar{w}_{n-k}]/R_{k,n} ,$$

wobei die $w_i, \bar{w}_i$ Unbestimmte sind, und das Ideal $R_{k,n}$ durch die Relationen erzeugt wird, die sich aus der Gleichung

$$(7.10) \quad (1+w_1 t + \ldots + w_k t^k) \cdot (1+\bar{w}_1 t + \ldots + \bar{w}_{n-k} t^{n-k}) = 1$$

für die Koeffizienten ergeben.

Die Algebra $N^*(G_{k,n})$ ist also nach (7.8) von den charakteristischen Klassen $w_i(\gamma_{k,n})$ und $w_j(\bar{\gamma}_{k,n})$ erzeugt, und sämtliche Relationen dieser Erzeugenden sind induziert durch

$\dim(\gamma_{k,n}) = k$, das heißt $w_i = 0$ für $i > k$

$\dim(\bar{\gamma}_{k,n}) = n-k$, das heißt $\bar{w}_i = 0$ für $i > n-k$,

$\gamma_{k,n} \oplus \bar{\gamma}_{k,n}$ trivial, das heißt (7.10).

<u>Beweis von (7.8)</u>

Wir schließen durch Induktion nach k. Für k=1 ist $G_{1,n+1} = \mathbb{R}P^n$ und $\gamma_{1,n+1} = \eta_n$ (5.2), also $w_1(\gamma_{1,n+1}) = w \in N^1(\mathbb{R}P^n)$. Es ist $N^*[w_i]_k / \bar{I}^{n-k} = N^*[w_1] / (w_1^{n+1})$, also ist die Behauptung dieselbe wie (5.4).

Der Satz gelte nun für alle (k,n) mit k < s, und wir betrachten $G_{s,n}$. Wir haben das kanonische Vektorbündel $\gamma_{s,n}$ über $G_{s,n}$ und bilden das zugehörige projektive Bündel

$$P(\gamma_{s,n}) = \pi_{s,n} : P(E_{s,n}) \longrightarrow G_{s,n} .$$

Ein Punkt $a \in P(E_{s,n})$ ist eine Gerade in $H = \pi_{s,n}(a) \in G_{s,n}$.
Sei $a^{\perp H}$ das orthogonale Komplement von a in H.

(7.11) Lemma

Wir haben einen Isomorphismus

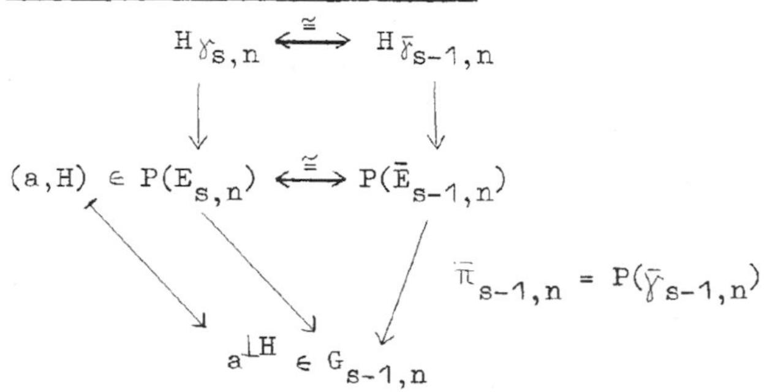

H_γ ist das kanonische Geradenbündel (6.1).

Beweis

$P(E_{s,n}) = \{(a,H) \mid H \in G_{s,n} \text{ und } a \subset H \text{ 1-dimensional}\}$

$P(\bar{E}_{s-1,n}) = \{(a,K) \mid K \in G_{s-1,n} \text{ und } a \subset K^{\perp} \text{ 1-dimensional}\}$.

Die Abbildung $P(E_{s,n}) \longrightarrow P(\bar{E}_{s-1,n})$ ist durch $(a,H) \longrightarrow (a,a^{\perp H})$ gegeben, die umgekehrte Abbildung durch $(a,K) \longrightarrow (a,a \oplus K)$. Die Faser des kanonischen Geradenbündels über (a,H) beziehungsweise (a,K) ist jeweils durch die erste Komponente a beschrieben, daher die Behauptung. §§§

Wir identifizieren $P(E_{s,n})$ mit $P(\bar{E}_{s-1,n})$ und die zugehörigen kanonischen Geradenbündel. Betrachte das Diagramm:

(7.12) $$G_{s,n} \xleftarrow{\pi_{s,n}} P(E_{s,n}) = P(\bar{E}_{s-1,n}) \xrightarrow{\bar{\pi}_{s-1,n}} G_{s-1,n}.$$

Über dem mittleren Raum haben wir die Bündel

$\pi^*_{s,n}\gamma_{s,n} = \xi \oplus \eta$, und $\bar{\pi}^*_{s-1,n}\bar{\gamma}_{s,n} = \bar{\xi} \oplus \eta$, wobei

$\eta: H\gamma_{s,n} \longrightarrow P(E_{s,n})$ das kanonische Geradenbündel ist.

Über einem Punkt $(a,H) \in P(E_{s,n})$ hat η die Faser a, die Faser von ξ ist $a^{\perp H}$, und die Faser von $\bar{\xi}$ ist $H^{\perp}$, zusammen hat man also:

(7.13) Lemma

Das Bündel $\xi \oplus \bar{\xi} \oplus \eta$ ist trivial. §§§

Betrachten wir jetzt in (7.12) den Raum $P(E_{s,n})$ als Bündel über $G_{s-1,n}$, so haben wir nach Induktionsvoraussetzung, (7.9), (6.2), (6.4), daß $N^*(P(E_{s,n}))$ als Algebra erzeugt wird von den Koeffizienten der Reihen

$$w(\bar{\xi} \oplus \eta),\ w(\xi) = w(\bar{\xi} \oplus \eta)^{-},\ w(\eta)$$

mit den Relationen, die (im Sinne von (7.9) induziert sind durch

(i) dim $(\bar{\xi} \oplus \eta)$ = n+1-s, dim (ξ) = s-1, und $\bar{\xi} \oplus \xi \oplus \eta$ trivial;

(ii) dim (η) = 1 und $\sum_{i+j=n+1-s} w_i(\bar{\xi} \oplus \eta) w_1(\eta)^j = 0$.

Entwickelt man die letzte Gleichung nach Potenzen von $w_1(\eta)$, so findet man, daß alle Koeffizienten verschwinden bis auf den 0-ten, die Relation besagt also $w_{n+1-s}(\bar{\xi}) = 0$. Mit anderen Worten: $N^*(P(E_{s,n}))$ ist erzeugt von den Koeffizienten der Reihen

$$w(\bar{\xi}) \ , \ w(\xi) \ , \ w(\eta)$$

mit den Relationen, die induziert sind von

dim $\bar{\xi}$ = n-s, dim ξ = s-1, dim η = 1, und $\xi \oplus \bar{\xi} \oplus \eta$ trivial.

Diese Beschreibung ist aber für beide Seiten von (7.12) symmetrisch; fassen wir also $P(E_{s,n})$ als Bündel über $G_{s,n}$ auf, so schließt man zurück, daß $N^*(G_{s,n})$ von den Koeffizienten der Reihen

$$w(\gamma_{s,n}) \ , \ w(\bar{\gamma}_{s,n})$$

erzeugt wird, mit den Relationen, die durch
dim$(\gamma_{s,n})$ = s, dim$(\bar{\gamma}_{s,n})$ = n-s, $\gamma \oplus \bar{\gamma}$ trivial, induziert sind. § § §

Insbesondere ist die Abbildung $N^*(G_{k,n+1}) \longrightarrow N^*(G_{k,n})$ epimorph (die Relationen werden weniger) und daher erhalten wir wie (5.10):

<u>(7.14) Satz</u>

<u>Die Abbildungen $\sigma_{k,n}$ in (7.8) induzieren einen kanonischen Isomorphismus von Algebren</u>

$$\sigma: N^*[[w_1, \ldots, w_k]] \longrightarrow \varprojlim_n{}^{\circ} \ N^*(G_{k,n}) \ ,$$

bei dem w_i auf $\{w_i(\gamma_{k,n})\}$ <u>abgebildet wird, und für die additive Theorie</u> $N^*(-)$ <u>ist die kanonische Abbildung</u>

$$N^*(G_{k,\infty}) \longrightarrow \lim{}^{\circ} \ N^*(G_{k,n})$$

<u>ein Isomorphismus.</u> § § §

<u>(7.15) Definition</u>

Wir bezeichnen mit BO(k) einen beliebigen Raum, der homotopieäquivalent zu $G_{k,\infty}$ ist, und mit γ_k: E(k) $\longrightarrow$ BO(k) ein universelles Bündel über BO(k). Die klassifizierende Abbildung von $\gamma_k \times \gamma_l$ ist eine Multiplikation $f_{k,l}$: BO(k) × BO(l) $\longrightarrow$ BO(k+l).

Die klassifizierende Abbildung von $\gamma_k \oplus \varepsilon$, ε trivial, ist eine Abbildung i_k: BO(k) $\longrightarrow$ BO(k+1), die wir als Kofaserung wählen. Wir setzen BO = $\lim_k$ BO(k), dann hat BO eine durch die $f_{k,l}$ induzierte Produktstruktur.

(7.16) Satz

Sei f_k: $BO(1)\times\ldots\times BO(1) \longrightarrow BO(k)$ eine klassifizierende Abbildung des universellen Bündels $\gamma_1 \times \gamma_1 \times\ldots\times \gamma_1$ (k Faktoren).

(a) Die Abbildung

f_k^*: $N^*(BO(k)) \longrightarrow N^*(BO(1)\times\ldots\times BO(1))$ ist injektiv.

(b) $N^*(BO(1)\times\ldots\times BO(1)) = N^*[[w(1),\ldots, w(k)]]$.

(c) Das Bild von f_k^* besteht aus den symmetrischen Potenzreihen $g(w(1),\ldots,w(k))$, das heißt denen, die bei Vertauschung der $w(i)$ in sich übergehen. Ist σ_i die i-te elementarsymmetrische Funktion der $w(j)$, so ist also

$$N^*(BO(k)) = N^*[[\sigma_1,\ldots,\sigma_k]] .$$

(d) Wir haben ein kommutatives Diagramm

$$\begin{array}{ccc} N^*(BO(k)\times BO(1)) & \xleftarrow{f_{k,1}^*} & N^*(BO(k+1)) \\ \| & & \| \\ N^*[[\sigma_1',\ldots,\sigma_k',\sigma_1'',\ldots,\sigma_1'']] & \xleftarrow{d_{k,1}} & N^*[[\sigma_1,\ldots,\sigma_{k+1}]] \end{array}$$

wobei $d_{k,1}$ durch Einsetzen: $d_{k,1}\,\sigma_n = \sum_{i=0}^{n} \sigma_i'\,\sigma_{n-i}''$

$\sigma_0' = \sigma_0'' = 1$, gegeben ist.

(e) Wir haben ein kommutatives Diagramm

$$\begin{array}{ccc} N^*(BO(k) & \xleftarrow{i_k^*} & N^*(BO(k+1)) \\ \| & & \| \\ N^*[[\sigma_1,\ldots,\sigma_k]] & \xleftarrow{j_k^*} & N^*[[\sigma_1,\ldots,\sigma_{k+1}]] \end{array}$$

mit $j_k^*(\sigma_i) = \sigma_i$ für $i < k+1$, und $j^*(\sigma_{k+1}) = 0$.

Insbesondere ist $N^*(BO) = N^*[[\sigma_1,\sigma_2,\ldots]]$, und die Produktstruktur von BO induziert die Diagonale d, mit $d(\sigma_n) = \sum_{i+j=n} \sigma_i'\cdot\sigma_j''$.

Beweis

Dies ist im Wesentlichen eine Zusammenfassung des Abschnitts:

(b) $BO(1) = G_{1,\infty} = \mathbb{R}P^\infty$, daher stimmt die Behauptung mit (5.10) überein.

(c) Wir bezeichnen mit $\gamma_1(i)$ den i-ten Faktor γ_1, dann haben wir für die charakteristischen Klassen

$f_k^* w(\gamma_k) = w(\gamma_1(1)\times\ldots\times\gamma_1(k)) = w(\gamma_1(1))\cdot\ldots\cdot w(\gamma_1(k))$

$= \prod_{i=1}^{k}(1+w(i)t)$ nach (6.5), also ist $f_k^* w_i(\gamma_k) = \sigma_i$ nach Definition der elementarsymmetrischen Funktion. Die Behauptung folgt jetzt aus (7.14)

(a) Die elementarsymmetrischen Funktionen sind algebraisch unabhängig [3; § 29].

(d) Dies ist eine Konsequenz von (a), (c) und der Produktformel

$$w_n(\gamma_k \times \gamma_l) = \sum_{i+j=n} w_i(\gamma_k) \cdot w_j(\gamma_l) ,$$

weil $w_i(\gamma_s) = \sigma_i$ im Potenzreihenring.

(e) folgt aus der Natürlichkeit der charakteristischen Klassen und (d). §§§

Hiermit ist die allgemeine Struktur der charakteristischen Klassen vollständig beschrieben. Insbesondere sieht man, daß die charakteristischen Klassen alle natürlichen Transformationen $\mathrm{Vekt}(X) \longrightarrow N^*(X)$ erzeugen.

8. Das Tensorprodukt von Geradenbündeln

Seien $\xi_i : E_i \longrightarrow B_i$ Geradenbündel und $S(\xi_i) : SE_i \longrightarrow B_i$ die zugehörigen Sphärenbündel, $i=1,2$. Dann haben wir eine antipodische $\mathbb{Z}_2$-Operation auf SE_i. Sei $Q = (SE_1 \times SE_2)/\mathbb{Z}_2$, wobei $\mathbb{Z}_2$ diagonal operiert: $g(s_1,s_2) = (-s_1,-s_2)$ für $s_i \in SE_i$, und $1 \neq g \in \mathbb{Z}_2$.

Auf Q haben wir noch eine freie $\mathbb{Z}_2$-Operation

$$g[s_1,s_2] = [-s_1,s_2] = [s_1,-s_2] ,$$

und wir erhalten daher ein Bündel

(8.1) $\xi_1 \otimes \xi_2 : Q \times_{\mathbb{Z}_2} \mathbb{R} \longrightarrow B_1 \times B_2$,

das <u>Tensorprodukt</u> von ξ_1 und ξ_2 .

Diese Definition ist auf unsere Anwendungen zugeschnitten, stimmt aber mit dem Üblichen überein. Ist nämlich $s_i \in \xi_i^{-1}(b_i)$, $b_i \in B_i$, $|s_i| = 1$ für $i = 1,2$, und $v \in \mathbb{R}$, so repräsentiert $([s_1,s_2],v)$ ein Element der Faser $(\xi_1 \otimes \xi_2)^{-1}(b_1,b_2)$, und die Zuordnung

$$([s_1,s_2],v) \longrightarrow v\cdot(s_1 \otimes s_2)$$

definiert eine von der Wahl der Repräsentanten unabhängige Abbildung

$$(\xi_1 \otimes \xi_2)^{-1}(b_1,b_2) \longrightarrow \xi_1^{-1}(b_1) \otimes \xi_2^{-1}(b_2).$$

die den Isomorphismus mit dem Tensorprodukt nach üblicher Definition herstellt.

<u>(8.2) Satz</u>

<u>Sei</u> $\gamma_1 : E_1 \longrightarrow BO(1)$ <u>das universelle Geradenbündel, dann gilt:</u>

(a) <u>Sei</u> $i: BO(1) \longrightarrow BO(1) \times BO(1)$ <u>die Abbildung</u> $i: x \longmapsto (x,*)$, <u>dann ist</u>

$$i^*(\gamma_1 \otimes \gamma_1) \cong \gamma_1$$

(b) Es ist $\gamma_1 \otimes (\gamma_1 \otimes \gamma_1) \cong (\gamma_1 \otimes \gamma_1) \otimes \gamma_1$.

(c) <u>Sei</u> $T: BO(1) \times BO(1) \longrightarrow BO(1) \times BO(1)$ <u>die Vertauschung</u> $T: (x,y) \longrightarrow (y,x)$, <u>dann ist</u>

$$T^*(\gamma_1 \otimes \gamma_1) = \gamma_1 \otimes \gamma_1 \ .$$

(d) <u>Sei</u> $d: BO(1) \longrightarrow BO(1) \times BO(1)$ <u>die Diagonale, dann ist</u>

$$d^*(\gamma_1 \otimes \gamma_1) \ \underline{\text{trivial}}.$$

<u>Beweis</u>

Wir wählen zur Vereinfachung der Bezeichnung $BO(1) = \mathbb{R}P^\infty$, dann ist $S(E_1) = S^\infty$.

(a) Seien 1, (-1) die Punkte von S^∞ über $* \in BO(1)$, dann schreibt sich die Bündelabbildung $\gamma_1 \longrightarrow i^*(\gamma_1 \otimes \gamma_1)$ in Repräsentanten $s \in S^\infty$, $v \in \mathbb{R}^1$:

$$(s,v) \longmapsto [(s,1),v] = [(-s,-1),v] .$$

(b) Wir haben einen $\mathbb{Z}_2$-Homöomorphismus

$$(S^\infty \times_{\mathbb{Z}_2} S^\infty) \times_{\mathbb{Z}_2} S^\infty = S^\infty \times_{\mathbb{Z}_2} (S^\infty \times_{\mathbb{Z}_2} S^\infty) ,$$

der auf Repräsentanten durch

$$((s_1,s_2),s_3) \longrightarrow (s_1,(s_2,s_3))$$

gegeben ist.

(c) Die Vertauschung $S^\infty \times S^\infty \longrightarrow S^\infty \times S^\infty$, $(s_1,s_2) \longmapsto (s_2,s_1)$, induziert einen $\mathbb{Z}_2$-Homöomorphismus $S^\infty \times_{\mathbb{Z}_2} S^\infty \longrightarrow S^\infty \times_{\mathbb{Z}_2} S^\infty$.

(d) Ein Punkt im Totalraum von $d^*(\gamma_1 \otimes \gamma_1)$ hat (genau zwei) Repräsentanten der Form $[(s,s),v]$, $s \in S$, $v \in \mathbb{R}^1$. Eine Trivialisierung ist durch

$$[(s,s),v] \longrightarrow ([s],v), \ [s] = S(\gamma_1)(s) \in BO(1),$$

gegeben. § § §

Das Bündel $\gamma_1 \otimes \gamma_1$ ist ein numerierbares Geradenbündel, besitzt also eine klassifizierende Abbildung

(8.3) $\quad a: BO(1) \times BO(1) \longrightarrow BO(1)$.

Durch Anwenden des Funktors N^* auf diese Abbildung erhalten wir nach

(7.16, b) eine Abbildung von Potenzreihenringen

$$\begin{array}{ccc} N^*(BO(1)) & \xrightarrow{a^*} & N^*(BO(1) \times BO(1)) \\ \| & & \| \\ N^*[[w]] & \xrightarrow{a^*} & N^*[[w(1),w(2)]] \end{array}$$

Die Abbildung a^* ist eine Abbildung von N^*-Algebren, und sie ist stetig bezüglich der Skelettopologie (V, 3.3, 3.6). Weil $w \in F^1N^*(BO(1))$, folgt, daß a^* durch $a^*(w)$ bestimmt ist.

(8.4) Satz, Definition

Die Potenzreihe $F_N(w(1),w(2)) := a^*(w) \in N^*[[w(1),w(2)]]$ heißt die formale Gruppe von $N^*(-)$. Die formale Gruppe F_N hat folgende Eigenschaften:

(a) $F_N(X,0) = X = F_N(0,X)$.

(b) $F_N(F_N(X,Y),Z) = F_N(X,F_N(Y,Z))$.

(c) $F_N(X,Y) = F_N(Y,X)$.

(d) $F_N(X,X) = 0$.

Beweis

Die Eigenschaften folgen aus den entsprechenden in Satz (8.2):

(a) Es ist $i^*w(1) = w$ und $i^*w(2) = 0$, also
$F_N(w,o) = i^*F_N(w(1),w(2)) = i^*a^*(w) = w$

(b) Nach (8.2,b) ist $a \circ (a \times id_{BO(1)}) = a \circ (id_{BO(1)} \times a)$,
also
$(a \times id)^*a^*w = (a \times id)^* F_N(w(2),w(3)) = F_N(F_N(w(1),w(2)),w(3))$

$(id \times a)^*a^*w = F_N(w(1), F_N(w(2),w(3)))$.

(c) $F_N(w(1),w(2)) = a^*w = T^*a^*w = F_N(w(2), w(1))$.

(d) $F_N(w,w) = d^*F_N(w(1),w(2)) = d^*a^*w = 0$,
weil $a \circ d$ das triviale Bündel induziert, also nullhomotop ist.
§ § §

Es wird sich herausstellen, daß die Gruppe F_N unter den formalen Gruppen, die die Eigenschaften (8.4, a-d) haben, ein universelles Objekt ist, in einem Sinne, den wir präzinieren werden. Diese universelle Eigenschaft von F_N ergibt sich daraus, daß die Theorie $N^*(-)$ universell ist unter den Theorien, die Thomklassen beziehungsweise Eulerklassen besitzen, was wir in (1.5) schon angedeutet haben. Die universelle Eigenschaft von F_N reicht hin, um F_N und damit $N^*(-)$ zu berechnen.

Literatur

1. A. Dold: "Die Homotopieerweiterungseigenschaft (=HEP) ist eine lokale Eigenschaft". (Invent. Math. 6 (1968), 185-189)

2. D. Puppe: "Bemerkungen über die Erweiterung von Homotopien".(Arch. Math. 18 (1967), 81-88)

3. B. L. van der Waerden: "Algebra I" (Springer Verlag 1964)

VII. Kapitel

Formale Gruppen

Die Überlegungen des vorigen Kapitels haben uns auf formale Potenzreihen und insbesondere auf eine formale Gruppe geführt. In diesem Kapitel wenden wir uns dem Studium dieser algebraischen Objekte systematischer zu. Allerdings ist unsere Darstellung auf unsere speziellen Bedürfnisse zugeschnitten. Eine Einführung in die Theorie der formalen Potenzreihen findet man in N. Bourbaki [1; Ch. IV], eine Einführung in die Theorie der formalen Gruppen bei Fröhlich [2]. Auf diese Darstellung werden wir uns später auch berufen, und wir haben sie für dieses Kapitel benutzt.

1. Formale Potenzreihen

Sei $R = (R_n,\ n \leq o)$ ein kommutativer graduierter Ring mit $1 \in R_o$. Wir bezeichnen mit

(1.1) $R[n] = R[[X_1,\dots,X_n]]$

den Ring der formalen homogenen Potenzreihen über R in Unbestimmten $X_1,\dots,X_n$, deren Grad gleich 1 sei. Der Ring $R[n]$ ist also <u>graduiert</u>, die Elemente vom <u>Grad</u> m sind formale Potenzreihen

$$f(X_1,\dots,X_n) = \sum_{i_1,\dots,i_n} a_{i_1,\dots,i_n} X_1^{i_1}\cdot\ldots\cdot X_n^{i_n}$$

$$\text{mit } a_{i_1,\dots,i_n} \in R_{m-(i_1+\dots+i_n)} .$$

Wir schreiben kurz $I = (i_1,\dots,i_n)$, $|I| = i_1+\dots+i_n$, $X^I = X_1^{i_1} \dots X_n^{i_n}$ und $f = \sum a_I X^I$.

(1.2) Definition

Die Abbildung $\varepsilon\colon R[n] \longrightarrow R$, $X_i \longmapsto o$ für $i=1,\dots,n$, heißt <u>Augmentation</u> von $R[n]$. Das Ideal $J = \ker(\varepsilon)$ heißt <u>Augmentationsideal</u>. Eine Potenzreihe f hat die <u>Ordnung</u> $\geq k$, falls $f \in J^k$. Wir schreiben $f \underset{k}{\equiv} g$ für $f-g \in J^k$. Ist $f = \sum a_I X^I$, so heißt das Polynom

$$\sum_{|I|=k} a_I X^I$$

<u>Term der Ordnung</u> k von f. Der Term der Ordnung o heißt <u>konstanter Term</u>, der Term der Ordnung 1 heißt <u>linearer Term</u>.

Die Augmentation ordnet einer Reihe ihren konstanten Term zu. Eine Reihe hat die Ordnung $\geq k$, falls die Terme der Ordnung $< k$ verschwinden.

(1.3) Satz

Die Potenzen des Augmentationsideals J^k bilden ein Fundamentalsystem von Umgebungen der Null in $R[n]$ für eine komplette hausdorffsche Topologie, die mit der Ringstruktur verträglich ist. Der Polynomring $R[X_1,\ldots,X_n]$ ist dicht in $R[n]$.

Beweis

trivial [1; Ch. IV, § 5 N° 10]. §§§

Alle Aussagen über Konvergenz in $R[n]$ werden sich auf diese Topologie beziehen; sie dient nur einer bequemen Sprechweise. Alle Transformationen, die wir betrachten werden, sind stetig für diese Topologie.

(1.4) Warnung

Die Ordnung einer Reihe oder eines Terms ist vom Grad wohl zu unterscheiden; der konstante Term kann Elemente jedes Grades ≤ 0 enthalten, und $R[n]$ für $n>1$ ist im allgemeinen von $-\infty$ bis ∞ nicht trivial graduiert.

Ist zum Beispiel $R = N^*$, so ist $R_n = N^n$ und $N^*(BO(1)) = N^*[[w]]$ enthält, wie wir später sehen werden, Elemente jedes Grades. Für diesen Ring stimmt die Skelettopologie mit der Topologie von (1.3) überein, denn die Filtrierung von w ist 1 .

(1.5) Satz

Ein Element $f \in R[n]$ ist genau dann eine Einheit in $R[n]$, wenn der konstante Term εf eine Einheit in R ist; ist dies der Fall, so hat $g = (1/\varepsilon f)\cdot f$ den konstanten Term 1, und die Koeffizienten von $1/g$ berechnen sich durch universelle ganzzahlige Polynome aus den Koeffizienten von g.

Beweis

Wie (VI, 7.2); insbesondere hat eine Einheit den Grad 0. §§§

Wir bezeichnen das multiplikative Inverse einer Einheit

(1.6) $f = \sum a_I X^I$ mit $\bar{f} = \sum \bar{a}_I X^I$, also $f\cdot\bar{f}=1$.

Wählt man die a_I als Unbestimmte (außer $a_0 = 1$), und bezeichnet mit $\mathbb{Z}[a]$ den von allen a_I erzeugten Polynomring, so definiert die Zuordnung $a_I \longrightarrow \bar{a}_I$ einen Automorphismus $\mathbb{Z}[a] \longrightarrow \mathbb{Z}[a]$ (siehe VI, 7.2).

Potenzreihen lassen sich weitgehend wie Abbildungen behandeln; insbesondere kann man sie ineinander einsetzen. Seien $u_1,\ldots,u_p \in R[q] = R[[Y_1,\ldots,Y_q]]$ Elemente vom Grade 1; es folgt dann, daß der konstante Term εu_i verschwindet, weil R nur Elemente vom Grad ≤ 0 enthält. Sei weiterhin $f(X_1,\ldots,X_p) \in R[p] = R[[X_1,\ldots,X_p]]$, dann ist $f(u_1,\ldots,u_p) \in R[[Y_1,\ldots,Y_q]]$ ein wohlbestimmtes Element, und

(1.7) Satz

Sind $u_1,\dots,u_p \in R[q]$ Elemente vom Grad 1, so ist die Abbildung

$$\vartheta: R[p] \longrightarrow R[q]$$
$$\vartheta: f(X_1,\dots,X_p) \longmapsto f(u_1,\dots,u_p)$$

ein stetiger Ringhomomorphismus vom Grad 0, und jeder stetige Ringhomomorphismus vom Grad 0

$$\vartheta: R[p] \longrightarrow R[q]$$

ist von dieser Form, mit $u_i = \vartheta(X_i)$.

Beweis

Der Satz ist klar, wenn man den Polynomring $R[X_1,\dots,X_p]$ anstelle von $R[p]$ betrachtet, er beschreibt die universelle Eigenschaft von Polynomringen. Für $R[p]$ folgt der Satz durch Übergang zum Limes. § § §

(1.8) Definition

Sei $R[q]_1$ die Menge der Elemente $f \in R[q]$ vom Grad 1, und $[R[p],R[q]]_0$ die Menge der stetigen Ringhomomorphismen $R[p] \longrightarrow R[q]$ vom Grad 0. Nach (1.7) ist

$$[R[p],\ R[q]]_0 = (R[q]_1)^p \ ,$$

und wir werden beide Seiten immer identifizieren.

Ist

$$u = (u_1,\dots,u_p) : R[p] \longrightarrow R[q]$$
$$v = (v_1,\dots,v_q) : R[q] \longrightarrow R[s]$$

so ist die Zusammensetzung $u \circ v : R[p] \longrightarrow R[s]$ durch
$u \circ v = (u_1(v_1,\dots,v_q),\dots,u_p(v_1,\dots,v_q))$ gegeben.

Der Zusammensetzung entspricht also das Einsetzen von Potenzreihen. Man beachte, daß wir die Zusammensetzung von Homomorphismen $R[p] \longrightarrow R[q]$ in verkehrter Reihenfolge schreiben, also
$u \circ v = \cdot \xrightarrow{u} \cdot \xrightarrow{v} \cdot$.

Ist $R[p] = R[q] = R[[X]]$, so ist

$$u \circ v\ (X) = u(v(X)) \ .$$

Formale Potenzreihen kann man gliedweise wie üblich differenzieren, und es gelten die üblichen Rechenregeln für Summe, Produkt und Zusammensetzung von Potenzreihen. Ist insbesondere

$$u = (u_1,\dots,u_p) : R[p] \longrightarrow R[q]$$

eine stetige Transformation (1.7), so haben wir:

$$u_i = \sum_{k=1}^{q} c_{ik} Y_k + (\text{Terme der Ordnung} \geq 2)$$

mit $c_{ik} = (\partial u_i/\partial Y_k)_{Y=0} \in R_o$.

<u>(1.9) Definition</u>

Sei $Du : (R_o)^p \longrightarrow (R_o)^q$ die lineare Abbildung $Du\,(x_i) = \sum_{k=1}^{q} c_{ik} y_k$.

Dabei sei $(R_o)^p$ von $x_1,\ldots,x_p$ und $(R_o)^q$ von $y_1,\ldots,y_q$ frei erzeugt. Die Zuordnung

$$R[p] \longrightarrow (R_o)^p \;, \quad u \longrightarrow Du$$

ist funktoriell.

Es ist - etwas begrifflicher beschrieben -

$$(R_o)^p = R[p]_1 \;/\; J^2 \cap R[p]_1$$

und eine Abbildung $u : R[p] \longrightarrow R[q]$ vom Grad 0 induziert Abbildungen

$$R[p]_1 \longrightarrow R[q]_1$$
$$J(R[p]) \longrightarrow J(R[q]) \;,$$

also durch Übergang zum Quotienten die Abbildung Du. Die Abbildung Du heißt das <u>Differential von</u> u (im Punkte 0).

Natürlich kann man auch umgekehrt jeder linearen Abbildung

$$d : (R_o)^p \longrightarrow (R_o^q),\; d(x_i) = \sum_{k=1}^{q} d_{ik} y_k,\; d_{ik} \in R_o,$$

in funktorieller Weise eine stetige Transformation

(1.10) $Ed : R[p] \longrightarrow R[q],\; Ed(X_i) = \sum_{k=1}^{q} d_{ik} Y_k$

zuordnen, und es ist $D \circ E = Id$.

Für formale Potenzreihen gilt ein Satz über implizite Funktionen (inverse function theorem):

<u>(1.11) Satz</u>

<u>Sei</u> $u : R[n] \longrightarrow R[n]$ <u>ein stetiger Homomorphismus vom Grad</u> 0, <u>dann ist</u> u <u>genau dann isomorph (mit stetiger Umkehrung), wenn Du isomorph ist.</u>

<u>Beweis</u>

Ist u isomorph, so ist Du isomorph, weil D ein Funktor ist. Ist Du isomorph, so kann man <u>annehmen, daß</u> $Du = 1$ ist, denn $D((ED^{-1}u) \circ u) = 1$, und es genügt, $(ED^{-1}u) \circ u$ zu invertieren.

Unter dieser Annahme gilt (1.2):

$$X_i \equiv_2 u_i(X_1,\ldots,X_n)$$

Wir konstruieren induktiv Polynome g_i^k, sodaß

$X_i \equiv_k g_i^k(u(X))$ und $g_i^{k+1}(X) \equiv_k g_i^k(X)$,

wobei wir zur kurzen Bezeichnung

$X = (X_1,\dots,X_n)$ und $u = (u_1,\dots,u_n)$ setzen. Sei also

$$X_i \equiv_{k+1} g_i^k(u(X)) + \sum_{|I|=k} a_I X^I \text{ , dann ist}$$

$$X_i \equiv_{k+1} g_i^k(u(X)) + \sum_{|I|=k} a_I (u(X))^I \text{ ,}$$

weil der lineare Term von $u(X)$ die identische Transformation ist. Wir setzen also

$$g_i^{k+1}(X) = g_i^k(X) + \sum_{|I|=k} a_I X^I \text{ .}$$

Die Folge g_i^k, $k=2,3,\dots$ ist konvergent; wir setzen $g_i = \lim_{k\to\infty} g_i^k$ und $g = (g_1,\dots,g_n)$, dann ist

$$X_i = g_i(u(X)),$$

das heißt $g \circ u = \mathrm{id}: R[n] \longrightarrow R[n]$.
Insbesondere folgt $D(g \circ u) = 1$, also $Dg = 1$, und wir finden nach dem bereits Bewiesenen ein h, sodaß $h \circ g = \mathrm{id}$, also
$h = h \circ g \circ u = u$, das heißt $u \circ g = g \circ u = \mathrm{id}$.

Die Elemente $u \in (R[n]_1)^p$ mit $Du = 1$ (oder Du invertierbar) bilden also eine Gruppe unter der Verknüpfung "$\circ$". Ist $Du = 1$, so berechnen sich die Koeffizienten von u^{-1} durch universelle Polynome aus denen von u, man hat eine zu (VI, 7.2) analoge Präzisierung von (1.11).

(1.12) Bezeichnung
Ist $u : R[n] \longrightarrow R[n]$ ein bistetiger Isomorphismus, so bezeichnen wir den inversen Isomorphismus mit u^{-1}, also $u \circ (u^{-1}) = 1$. Ist $f \in R[[X]]$, so tut man gut daran f^{-1} nicht mit dem multiplikativen Inversen $\bar{f}$ zu verwechseln. Allerdings kann man zu einer gegebenen Reihe f nicht zugleich f^{-1} und $\bar{f}$ bilden.

Aus (1.11) zieht man die üblichen Folgerungen, insbesondere:

(1.13) Satz
Seien $f_i(Y_1,\dots,Y_q, X_1,\dots,X_p) \in R[p+q]_1$
für $i=1,\dots,q$, und die Matrix

$$(\partial f_i/\partial Y_j)_{X=Y=0}$$

sei invertierbar, dann gibt es genau ein System von Potenzreihen

$$u_i(X_1,\dots,X_p) \in R[p]_1 \text{ ,}$$

mit

$$f_i(u_1,\dots,u_q, X_1,\dots,X_p) = 0 \text{ für } i=1,\dots,q \text{ .}$$

Beweis

Sei $\varphi : R[p+q] \longrightarrow R[p+q]$ die Transformation

$$\varphi = (f_1,\dots,f_q,X_1,\dots,X_p) \in (R[p+q]_1)^p ,$$

dann ist $\det(D\varphi) = \det((\partial f_i/\partial Y_j)_{X=Y=0})$ invertierbar, also $D\varphi$ invertierbar, also φ ein Isomorphismus, und

$$\varphi^{-1}(0,\dots,0,\ X_1,\dots,X_p) = (u_1,\dots,u_q,\ X_1,\dots,X_p)$$

ist die eindeutige Lösung des gegebenen Gleichungssystems. §§§

2. Formale Gruppen

Sei $R = (R_n, n \leq 0)$ ein kommutativer graduierter Ring mit $1 \in R_0$ wie in 1.

(2.1) Definition

Eine formale Gruppe $F(X,Y)$ (der Dimension 1) ist eine Potenzreihe in $R[[X,Y]]$ mit folgenden Eigenschaften:

(a) $F(X,0) = X = F(0,X)$

(b) $F(F(X,Y),Z) = F(X,F(Y,Z))$

Die formale Gruppe heißt kommutativ, falls außerdem gilt:

(c) $F(X,Y) = F(Y,X)$.

Ein Homomorphismus $f : F \longrightarrow G$ von formalen Gruppen ist eine Potenzreihe vom Grad 1 in einer Variablen, mit

(d) $\quad f(F(X,Y)) = G(f(X),f(Y))$.

Aus (a) folgt, daß F den Grad 1 hat, und

$$F(X,Y) = X + Y + \sum c_{ij}\, X^i Y^j,\ i \geq 1,\ j \geq 1,\ i + j \geq 2,$$

es kommen keine höheren reinen Potenzen von X oder Y vor. Insbesondere ist die Substitution in (b) definiert.

(2.2) Beispiele

(i) Wir haben in (VI, 8.4) eine formale Gruppe $F_N(X,Y)$ über N^* konstruiert.

(ii) $F_a(X,Y) = X + Y$ ist eine formale Gruppe über jedem Ring; ebenso

(iii) $F(X,Y) = X + Y + X \cdot Y$.

(iv) Sei $f(X) = X + a_1X^2 + \dots \in R[[X]]_1$, und sei $G(X,Y)$ eine formale Gruppe, dann ist auch

$$F(X,Y) = f^{-1}(G(f(X),f(Y)))$$

eine formale Gruppe, und f ist ein Isomorphismus

$$F(X,Y) \longrightarrow G(X,Y).$$

Ist zum Beispiel über den rationalen Zahlen $f(X) = \log(1+X)$, so ist

$f^{-1}(X) = e^X-1$ und $f^{-1}(f(X) + f(Y)) = X+Y+XY$.
In einer formalen Gruppe hat man ein Analogon für das Inverse:

(2.3) Satz
Sei $F(X,Y)$ eine formale Gruppe, dann gibt es genau eine Potenzreihe $i(X)$, sodaß

$$F(X,i(X)) = F(i(X),X) = 0.$$

Beweis
Man findet, weil nach (2.1, a) der lineare Term von F gleich $X + Y$ ist, eine Reihe $i(X)$ sodaß $F(i(X),X) = 0$ (1.13). Daß $i(X)$ eindeutig bestimmt ist, und auch $F(X,i(X)) = 0$ ist, folgt wie für Gruppen. §§§

Die formalen Gruppen und Homomorphismen bilden eine Kategorie. Sind

$$f : F \longrightarrow G\ , \quad g : G \longrightarrow H$$

Homomorphismen von formalen Gruppen, so auch

$$g \circ f : F \longrightarrow H$$

Ein Homomorphismus $f : F \longrightarrow G$ ist genau dann ein Isomorphismus, wenn $f: R[[X]] \longrightarrow R[[X]]$ ein Isomorphismus ist, also genau dann, wenn

$$f = a_1X + a_2X^2 + \ldots$$

und $a_1 \in R_o$ eine Einheit ist.

Ist $F(X,Y)$ eine formale Gruppe, so definiert die Verknüpfung

$$(f,g) \longmapsto F(f,g)$$

eine Gruppenstruktur auf $R[[X]]_1$. Dies motiviert viele Sprechweisen und Beweise. Ist insbesondere $F(X,Y)$ kommutativ, so bilden die Homomorphismen $G \longrightarrow F$ von formalen Gruppen eine abelsche Gruppe unter der Verknüpfung $(f,g) \longrightarrow F(f,g)$ als Addition, und die Zusammensetzung $f \circ g$ von Homomorphismen ist bilinear. Diese Behauptungen prüft man schneller selbst nach, als man einen Beweis lesen kann. Insbesondere haben wir:

(2.4) Satz
Sei $F(X,Y)$ eine kommutative formale Gruppe über R und $End(F)$ die Menge der Homomorphismen $F \longrightarrow F$. Die Addition $(f,g) \longrightarrow F(f,g)$ und die Multiplikation $(f,g) \longrightarrow f \circ g$ von Homomorphismen machen $End(F)$ zu einem kommutativen Ring mit 1 . §§§

Insbesondere gibt es einen eindeutig bestimmten Ringhomomorphismus $\varkappa: \mathbb{Z} \longrightarrow End(F)$, der die 1 in die 1 überführt. Wir setzen $\varkappa(n) = [n]_F \in End(F)$, und haben:

(2.5) $[1]_F = X, \quad [-1]_F = i(X), \quad [n+1]_F = F([n]_F,X).$

Sei zum Beispiel $R = N^*$; für die Gruppe $F_N(X,Y)$ gilt $F_N(X,X) = [2]_F = 0$, also im $(\varkappa) = \mathbb{Z}_2$. Dasselbe gilt für die Gruppe $F(X,Y) = X + Y$ über N^*, weil $2 = 0 \in N^*$. Für $F(X,Y) = X + Y + XY$ dagegen ist im $(\varkappa) = \mathbb{Z}$, wie man leicht überlegt. Insbesondere sind die Gruppen (2.2, ii) und (2.2, iii) über N^* oder allgemeiner über einem Ring R der Charakteristik $n \neq 0$ nicht isomorph, während wir über den rationalen Zahlen (2.2, iv) einen Isomorphismus angegeben haben.

3. Der Struktursatz von Lazard

Die formale Gruppe F_N, für die wir uns interessieren, hat Koeffizienten in dem Ring N^* der Charakteristik 2, sie ist kommutativ, und hat selbst die Charakteristik 2, das heißt $[2]_{F_N} = F_N(X,X) = 0$.

Entscheidend für das folgende ist, daß eine Gruppe mit diesen Eigenschaften isomorph zur linearen Gruppe $F_a(X,Y) = X + Y$ ist, und daß der Isomorphismus "im Wesentlichen" eindeutig ist.

(3.1) Satz (Lazard)

Sei $F(X,Y)$ eine kommutative formale Gruppe über einem Ring R der Charakteristik 2, und sei $F(X,X) = 0$; dann gibt es genau eine Reihe $f(X) = X + a_1X^2 + a_2X^3 + \dots \in R[X]$, mit $a_j = 0$ für $j = 2^i-1$ für ein i, sodaß

$$f(F(f^{-1}(X), f^{-1}(Y)) = X + Y \tag{3.2}$$

Bemerkung

Die letzte Formel besagt $f\colon F \longrightarrow F_a$ ist ein Isomorphismus, für $F_a(X,Y) = X + Y$. Die Eindeutigkeit von f geht verloren, wenn man Koeffizienten $a_j = 0$ für $j = 2^i-1$ zuläßt, weil die Abbildung $x \longrightarrow x^2$ modulo 2 ein Endomorphismus ist.

Der Beweis von (3.1) geht über mehrere Schritte. Zunächst zeigen wir die Existenz einer Transformation f mit der Eigenschaft (3.2), ohne auf die Bedingung zu achten, daß $a_j = 0$ für $j = 2^i-1$.

Wir betrachten in diesem Abschnitt nur kommutative formale Gruppen F über einem Ring R der Charakteristik 2, deren Endomorphismenring $\mathrm{End}(F)$ ebenfalls die Charakteristik 2 hat, also $F(X,X) = 0$. Diese Eigenschaft überträgt sich natürlich auf isomorphe Gruppen $f^{-1}(F(f(X), f(Y)))$.

(3.3) Lemma

Sei F eine formale Gruppe und $\Gamma(X,Y)$ ein homogenes Polynom der Ordnung n, sodaß

$$F(X,Y) \equiv_{n+1} X + Y + \Gamma(X,Y),$$

dann gibt es ein $a \in R$, sodaß

$$\Gamma(X,Y) = a((X+Y)^n - X^n - Y^n).$$

Beweis

Ein homogenes Polynom der Ordnung n ist ein Polynom der Form

$$\sum_{i=0}^{n} a_i X^i Y^{n-i} \text{ (siehe 1.2).}$$

Weil F eine formale Gruppe mit $F(X,X) = 0$ ist, hat Γ die folgenden Eigenschaften:

$$(3.4) \begin{cases} \text{(i)} & \Gamma(X,0) = 0 = \Gamma(0,X). \\ \text{(ii)} & \Gamma(X,Y) = \Gamma(Y,X). \\ \text{(iii)} & \Gamma(X,X) = 0. \\ \text{(iv)} & \Gamma(X,Y) + \Gamma(X+Y,Z) = \Gamma(X,Y+Z) + \Gamma(Y,Z). \end{cases}$$

Die ersten drei Relationen sind klar; die vierte folgt aus der Assoziativität:

$$F(F(X,Y),Z) \equiv_{n+1} F(X,Y) + Z + \Gamma(F(X,Y),Z) \equiv_{n+1}$$

$$X + Y + \Gamma(X,Y) + Z + \Gamma(X+Y,Z).$$

Entsprechend:

$F(X,F(Y,Z)) \equiv_{n+1} X + Y + Z + \Gamma(Y,Z) + \Gamma(X,Y+Z)$,

daher (iv).

Der Beweis von (3.3) besteht jetzt darin, zu zeigen daß ein homogenes Polynom $\Gamma(X,Y)$ von der Ordnung n, das die Eigenschaften (i) - (iv) hat, von der Form $a((X+Y)^n - X^n - Y^n)$ sein muß.

Sei also $\Gamma(X,Y) = \sum_{i=0}^{n} a_i X^i Y^{n-i}$.

Aus (i) und (ii) folgt:

$$(3.5) \qquad a_o = a_n = 0 \;; \quad a_i = a_{n-i} \,.$$

Aus (iv) folgt

$$\sum_{i=1}^{n-1} a_i X^i Y^{n-i} + \sum_{i=1}^{n-1} a_i (X+Y)^i Z^{n-i} = \sum_{i=1}^{n-1} a_i X^i (Y+Z)^{n-i} + \sum_{i=1}^{n-1} a_i Y^i Z^{n-i} \,.$$

Wir vergleichen die Koeffizienten von $X^\lambda Y^\mu Z^{n-\lambda-\mu}$, $\lambda > o$, $\lambda + \mu < n$, und erhalten:

$$(3.6) \qquad a_{\lambda+\mu} \binom{\lambda+\mu}{\mu} = a_\lambda \binom{n-\lambda}{\mu}$$

Insbesondere folgt für $\lambda = 1$ und $\mu = \omega$:

$$(3.7) \qquad a_1 \binom{n-1}{\omega} = a_{\omega+1} \, (\omega+1)$$

Aus diesen Informationen erhält man nach endlicher Geduld die Behauptung wie folgt:

<u>1. Fall</u>: <u>Sei</u> n <u>ungerade</u>.

Ist dann auch ω ungerade, so ist

$$a_\omega \equiv \omega a_\omega = a_1\binom{n-1}{\omega-1} = a_1 \binom{n}{\omega} \bmod 2, \text{ mit } (3.7);$$

und ist ω gerade, so ist nach (3.5), (3.7)

$$a_\omega = a_{n-\omega} = a_{n-\omega}(n-\omega) = a_1\binom{n-1}{n-\omega-1} = a_1\binom{n}{n-\omega} = a_1\binom{n}{\omega}$$

Zusammen haben wir die Behauptung (3.3) für ungerades n .

<u>2. Fall: Sei n=2</u>

Dann folgt aus (3.4, iii) $\Gamma(X,X) = a_1 X^2 = 0$, also $a_1 = 0$, also $\Gamma = 0$, und das ist die Behauptung, denn $(X+Y)^2 - X^2 - Y^2 = 0$ modulo 2 .

<u>3. Fall: Sei n=2.q mit q>1 .</u>

Aus (3.6) folgt für $\lambda = \omega$, $\mu = 1$:

$$a_{\omega+1}(\omega+1) = a_\omega(n-\omega),$$

also für gerades n und $\omega = 1$

$$0 = a_1 ,$$

und nach (3.7) erhalten wir allgemein für ungerades ω

$$a_\omega = \omega a_\omega = a_1\binom{n-1}{\omega-1} = 0 .$$

Mit anderen Worten $\Gamma(X,Y) = \Gamma_1(X^2,Y^2)$, wobei Γ_1 ein homogenes Polynom der Ordnung q>1 ist. Nun sieht man leicht, daß Γ_1 wieder die Eigenschaften (3.4, i - iv) hat. Man kann daher durch Induktion nach der Ordnung von Γ schließen und hat

$$\Gamma(X,Y) = \Gamma_1(X^2,Y^2) = a((X^2+Y^2)^q - X^{2q} - Y^{2q}) =$$

$a((X+Y)^{2q} - X^{2q} - Y^{2q})$, was zu zeigen war. § § §

Wir suchen eine Transformation f, die F(X,Y) in die lineare formale Gruppe überführt. Wir werden f induktiv konstruieren, und das eben bewiesene Lemma (3.3) dient zur Vorbereitung des folgenden Induktionsschritts:

<u>(3.8) Lemma</u>

<u>Sei</u> F(X,Y) <u>eine formale Gruppe wie in</u> (3.1), <u>und</u>

$$F(X,Y) \equiv_n X + Y ,$$

<u>dann gibt es eine Potenzreihe</u> $f \in R[[X]]$ <u>mit</u> $f \equiv_n X$, <u>sodaß</u>

$$f\, F(f^{-1}X, f^{-1}Y) \equiv_{n+1} X + Y.$$

Beweis

Nach (3.3) ist $F(X,Y) \equiv_{n+1} X + Y + a((X+Y)^n - X^n - Y^n)$.

Wir setzen $f(X) = X - aX^n$, und erhalten

$$fF(X,Y) \equiv_{n+1} X + Y + a((X+Y)^n - X^n - Y^n) - a(X+Y)^n$$
$$= X + Y - aX^n - aY^n = f(X) + f(Y). \qquad \S\S\S$$

(3.9) Lemma

Sei $F(X,Y)$ eine formale Gruppe wie in (3.1), dann gibt es eine Potenzreihe

$$g(X) = X + b_1X^2 + b_2X^3 + \ldots$$
mit
$$g\,F(g^{-1}X,\ g^{-1}Y) = X + Y.$$

Beweis

Wir finden nach (3.8) induktiv eine Folge von Pontenzreihen $g_n(X)$ mit

(i) $$g_{n+1} \equiv_n g_n$$

(ii) $$g_n\,F(g_n^{-1}X,\ g_n^{-1}Y) \equiv_{n+1} X+Y.$$

Wegen (i) ist die Folge $\{g_n\}$ konvergent; ihr Limes sei g; dann ist

$$g\,F(g^{-1}X,\ g^{-1}Y) \equiv_n X+Y$$

für jedes n, daher die Behauptung . §§§

Wir haben also eine Reihe gefunden, die F in die lineare Gruppe $F_a(X,Y) := X+Y$ transformiert.

Dabei betrachten wir nur normierte Transformationen f, das heißt $f = X$ +(höhere Terme). Zwei Transformationen $F \longrightarrow F_a$ unterscheiden sich um einen Automorphismus von F_a. Wir bestimmen also diese Automorphismengruppe.

(3.10) Satz

Sei R von der Charakteristik 2 und sei S die Gruppe der (normierten) Automorphismen der linearen Gruppe $F_a(X,Y) := X+Y$, dann ist $f \in S$ genau dann, wenn $f = \sum_i b_i X^{2^i}$, $b_o = 1$.

Beweis

Ist f von der angegebenen Form, so ist

$$f(X+Y) = \sum b_i (X+Y)^{2^i} = \sum b_i X^{2^i} + \sum b_i Y^{2^i} = f(X) + f(Y).$$

Sei $f = X + c_2X^2 + c_3X^3 + \ldots$ und sei j die kleinste Zahl mit $c_j \neq o$ und $j \neq 2^i$ für alle i, dann ist

$$f(X+Y) \equiv_{j+1} f(X) + f(Y) + c_j\,((X+Y)^j - X^j - Y^j)$$

und $(X+Y)^j - X^j - Y^j \neq 0 \bmod 2$, also $f \notin S$. §§§

(3.11) Satz

Sei ϕ die Gruppe aller (normierten) Transformationen $R[[X]] \longrightarrow R[[X]]$ für einen Ring R der Charakteristik 2, das heißt $f \in \phi$ genau dann, wenn

$$f = X + b_1X^2 + b_2X^3 + \dots$$

Sei $S \subset \phi$ die Automorphismengruppe von $F_a = X+Y$. Sei P die Menge der Potenzreihen

$$f = X + c_1X^2 + c_2X^3 + \dots$$

mit $c_j = 0$ für $j = 2^i-1$ für ein i. Dann bildet P ein Repräsentantensystem von Linksklassen von S in ϕ.

Beweis

Sei $f \in \phi$ gegeben. Wir konstruieren induktiv Reihen

$$g_k = X + b_1'X^2 + \dots + b_kX^{2^k}, \quad g_{k+1} \equiv_k g_k ,$$

sodaß in der Reihe

$$g_k \circ f = X + d_1X^2 + d_2X^3 + \dots$$

$d_{2^j-1} = 0$ ist, für $j \leq k$.

Ist g_k schon konstruiert und $g_k \circ f = \sum d_i \, X^{i+1}$, $d_o=1$, so setzen wir $b_{k+1} = d_{2^{k+1}-1}$.

Die Folge $\{g_k\}$ ist konvergent mit Limes $g \in S$, und $g \circ f \in P$, also $f \in g^{-1}P$ für ein $g \in S$. Seien $f_1, f_2 \in P$ und $g \in S$, sodaß $g \circ f_1 = f_2$, dann folgt $g(X) = X$, denn ist

$$g(X) = X + c\,X^{2^j} + \text{(höhere Terme), so ist}$$

$$g \circ f_1 \equiv_{2^j+1} f_1 + c\,X^{2^j} \equiv_{2^j+1} f_2 \text{, also } c = 0. \qquad \S\,\S\,\S$$

Beweis von (3.1)

folgt jetzt am (3.9) und (3.11). § § §

(3.12) Bezeichnung

Sei $f = X + a_1X^2 + a_2X^3 + \dots$, dann haben wir nach (3.11) eindeutig bestimmte Elemente

$$\sigma f = X + b_1X^2 + b_2X^{2^2} + b_3X^{2^3} + \dots \in S, \text{ und}$$

$$\varrho f = X + c_1X^2 + c_2X^3 + \dots \in P \text{ (das heißt } c_j = 0 \text{ für } j = 2^i - 1)$$

mit der Eigenschaft: $\sigma f \circ f = \varrho f$. Wir nennen ϱf die regularisierte Reihe von f.

(3.13) Bemerkung

Sei $R = \mathbb{Z}_2[a_1, a_2, a_3, \ldots]$ der Polynomring in Unbestimmten a_i vom Grad $(-i)$. Seien f, σf und ρf wie in (3.12). Die Reihe $f = \sum a_i X^i$ schreibt sich also eindeutig in der Form

$$\sum a_i X^i = (\sum a_i' X^{2^i}) \circ (\sum a_i'' X^i) \ , \ a_0 = a_0' = a_0'' = 1,$$

wobei die a_i, a_i'' wohlbestimmte Polynome in den a_i sind, mit

$a_i'' = 0$ für $i = 2^j - 1$. Die Abbildung von Polynomringen

$$\mathbb{Z}_2[b_1, b_2, \ldots] \otimes \mathbb{Z}_2[c_1, c_2, \ldots] \longrightarrow \mathbb{Z}_2[a_1, a_2, \ldots]$$

mit $c_i = 0$ für $i = 2^j - 1$, die b_i auf a_i' und c_i auf a_i'' abbildet, ist ein Isomorphismus von Algebren. Um eine inverse Abbildung zu konstruieren betrachtet man über $\mathbb{Z}_2[b_1, b_2, \ldots] \otimes \mathbb{Z}_2[c_1, c_2, \ldots]$ die Zusammensetzung

$$(\sum b_i X^{2^i}) \circ (\sum c_i X^i) = \sum d_j X^j \ , \ b_0 = c_0 = d_0 = 1$$

wobei die d_j gewisse wohlbestimmte Polynome in den b_i und c_i sind, und bestimmt die Abbildung

$$\mathbb{Z}_2[a_1, \ldots] \longrightarrow \mathbb{Z}_2[b_1, \ldots] \otimes \mathbb{Z}_2[c_1, \ldots]$$

durch $a_j \longmapsto d_j$.

4. Die universelle formale Gruppe

(4.1) Definition

Sei $L = \mathbb{Z}_2[a_2, a_4, a_5, \ldots]$ der graduierte Polynomring über $\mathbb{Z}_2$ mit einer Unbestimmten a_i für jedes $i \neq 2^j - 1$, vom Grad $(-i)$.

Sei

$$l = X + \sum a_i X^{i+1} \in L[[X]], \text{ und}$$

$$F_u(X,Y) = l^{-1}(l(X) + l(Y)) = \sum a_{i,j} X^i Y^j \ .$$

F_u heißt die universelle formale Gruppe.

(4.2) Satz

Sei $F(X,Y)$ eine formale Gruppe über dem Ring R von der Charakteristik 2, mit $F(X,X) = 0$, dann gibt es genau einen Homomorphismus

$$\varphi_F : L \longrightarrow R$$

vom Grade 0, mit $F(X,Y) = \sum \varphi_F(a_{i,j}) X^i Y^j$.

Beweis

Sei $f = X + b_2 X^3 + \ldots$ eine Reihe nach (3.1), mit

$$f(F(X,Y)) = f(X) + f(Y),$$

dann ist φ durch $\varphi(a_i) = b_i$ definiert. §§§

Wegen (4.2) heißt F_u die universelle Gruppe .

(4.3) Satz

<u>Sei</u> $F_u(X,Y) = \sum a_{i,j} X^i Y^j$ <u>die universelle formale Gruppe. Die Koeffizienten</u> $a_{i,j}$ <u>erzeugen</u> L <u>als Algebra.</u>

Beweis

Dies folgt aus der universellen Eigenschaft von F_u. Man konstruiert nämlich einen Ring $L' = \mathbb{Z}_2[a_{i,j} \mid i>o,\ j>o]/R$ wobei R von den Relationen erzeugt wird, die durch die Identitäten

$$F(X,0) = F(0,X) = X$$
$$F(X,Y) = F(Y,X)$$
$$F(F(X,Y),Z) = F(X,F(Y,Z))$$
$$F(X,X) = 0$$

für $F(X,Y) = \sum a_{i,j} X^i Y^j$, induziert werden. Dann hat L' offenbar dieselbe universelle Eigenschaft wie L, also L' = L, und L' wird von den Koeffizienten $a_{i,j}$ erzeugt. § § §

Wir haben in (VI, 8.4) eine formale Gruppe F_N über N* konstruiert. Sei

(4.4) $\qquad \varphi : L \longrightarrow N^*$

der zugehörige Homomorphismus (4.2). Da N*(X) eine N*-Algebra ist, wird N*(X) durch φ eine L-Algebra. Unser Ziel ist zu zeigen, daß φ ein Isomorphismus ist.

(4.5) Beispiele

(a) Sei $F_a(X,Y) = X + Y$ die lineare formale Gruppe über R, dann ist der zugehörige Homomorphismus

$$\alpha : L \longrightarrow R$$

durch $\alpha(a_i) = 0$ für $i = 2,4,5,\ldots$ gegeben.

(b) Sei $q = X + r_1X^2 + r_2X^3 + \ldots \in R[[X]]$, und $F_q(X,Y) = q^{-1}(q(X) + q(Y))$. Zu F_q gehört ein Homomorphismus

$$\varphi q : L \longrightarrow R,$$

den man folgendermaßen erhält: Sei (3.12)

$$\rho q = X + b_2X^3 + b_4X^5 + \ldots ,$$

dann ist $\varphi q(a_i) = b_i$.

(c) Sei $h : L \longrightarrow R$ ein Homomorphismus und $f = X + h(a_2)X^2 + h(a_4)X^5 + \ldots \in R[[X]]$. Zu h gehört die formale Gruppe $F_h(X,Y) = f^{-1}(fX+fY) = \sum_{i,j} h(a_{i,j})X^iY^j$ über R.

Sei $q = X + r_1X^2 + r_2X^3 + \ldots \in R[[X]]$, und sei $q * h : L \longrightarrow R$ der Homomorphismus zu der formalen Gruppe $qF_h(q^{-1}X, q^{-1}Y)$.

Bezeichnen wir mit f_i den i-ten Koeffizienten einer Reihe f, so haben wir nach (b): $q * h(a_i) = (\varrho(f \circ q^{-1}))_i$. Insbesondere folgt:

$$q_2 * (q_1 * h) = (q_2 \circ q_1) * h,$$

denn $\varrho(\varrho(f \circ q_1^{-1}) \circ q_2^{-1}) = \varrho(f \circ q_1^{-1} \circ q_2^{-1}) = \varrho(f \circ (q_2 \circ q_1)^{-1})$, wie man unmittelbar aus der Definition von ϱ sieht.

Literatur

1. N. Bourbaki: "Eléments de Mathématique, Algèbre" (Hermann, Paris 1959)

2. A. Fröhlich: "Formal Groups" (Lecture Notes in Math. 74 (1968)).

VIII. Kapitel

Multiplikative Transformationen

Die Kobordismentheorie $N^*(-)$ ist universell unter den Theorien mit Thomklassen, wie wir (VI, 1.5) schon angedeutet haben. In diesem Kapitel werden wir den Zusammenhang zwischen Thomklassen, Eulerklassen und multiplikativen Transformationen genauer beschreiben, und insbesondere die Wirkung gewisser Transformationen auf die formale Gruppe F_N untersuchen. Als Ergebnis dieser Untersuchung ergibt sich ein wesentlicher Teil der Berechnung von $N^*(-)$.

1. Multiplikative Thomklassen

Sei $R = (R_n, n \leq o)$ ein kommutativer graduierter Ring mit $1 \in R_o$, und $h: L \longrightarrow R$ ein Homomorphismus vom Grad 0, mit $h(1) = 1$. Dabei ist $L = \mathbb{Z}_2[a_2, a_4, a_5, \ldots]$ der graduierte Ring in (VII, 4), über dem die universelle formale Gruppe F_u erklärt ist.

(1.1) Definition

Der Homomorphismus $h: L \longrightarrow R$ macht R zu einer L-Algebra, die wir mit R_h bezeichnen. Wir haben in (VII, 4.4) eine L-Algebren-Struktur auf $\tilde{N}^*(-)$ erklärt. Sei (mit graduiertem Tensorprodukt)

$$\tilde{N}^*_h(X) := \tilde{N}^*(X) \otimes_L R_h ,$$

und sei $\tilde{N}^k_h(X)$ die Gruppe der Elemente vom Grad k in $\tilde{N}^*_h(X)$. Wir untersuchen die Funktoren $\tilde{N}^*_h(-)$.

(1.2) Bemerkung

Die Funktoren $\tilde{N}^*_h(-)$ bilden im allgemeinen keine Kohomologietheorie, weil die Exaktheit verloren geht. Aber es bleiben ihnen mit Ausnahme der Exaktheit die wichtigsten Eigenschaften einer Kohomologietheorie, insbesondere:

(a) Der Funktor $\tilde{N}^*_h(-)$ ist homotopieinvariant.

(b) Der Funktor $\tilde{N}^*_h$ ist multiplikativ, die Abbildung
$\tilde{N}^*(X) \otimes \tilde{N}^*(Y) \longrightarrow N^*(X \wedge Y)$ induziert eine Abbildung
$N^*_h(X) \otimes N^*_h(Y) \longrightarrow N^*_h(X \wedge Y)$, mit

$$(x \otimes r) \otimes (x' \otimes r') \longmapsto (xx' \otimes rr')$$

(c) Der Funktor $\tilde{N}^*_h(-)$ ist stabil, der Einhängungsisomorphismus $\sigma: \tilde{N}^*(X) \longrightarrow \tilde{N}^*(X \wedge S^1)$ induziert den Isomorphismus $\sigma \otimes_L \mathrm{id}: \tilde{N}^*_h(X) \longrightarrow \tilde{N}^*_h(X \wedge S^1)$.

Wir betrachten den Funktor $\tilde{N}^*_h(-)$ nur für kompakte Räume X. Der Grund hierfür liegt darin, daß das Tensorprodukt nicht mit dem inversen Limes verträglich ist.

(1.3) Definition

Sei ξ: $E \longrightarrow B$ ein reelles Vektorbündel über dem kompakten Raum B. Eine multiplikative Thomklasse u für $\widetilde{N}_h^*(-)$ ist eine Abbildung, die jedem Vektorbündel ξ wie oben ein Element

$$u(\xi) \in \widetilde{N}_h^k(M\xi) \;, \quad k = \dim \xi$$

zuordnet ($M\xi$ = Thom-Raum von ξ), mit folgenden Eigenschaften:

(a) Natürlichkeit: Ist $f : \xi \longrightarrow \eta$ eine Bündelabbildung, so ist $(Mf)^*\, u(\eta) = u(\xi)$.

(b) Multiplikativität: Bei der Identifikation $M(\xi\times\eta) \simeq M\xi \wedge M\eta$ gilt: $u(\xi\times\eta) = u(\xi)\cdot u(\eta)$.

(c) Normierung: Für das triviale Bündel ε: $\mathbb{R} \longrightarrow \{*\}$ gilt: $u(\varepsilon) = t(\varepsilon) \otimes_L 1 \in \widetilde{N}_h^1(S^1)$ (siehe VI, 1.3).

(1.4) Satz

Sei u eine multiplikative Thomklasse für $\widetilde{N}_h^*(-)$. Es gibt genau eine multiplikative, stabile, natürliche Transformation

$$\theta_u : \widetilde{N}^*(-) \longrightarrow \widetilde{N}_h^*(-)$$

mit der Eigenschaft: Für jedes Vektorbündel ξ ist $\theta_u(t\xi) = u(\xi)$, wobei $t(\xi)$ die kanonische Thomklasse in $\widetilde{N}^*(-)$ ist (VI, 1.1).

Bemerkung

Es wird nur benutzt, daß $\widetilde{N}_h^*(-)$ die Eigenschaften (1.2, a - c) hat.

Beweis von (1.4)

(a) Eindeutigkeit: Sei $x \in N^t(X)$ repräsentiert durch $f: X \wedge S^{n-t} \longrightarrow MO(n)$. Da X kompakt ist, gibt es eine Zahl k, sodaß das Bild von f in $M(\gamma_{n,k})$ enthalten ist, wenn wir $MO(n) = M(\gamma_{n,\infty})$ wählen. Sei θ_u mit der Eigenschaft in (1.4) gegeben, dann gilt:

$$(1.5)\quad \begin{array}{ccccc} \widetilde{N}_h^n(M\gamma_{n,k}) & \xrightarrow{f^*} & \widetilde{N}_h^n(X\wedge S^{n-t}) & \xrightarrow{\cong} & \widetilde{N}_h^t(X) \\ \Psi & & & & \Psi \\ u(\gamma_{n,k}) & \longmapsto & & & \theta_u(x) \end{array}$$

Der Isomorphismus ist die Umkehrung des Einhängungsisomorphismus. Es ist nämlich $\theta_u(t\gamma_{n,k}) = u(\gamma_{n,k})$ nach Voraussetzung, und es gilt

$$\begin{array}{ccccc} \widetilde{N}^n(M\gamma_{n,k}) & \xrightarrow{f^*} & N^n(X\wedge S^{n-t}) & \xrightarrow{\cong} & N^t(X) \\ \Psi & & & & \Psi \\ t(\gamma_{n,k}) & \longrightarrow & & & x \end{array}$$

nach (VI, 1.2). Aus der Natürlichkeit und Stabilität von θ_u folgt die Behauptung.

(b) <u>Existenz</u>: Ist $x \in N^t(X)$ repräsentiert durch

$$S^{n-t} \wedge X \xrightarrow{f} M(\gamma_{n,k}) \longrightarrow MO(n),$$

so <u>definieren</u> wir $\theta_u(x) = (\sigma^{n-t})^{-1} \circ f^* (u(\gamma_{n,k}))$ nach (1.5). Wegen der Natürlichkeit von u ist die Definition unabhängig von k. Um die Unabhängigkeit vom gewählten Repräsentanten f einzusehen, genügt es zu sehen, daß der Repräsentant

$$X \wedge S^{n-t} \wedge S^1 \xrightarrow{f_1 = f \wedge id} MO(n) \wedge S^1 \longrightarrow MO(n+1)$$

dasselbe Element liefert. Das folgt aus dem (für genügend großes k) kommutativen Diagramm:

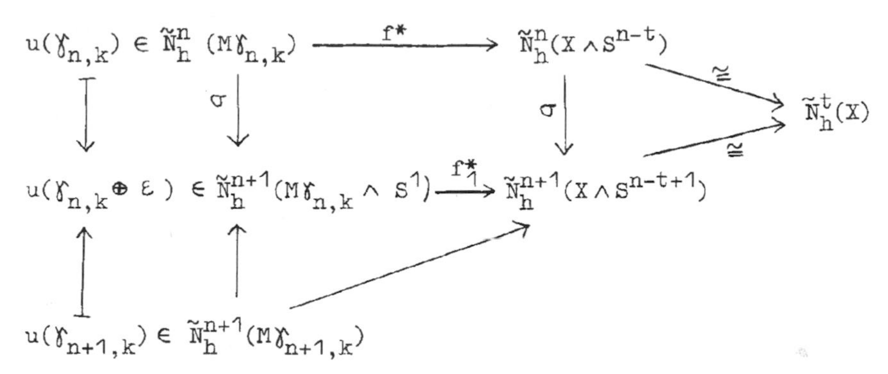

Wir haben also ein wohldefiniertes Element $\theta_u(x)$, und es gilt nach Konstruktion $\theta_u(t\xi) = u(\xi)$. Die Transformation θ_u ist offenbar natürlich; sie ist multiplikativ, weil u und der Einhängungsisomorphismus σ multiplikativ ist, und die Stabilität folgt aus der Multiplikativität und Normierung, weil der Einhängungsisomorphismus durch Multiplikation mit $t\varepsilon$ beziehungsweise $t\varepsilon \otimes 1$ gegeben ist. §§§

<u>2. Exponentialklassen</u>

Die Elemente $u(\xi)$ einer multiplikativen Thomklasse entstehen aus Elementen

$$v(\xi) \in N_h^\circ (B_\xi) = (N^*(B_\xi) \otimes_L R_h)^\circ$$

durch Anwenden des Isomorphismus $\phi(\xi) \otimes_L id$, wobei $\phi(\xi)$ der Thomisomorphismus (VI, 3.1) ist.

<u>(2.1) Lemma</u>

<u>Die Elemente</u> $u(\xi)$ <u>bilden genau dann eine multiplikative Thomklasse im Sinne von (1.3), wenn die Elemente</u> $v(\xi) = (\phi(\xi) \otimes_L id)^{-1} u(\xi)$ <u>folgende Eigenschaften haben:</u>

(a) <u>Natürlichkeit: Ist</u> $f : \xi \longrightarrow \eta$ <u>eine Bündelabbildung</u>, die auf der <u>Basis die Abbildung</u> $\bar{f}$ <u>induziert, so ist</u>

$$\bar{f}^* v(\eta) = v(\xi)$$

(b) <u>Multiplikativität:</u> $v(\xi \times \eta) = v(\xi) \cdot v(\eta)$

(c) <u>Normierung: Für das Bündel</u> $\varepsilon: \mathbb{R} \longrightarrow \{*\}$ <u>gilt</u>

$$v(\varepsilon) = 1 .$$

<u>Beweis</u>
Dies folgt unmittelbar aus den in (VI, 2.5) angegebenen entsprechenden Eigenschaften des Thomisomorphismus. §§§

<u>(2.2) Definition</u>
Eine <u>Exponentialklasse</u> v für $\tilde{N}_h^*(-)$ ist eine Abbildung, die jedem Vektorbündel ξ: E ⟶ B wie in (1.3) ein Element

$$v(\xi) \in N_h^\circ(B)$$

so zuordnet, daß die Eigenschaften in (2.1) erfüllt sind.

<u>(2.3) Satz</u>
(a) <u>Sei</u> $q = X + r_1X^2 + r_2X^3 + \dots \in R[[X]]$, <u>dann gibt es genau eine Exponentialklasse</u> v_q <u>mit der Eigenschaft: Für ein Geradenbündel</u> η: E ⟶ B <u>(über einem kompakten Raum</u> B) <u>ist</u>

$$v_q(\eta) = 1 + e(\eta) \otimes r_1 + e(\eta)^2 \otimes r_2 + \dots \in N_h^\circ(B)$$

<u>wobei</u> $e(\eta)$ <u>die Eulerklasse (VI, 4.2) des Bündels</u> η <u>ist</u>.

(b) <u>Sei</u> v <u>eine Exponentialklasse, dann gibt es genau eine Reihe</u> $q \in R[[X]]$, <u>sodaß</u> $v = v_q$. <u>Siehe Anmerkung (4.6), Seite 132!</u>

<u>(2.4) Bemerkung</u>
Da wir nur Bündel mit kompakter Basis B betrachten, wird η von dem kanonischen Geradenbündel über $\mathbb{R}P^n$, n genügend groß, induziert. Es sind also nur endlich viele Potenzen von $e(\eta)$ von Null verschieden und $1 + e(\eta) \otimes r_1 + e(\eta)^2 \otimes r_2 + \dots$ ist eine endliche Summe.

<u>Beweis</u>
(2.3,b): Ist $\eta_n: E_\eta \longrightarrow \mathbb{R}P^n$ das kanonische Geradenbündel, so haben wir: $v(\eta_n) = 1 \otimes r_o + w \otimes r_1 + w^2 \otimes r_2 + \dots + w^n \otimes r_n$, und die r_i sind durch v eindeutig bestimmt; dabei ist $w = e(\eta_n)$ (VI, 5.4). Aus der Natürlichkeit von v und w schließt man, daß es <u>eine</u> eindeutig bestimmte Reihe $q = X + r_1X^2 + r_2X^3 + \dots \in R[[X]]$ gibt, sodaß $v(\eta_n) = 1 + e(\eta_n) \otimes r_1 + e(\eta_n)^2 \otimes r_2 + \dots$ <u>für jedes</u> n. Weil jedes Geradenbündel ξ mit kompakter Basis eine Bündelabbildung $\xi \longrightarrow \eta_n$ besitzt (für genügend großes n), folgt aus der Natürlichkeit von v und der Eulerklasse: $v = v_q$.

(2.3,a) Hier benutzen wir die Theorie der charakteristischen Klassen in $N^*(-)$ (VI, 7.16). $N^*(BO)$ ist der Ring der symmetrischen Potenzreihen über N^*. Wir definieren eine symmetrische Potenzreihe $v(k)$ durch

$$v(k) = \prod_{i=1}^{k} (1 + (1\otimes r_1)w(i) + (1\otimes r_2)w(i)^2 + \dots)$$

Die Reihe $v(k)[w(1),\dots,w(k)]$ schreibt sich eindeutig als Potenzreihe in den elementarsymmetrischen Funktionen σ_i der $w(i)$:

$$v(k) = \sum a_{i_1,\dots,i_k} \sigma_1^{i_1} \dots \sigma_k^{i_k} .$$

Wir definieren: $v_q(\xi) = \sum a_{i_1,\dots,i_k} w_1(\xi)^{i_1} \dots w_k(\xi)^{i_k}$.

Man bemerkt zunächst, daß diese Summe endlich ist. weil $w_i(\xi)^r$ für große r verschwindet. Es genügt, dies für $\xi = \gamma_{k,n} : E_{k,n} \longrightarrow G_{k,n}$ (kanonisches Bündel über der Grassmann-Mannigfaltigkeit) einzusehen. Hier benutzt man, daß $w_i(\gamma) \in F^1N^*(G_{k,n})$ für $i > o$, also

$w_i(\gamma)^r \in F^rN^*(G_{k,n}) = 0$ für große r, weil $G_{k,n}$ ein endlichdimensionaler Zellenkomplex ist (V, 3).
Jetzt folgt die Natürlichkeit der $v_q(\xi)$ aus der Natürlichkeit der charakteristischen Klassen, die Normierung folgt, weil $w_1(\varepsilon) = 0$ für ein triviales Bündel ε, und die Multiplikativität folgt aus

$$v(k)[w(1),\dots,w(k)] \cdot v(l)[w(k+1),\dots,w(k+l)] = v(k+l)[w(1),\dots,w(k+l)]$$

und der Multiplikativität der charakteristischen Klassen (VI, 7.16 d).

Schließlich zeigen wir nach klassischem Verfahren, daß v_q durch die Eigenschaften in (2.3, a) eindeutig bestimmt ist: Zunächst ist v_q offenbar auf Geradenbündeln bestimmt; wir schließen also durch Induktion nach der Dimension der Bündel. Sei $\xi : E \longrightarrow B$ gegeben, und $\pi : P(E) \longrightarrow B$ das zugehörige projektive Bündel (VI, b). Dann zerfällt $\pi^*\xi : E_1 \longrightarrow P(E)$ in die Whitney-Summe $\pi^*\xi = \eta \oplus \xi'$, wobei η das kanonische Geradenbündel über $P(E)$ ist, mit dem Totalraum

$$E_\eta = \{ (v,a) \mid a \in P(E),\ v \in a \} \subset E \times P(E).$$

Den Totalraum von ξ' erhält man, indem man in den Fasern von ξ ein Skalarprodukt einführt, als

$$E_{\xi'} = \{ (v,a) \mid a \in P(E),\ v \in a^\perp \} \subset E \times P(E).$$

Nun ist die Abbildung $\pi^* : N_h^*(B) \longrightarrow N_h^*(P(E))$ nach (VI, 6.2) injektiv, und $\pi^*v_q(\xi) = v_q(\eta\oplus\xi') = v_q(\eta)\cdot v_q(\xi')$ ist nach Induktionsannahme durch die Eigenschaften in (2.3, a) bestimmt, daher auch $v_q(\xi)$. §§§

3. Zusammensetzung multiplikativer Transformationen

Wir betrachten einen Homomorphismus $h: L \longrightarrow R$ wie in (1.1), und eine Reihe $q = X + r_1 + r_2X^3 + \dots \in R[[X]]$. Satz (2.3) ordnet der Reihe q eineindeutig eine Exponentialklasse v_q zu, und Lemma (2.1) ordnet v_q eineindeutig eine multiplikative Thomklasse u_q zu. Schließlich entspricht u_q nach Satz (1.4) eineindeutig eine multiplikative, stabile, natürliche Transformation die wir mit θ_q bezeichnen. Ist dann η ein Geradenbündel, so gilt:

$$\theta_q(e(\eta)) = e(\eta) + e(\eta)^2 \otimes r_1 + e(\eta)^3 \otimes r_2 + \dots$$

Es ist nämlich $\theta_q(t(\eta)) = u_q(\eta) = v_q(\eta)\cdot(t(\eta) \otimes 1)$, nach (1.4), (2.1); also folgt aus Natürlichkeit durch Einschränken auf den Nullschnitt von $M(\eta)$:

$$\theta_q(e(\eta)) = v_q(\eta) \cdot (e(\eta) \otimes 1)$$, wie behauptet.

Das Vorausgegangene läßt sich so zusammenfassen:

(3.1) Satz

(a) *Zu jeder Reihe* $q = X + r_1X^2 + r_2X^3 + \dots \in R[[X]]$ *gibt es genau eine multiplikative, stabile, natürliche Transformation*

$$\theta_q : N^*(X) \longrightarrow N_h^*(X)$$

mit $\theta_q(e(\eta)) = e(\eta) + e(\eta)^2 \otimes r_1 + e(\eta)^3 \otimes r_2 + \dots$
für Geradenbündel η.

(b) *Zu jeder multiplikativen, stabilen, natürlichen Transformation* θ *mit* $\theta(1) = 1$ *wie in (a) gibt es genau eine Reihe* q, *sodaß* $\theta = \theta_q$. Siehe Anmerkung (4.6), Seite 132! §§§

Wir untersuchen die Wirkung von θ_q auf dem Bild von $\varphi : L \longrightarrow N^*$, oder was auf dasselbe hinausläuft, die Wirkung von θ_q auf die formale Gruppe.

Ist $F_u(X,Y) = \sum a_{i,j}X^iY^j$ die universelle formale Gruppe, so definiert der Homomorphismus $h: L \longrightarrow R$ die formale Gruppe

(3.2) $\quad F_h(X,Y) = \sum h(a_{i,j})X^iY^j$

über R. Sei für eine Reihe q wie in (3.1, a)

(3.3) $\quad G(X,Y) = qF_h(q^{-1}X, q^{-1}Y)$.

Dann gehört zu G(X,Y) ein Homomorphismus

(3.4) $\quad \psi := q * h : L \longrightarrow R$,

und wir haben nach (VII, 4.5, c):

(3.5) Lemma

$$q_2 * (q_1 * h) = (q_2 \circ q_1) * h. \qquad \S\S\S$$

(3.6) Lemma

Sei $\psi = q * h$, wie (3.4), und $\tilde{\psi}(1) = 1 \otimes \psi(1)$, dann gilt:

$$\theta_q \circ \varphi = \tilde{\psi} : L \longrightarrow N^* \otimes_L R_h.$$

Beweis

Über $\tilde{N}^* \otimes_L R_h = N_h^*$ induziert $F_N(X,Y)$ eine formale Gruppe $F_{N,h}(X,Y) = \sum(\varphi(a_{i,j}) \otimes 1)X^iY^j = \sum(1 \otimes h(a_{i,j}))X^iY^j$, und $G(X,Y)$ induziert über N_h^* die formale Gruppe

$$G_N(X,Y) = \sum(1 \otimes \psi(a_{i,j}))X^iY^j.$$

Die Gleichung $qF_h(X,Y) = G(qX,qY)$ liefert

(3.7) $\qquad \tilde{q}F_{N,h}(X,Y) = G_N(\tilde{q}X,\tilde{q}Y)$,

mit $\tilde{q} = X + (1 \otimes r_1)X^2 + (1 \otimes r_2)X^3 + \ldots \in \tilde{N}_h^*[[X]]$.

Seien nun ξ, η Geradenbündel, dann haben wir (mit $r_o = 1$) nach Definition von φ beziehungsweise F_N:

$$\theta_q e(\xi \otimes \eta) = \theta_q \sum \varphi(a_{i,j})e(\xi)^i e(\eta)^j = \sum \theta_q \circ \varphi(a_{i,j})\ \theta_q e(\xi)^i\ \theta_q e(\eta)^j.$$

Setzen wir also $G_N'(X,Y) := \sum \theta_q \circ \varphi(a_{i,j})X^iY^j$, so ist G_N' eine formale Gruppe über N_h^*, und die Rechnung besagt nach (3.1, a):

$$\tilde{q}(e(\xi \otimes \eta)) = \tilde{q}\ F_{N,h}(e(\xi),e(\eta)) = G_N'(\tilde{q}(e(\xi)),\tilde{q}(e(\eta))).$$

Setzt man jetzt für ξ, η die kanonischen Geradenbündel über $\mathbb{R}P^n$ für $n = 1,2,3, \ldots$ ein, so erhält man die Identität:

$$\tilde{q}\ F_{N,h}(X,Y) = G_N'(\tilde{q}X,\tilde{q}Y).$$

Vergleicht man dies mit (3.7), so folgt

$$G_N'(X,Y) = G_N(X,Y), \text{ also } \theta_q \circ \varphi(a_{i,j}) = 1 \otimes \psi(a_{i,j}).$$

Weil die $a_{i,j}$ den Ring L erzeugen (VII, 4.3), gilt die Behauptung. §§§

(3.8) Satz

Die Transformation θ_q induziert eine stabile, multiplikative, R-lineare, natürliche Transformation

$$\vartheta_q : \tilde{N}_\gamma^*(-) \longrightarrow \tilde{N}_h^*(-).$$

mit $\psi = q * h$ wie in (3.4).

Beweis

Zunächst liefert θ_q eine R-lineare Abbildung

$$\theta'_q : \tilde{N}^*(-) \otimes_{\mathbb{Z}} R \longrightarrow \tilde{N}^*(-) \otimes_L R_h ,$$

$$x \otimes r \longmapsto \theta_q(x) \cdot r$$

Für ein $l \in L$ gilt dabei

$$\theta'_q(x \cdot l \otimes r) = \theta_q(x) \cdot \theta_q \circ \varphi(l) \cdot r,$$

$$\theta'_q(x \otimes \psi(l) \cdot r) = \theta_q(x) \cdot \psi(l) \cdot r .$$

Nach (3.6) sind die rechten Seiten gleich, also faktorisiert θ'_q über $\tilde{N}^* \otimes_L R_\psi$ und liefert ϑ_q. § § §

<u>(3.9) Satz</u>
<u>Das Diagramm</u>

$$\begin{array}{ccc}
\tilde{N}^*_{q_2} * (q_1 * h)^{(-)} & \xrightarrow{\vartheta_{q_2}} & \tilde{N}^*_{q_1} * h^{(-)} \\
\downarrow & & \downarrow \vartheta_{q_1} \\
\tilde{N}^*_{(q_2 \circ q_1)} * h^{(-)} & \xrightarrow[\vartheta_{q_2 \circ q_1}]{} & \tilde{N}^*_h (-)
\end{array}$$

<u>ist kommutativ, also</u> $\vartheta_{q_1} \circ \vartheta_{q_2} = \vartheta_{q_2 \circ q_1}$

<u>Beweis</u>
Dies folgt unmittelbar aus (3.1), (3.8) und (3.10). § § §

<u>(3.10) Satz</u>
<u>Die Transformation</u> $\vartheta_q : \tilde{N}^*_{q * h}(-) \longrightarrow \tilde{N}^*_h(-)$ <u>ist ein Isomorphismus</u> <u>für jede Reihe</u> $q = X + r_1 X^2 + \ldots \in R[[X]]$.

<u>Beweis</u>
Für $q = X$ ist $q * h = h$ und $\vartheta_q = id$; also ist nach (3.9) $\vartheta_{q^{-1}} = (\vartheta_q)^{-1}$.

<u>4. Berechnung von N*(-), 1. Teil</u>
Wir werden die gewonnenen Erkenntnisse für den Ring $R = L$ selbst anwenden. Sei also $L = \mathbb{Z}_2[a_2, a_4, a_5, \ldots]$ der Ring, über dem die universelle formale Gruppe erklärt ist, und sei

(4.1) $\quad \varepsilon : L \longrightarrow \mathbb{Z}_2 , \quad a_i \longmapsto o$ für alle i, die Augmentation des Polynomringes L.

Wir setzen

(4.2)
$$H^*(Z) := N^*(Z) \otimes_L (\mathbb{Z}_2)_\varepsilon$$
$$\tilde{H}^*(Z) := \tilde{N}^*(Z) \otimes_L (\mathbb{Z}_2)_\varepsilon .$$

Dann ist $H^*(-)$ beziehungsweise $\tilde{H}^*(-)$ ein Funktor mit den Eigenschaften, die wir in (1.2) aufgezählt haben, und

$$H^*(Z) \otimes_{\mathbb{Z}_2} L = (N^*(Z) \otimes_L (\mathbb{Z}_2)_\varepsilon) \otimes_{\mathbb{Z}_2} L = N^*(Z) \otimes_L L_\eta ,$$

wobei $\eta : L \xrightarrow{\varepsilon} \mathbb{Z}_2 \longrightarrow L$ der durch $\eta(a_i) = o$ gegebene Homomorphismus von $\mathbb{Z}_2$-Algebren ist. Sei $l = X + a_2X^3 + a_4X^5 + \ldots \in L[[X]]$. Wir wissen nach (3.10), daß die Transformation

$$\vartheta_{l^{-1}} : N^*(-) \otimes_L L_{l^{-1} * \eta} \longrightarrow N^*(-) \otimes_L L_\eta$$

für kompakte Räume ein natürlicher, multiplikativer stabiler Isomorphismus ist. Der Homomorphismus $l^{-1} * \eta$ gehört nach (3.4) zu der formalen Gruppe

$$l^{-1}F_\eta(l(X),l(Y)) = l^{-1}(l(X) + l(Y)) = F_u(X,Y) ,$$

also $l^{-1} * \eta = id : L \longrightarrow L$. Mit anderen Worten:

$$N^*(-) \otimes_L L_{l^{-1} * \eta} = N^*(-) \text{ , also}$$

<u>(4.3) Satz</u>

<u>Die Transformation</u> $\vartheta_{l^{-1}}$ <u>induziert einen stabilen, multiplikativen, natürlichen Isomorphismus</u>

$$\Theta = \Theta_{l^{-1}} : N^*(Z) \longrightarrow H^*(Z) \otimes_{\mathbb{Z}_2} L$$

<u>mit</u> $H^*(Z) = N^*(Z) \otimes_L (\mathbb{Z}_2)_\varepsilon$ <u>(für kompakte Räume Z).</u> §§§

Es ist unser Ziel zu zeigen, daß $H^*(-)$ die gewöhnliche Kohomologie mit Koeffizienten in $\mathbb{Z}_2$ ist. Damit wird zugleich $N^*(-)$ berechnet.

<u>(4.4) Satz</u>

<u>Der Funktor</u> $H^*(-)$ <u>ist eine Kohomologietheorie auf kompakten Räumen.</u>

<u>Beweis</u>

Nach (1.2) bleibt nur zu zeigen, daß eine punktierte Abbildung $f : Z \longrightarrow Y$ eine exakte Sequenz

$$\tilde{H}^*(Z) \longleftarrow \tilde{H}^*(Y) \longleftarrow \tilde{H}^*(C_f)$$

induziert. Nach (4.3) erhalten wir jedenfalls eine exakte Sequenz, wenn wir über $\mathbb{Z}_2$ mit L tensorieren. Aber L ist ein freier $\mathbb{Z}_2$-Modul und folglich $H^*(-)$ ein natürlicher direkter Summand von $N^*(-)$; die Behauptung folgt also, weil $N^*(-)$ eine Kohomologietheorie ist. §§§

Um $N^*(-)$ vollständig zu berechnen bleibt also zu zeigen, daß H^* die Koeffizienten der gewöhnlichen Kohomologie (mit Koeffizienten in $\mathbb{Z}_2$) hat. Offenbar ist $N^0 = N_0 = \mathbb{Z}_2$ (Bordismengruppe der 0-dimensionalen

Mannigfaltigkeiten), also auch $H^0 = \mathbb{Z}_2$.

<u>(4.5) Satz</u>

<u>Die Abbildung</u> $\varphi: L \longrightarrow N^*$ <u>ist injektiv.</u>

<u>Beweis</u>

Sei $H^* = H^*$ (Punkt), dann ist

$N^* \cong H^* \otimes_{\mathbb{Z}_2} L$ als L-Algebren, und $H^* \neq \{0\}$. §§§

<u>(4.6) Anmerkung</u>

Die Aussagen (2.3), (b) und entsprechend (3.1), (b) sind hier nur unter der Voraussetzung bewiesen, daß die kanonische Abbildung $\varphi : L \longrightarrow N^*$ isomorph ist. Wir werden später nur (3.1),(a) benutzen, und es wird sich immer direkt zeigen, daß die auftretenden Exponentialklassen gleich v_q für eine Reihe $q \in R[[X]]$ sind, sodaß kein Zirkelschluß vorliegt. Die Aussage (3.1),(b) ist jedoch von allgemeinem Interesse, und dient hier zur Erläuterung.

IX. Kapitel

Steenrod-Operationen in der Kobordismentheorie

Zur Berechnung von $N^*(-)$ ist uns aus dem letzten Kapitel die Aufgabe geblieben, zu zeigen daß

$$H^* := N^* \otimes_L (\mathbb{Z}_2)_\varepsilon$$

in den Dimensionen < 0 verschwindet. In diesem Kapitel definieren wir nach [1] natürliche Transformationen $R^k : N^*(-) \longrightarrow N^*(-)$ vom Grad k, die auf $H^*(-)$ Operationen mit den formalen Eigenschaften der Steenrod-Algebra induzieren. Insbesondere induziert $R^o : N^*(X) \longrightarrow N^*(X)$ eine Operation $Sq^o : H^*(X) \longrightarrow H^*(X)$ mit den beiden Eigenschaften [3; Ch.I, §1, Axioms 2,4]:

$$Sq^o = id \text{ und } Sq^o(x) = 0 \text{ für } \dim(x) < 0.$$

Dies wird die Berechnung von $N^*(-)$ vollenden. Wir setzen auch in diesem Kapitel im allgemeinen voraus, daß die vorkommenden Räume kompakt und wohlpunktiert sind.

1. Externe Operationen

Sei $G := \mathbb{Z}_2$ die zyklische Gruppe der Ordnung 2, mit dem Erzeugenden $g \in G$. Sie operiere auf der Sphäre S^k antipodisch: $g(s) = -s$ für $s \in S^k$, und auf $X \wedge X$ durch Vertauschen der Faktoren: $g(x,y) = (y,x)$. Dann haben wir auf dem Raum $S^{k+} \wedge (X \wedge X)$ die Diagonal-Operation: $g(s,x,y) = (gs,y,x)$. Der Bahnenraum nach dieser Operation sei mit $S^{k+} \wedge_G (X \wedge X)$ bezeichnet. Für $k < l$ induziert die Inklusion $S^k \subset S^l$, $(x_o,\dots,x_k) \longrightarrow (x_o,\dots,x_k, o,\dots,o)$, eine Inklusion

$$j = j_{k,l} : S^{k+} \wedge_G (X \wedge X) \longrightarrow S^{l+} \wedge_G (X \wedge X).$$

Wir werden später mit diesen Inklusionen zum Limes übergehen, und interessieren uns eigentlich für die unendliche Sphäre.

(1.1) Definition

Eine externe Steenrod-Operation ist eine Familie von natürlichen Transformationen

$$P_k^i : \tilde{N}^i(X) \longrightarrow \tilde{N}^{2i}(S^{k+} \wedge_G (X \wedge X))$$

mit folgenden Eigenschaften:

(a) Für $k \leq l$ ist folgendes Diagramm kommutativ:

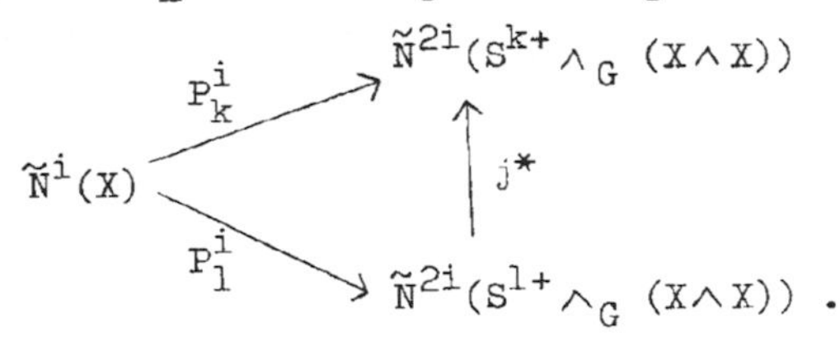

(b) Die Abbildung

$$P_k^i : \tilde{N}^i(M\xi) \longrightarrow \tilde{N}^{2i}(S^{k+} \wedge_G (M\xi \wedge M\xi)),$$

$i = \dim \xi$, bildet die <u>Thomklasse auf die Thomklasse</u> ab:

$$P_k^i(t(\xi)) = t(1_{S^k} \times_G (\xi \times \xi)).$$

(c) <u>Multiplikativität</u>: Das folgende Diagramm ist kommutativ:

$$\begin{array}{ccc} \tilde{N}^i(X) \otimes \tilde{N}^j(Y) & \xrightarrow{\quad \cdot \quad} & \tilde{N}^{i+j}(X \wedge Y) \\ \downarrow P_k^i \otimes P_k^j & & \downarrow P_k^{i+j} \\ \tilde{N}^{2i}(S^{k+} \wedge_G (X \wedge X)) \otimes \tilde{N}^{2j}(S^{k+} \wedge_G (Y \wedge Y)) & & \tilde{N}^{2(i+j)}(S^{k+} \wedge_G ([X \wedge Y] \wedge [X \wedge Y])) \\ & \searrow^{\cdot} \qquad \nearrow^{T^*} & \\ & \tilde{N}^{2i+2j}([S^{k+} \wedge_G (X \wedge X)] \wedge [S^{k+} \wedge_G (Y \wedge Y)]) & \end{array}$$

Dabei ist die G-Abbildung

$$T : S^{k+} \wedge ([X \wedge Y] \wedge [X \wedge Y]) \longrightarrow [S^{k+} \wedge_G (X \wedge X)] \wedge [S^{k+} \wedge_G (Y \wedge Y)]$$

durch $T(s,x,y,x',y') = (s,x,x',s,y,y')$ gegeben.

<u>(1.2) Erläuterung</u>

(a) Die P_k^i definieren also eine Abbildung

$$P^i : \tilde{N}^i(X) \longrightarrow \varprojlim_k \tilde{N}^{2i}(S^k \wedge_G (X \wedge X)).$$

(b) Ist $\xi : E \longrightarrow B$ ein Vektorbündel mit kompakter Basis, mit dem Thomraum $M\xi$, so ist auch

$$\mathrm{id}_{S^k} \times_G (\xi \times \xi) : S^k \times_G (E \times E) \longrightarrow S^k \times_G (B \times B)$$

ein Vektorbündel, weil G auf S^k, und damit auf $S^k \times (B \times B)$ <u>frei</u> operiert. Der Thomraum dieses Bündels ist $S^{k+} \wedge_G (M\xi \wedge M\xi)$.

(c) Eine G-Abbildung ist eine Abbildung, die mit der Operation der Gruppe G verträglich ist. Sie induziert eine Abbildung auf den Bahnenräumen.

Die in (1.1) aufgezählten Eigenschaften charakterisieren eine externe Steenrod-Operation:

(1.3) Satz

Es gibt (genau) eine externe Steenrodoperation.

Beweis

Wir wissen nach (b), was das Bild einer Thomklasse ist. Da $N^*(-)$ von Thomklassen erzeugt ist (VI; 1.2,1.3), folgt die Eindeutigkeit der P_k^i, und wir haben eine Anweisung, wie sie zu konstruieren sind:

Sei $x \in \tilde{N}^i(X)$ repräsentiert durch

$$f : X \wedge S^{n-i} \longrightarrow M(\gamma_{n,q}) \longrightarrow MO(n) ,$$

Dann bestimmen wir: $P_k^i(x)$ sei das Bild von $t(id \times_G (\gamma_{n,q} \times \gamma_{n,q}))$ bei der Abbildung

$$\tilde{N}^{2n}(S^{k+} \wedge_G (M\gamma_{n,q} \wedge M\gamma_{n,q})) \xrightarrow{(1\wedge_G(f\wedge f))^*} \tilde{N}^{2n}(S^{k+}\wedge_G [(X\wedge S^{n-i})\wedge(X\wedge S^{n-i})])$$

$$\xrightarrow{\cong} \tilde{N}^{2n}(M\eta/M\eta') \xrightarrow{\Phi(\eta)^{-1}} \tilde{N}^{2i}(S^{k+} \wedge_G (X \wedge X)).$$

Erläuterung

Sei $\xi: X \times \mathbb{R}^{n-i} \longrightarrow X$ das triviale Bündel, und $\eta = id_{S^k} \times_G (\xi \times \xi)$ (über $S^k \times_G (X \times X)$); sei η' die Einschränkung von η auf $S^k \times_G (X \vee X)$, dann gibt es einen kanonischen Homöomorphismus

$$S^{k+} \wedge_G (X \wedge X) = (S^k \times_G (X \times X)) / (S^k \times_G (X \vee X)),$$

und es ist

$$M\eta / M\eta' = S^{k+} \wedge_G [(X \wedge S^{n-i}) \wedge (X \wedge S^{n-i})] .$$

Die Abbildung $\Phi(\eta)$ ist der Thomisomorphismus (VI, 3.1). Man bestätigt ohne Einfälle, daß die so konstruierte Abbildung P_k^i unabhängig vom Repräsentanten f wohldefiniert ist, und die Eigenschaften (1.1) hat. §§§

2. Interne Operationen

Interne Operationen erhält man aus den externen im wesentlichen durch Anwenden der Diagonale. Die Diagonale $X \longrightarrow X \wedge X$ ist eine G-Abbildung, wenn G auf X trivial operiert. Sie induziert die Abbildung:

$$d : \mathbb{R}P^{k+} \wedge X = S^{k+} \wedge_G X \longrightarrow S^{k+} \wedge_G (X \wedge X).$$

(2.1) Definition

Wir setzen $Q_k^i := d^* \circ P_k^i : \tilde{N}^i(X) \longrightarrow \tilde{N}^{2i}(\mathbb{R}P^{k+} \wedge X)$.

Für unpunktierte Räume X führen wir einen separaten Grundpunkt ein und erhalten eine Abbildung

$$Q_k^i : N^i(X) \longrightarrow N^{2i}(\mathbb{R}P^k \times X).$$

Um wieder nach $N^*(X)$ zu kommen, entwickeln wir $N^{2i}(\mathbb{R}P^k \times X)$ nach Potenzen von w (VI, 5.4).

(2.2) Definition

Wir setzen $Q_k^i(x) =: \sum_{j=0}^{\infty} w^j \, Q^{i,j}(x)$,

mit $Q^{i,j}(x) \in N^{2i-j}(X)$, und $Q^{i,j} = 0$ für $j < 0$.

Wegen (1.1, a) ist $Q^{i,j}(x)$ für genügend großes k von k unabhängig. Die $Q^{i,j}$ sind also natürliche Transformationen $N^i(X) \longrightarrow N^{2i-j}(X)$. Man hat entsprechende Operationen für punktierte Räume und $\tilde{N}(-)$, da $\tilde{N}^*(\mathbb{R}P^{k+} \wedge X) = \tilde{N}^*(X)[w]/(w^{k+1})$, wie man aus der Natürlichkeit des Isomorphismus in (VI, 5.4) schließt.

(2.3) Lemma

Sei $\sigma: \tilde{N}^i(X) \longrightarrow \tilde{N}^{i+1}(X \wedge S^1)$ der Einhängungsisomorphismus. Es gilt:

$$\sigma \circ Q^{i,j} = Q^{i+1,j+1} \circ \sigma .$$

Wir treffen daher folgende

(2.4) Definition

Wir setzen $R^k := Q^{i,i-k} : \tilde{N}^i(X) \longrightarrow \tilde{N}^{i+k}(X)$

Dann gilt:

(2.5) Satz

Die R^k sind stabile natürliche Transformationen vom Grad k, also $R^k \circ \sigma = \sigma \circ R^k$, und sie haben folgenden Eigenschaften:

(a) Für $x \in \tilde{N}^i(X)$ ist $R^i(x) = x^2$

(b) Für $x \in \tilde{N}^i(X)$ und $j > i$ ist $R^j(x) = 0$

(c) $R^k(x \cdot y) = \sum_{i+j=k} R^i(x) \cdot R^j(y)$; dies ist eine endliche Summe wegen (b).

Die folgenden Lemmata dienen dem Beweis von (2.3) und (2.5).

(2.6) Lemma

Sei $\eta: E \longrightarrow B$ ein Geradenbündel, und η_a das G-Bündel η mit antipodischer Operation von G auf der Faser; sei γ das kanonische Geradenbündel über $\mathbb{R}P^k$, dann ist

$$id_{S^k} \times_G \eta_a = \gamma \otimes \eta : E_1 \longrightarrow \mathbb{R}P^k \times B.$$

Beweis

Sei $S(E)_a$ der Totalraum des Sphärenbündels von η mit antipodischer Operation, dann ist der Totalraum von $id_{S^k} \times_G \eta_a$ gegeben durch

$$S^k \times_G (S(E)_a \times_G \mathbb{R}) = (S^k \times_G S(E)) \times_G \mathbb{R} ,$$

mit offensichtlicher Projektion. Dies ist unsere Definition des Tensorprodukts (VI, 8). § § §

Wir betrachten eine Inklusion von Vektorbündeln über B

$$\xi_1 \longrightarrow \xi_1 \oplus \xi_2$$

als direkter Summand. Sie induziert eine Abbildung der Thomräume $f: M\xi_1 \longrightarrow M(\xi_1 \oplus \xi_2)$, und diese Abbildung induziert $f^*: \tilde{N}^*(M(\xi_1 \oplus \xi_2)) \longrightarrow N^*(M\xi_1)$.

(2.7) Lemma

$$f^*t(\xi_1 \oplus \xi_2) = t(\xi_1) \cdot e(\xi_2) ,$$

wobei $t\xi$ die kanonische Thomklasse, und $e(\xi)$ die Eulerklasse ist.

Beweis

Man betrachte das kommutative Diagramm

$$\begin{array}{ccc} t(\xi_1 \oplus \xi_2) \in \tilde{N}^*(M(\xi_1 \oplus \xi_2)) & \xrightarrow{f^*} & \tilde{N}^*(M\xi_1) \ni t(\xi_1) \cdot e(\xi_2) \\ \uparrow \phi(\xi_1) & & \uparrow \phi(\xi_1) \\ t(\xi_2) \in \tilde{N}^*(M\xi_2) & \xrightarrow{\text{Nullschnitt}} & \tilde{N}^*(B) \ni e(\xi_2) \end{array}$$

§ § §

Schließlich betrachten wir zu einem Geradenbündel $\eta: E \longrightarrow B$ die von der Diagonale induzierte Abbildung

$$d^*: \tilde{N}^*(S^{k+} \wedge_G (M\eta \wedge M\eta)) \longrightarrow \tilde{N}^*(\mathbb{R}P^{k+} \wedge M\eta).$$

Ist γ das kanonische Geradenbündel über $\mathbb{R}P^k$, so gilt

(2.8) Lemma

$$d^*t(id_{S^k} \times_G (\eta \times \eta)) = t(\eta) \cdot e(\gamma \otimes \eta).$$

Beweis

Wir haben ein kommutatives Diagramm von Homomorphismen von Vektorbündeln

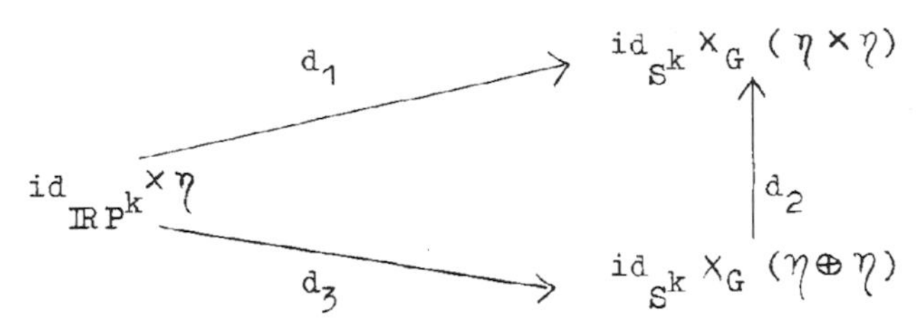

Die Abbildung d_1 induziert d auf den Thomräumen, und d_2 ist eine Bündelabbildung über der Abbildung

$$\mathbb{R}P^k \times B \longrightarrow S^k \times_G (B \times B)$$

auf der Basis. Es ist also $d_2^* t(id_{S^k} \times_G (\eta \times \eta)) = t(id_{S^k} \times_G (\eta \oplus \eta))$

(G operiert durch Vertauschen der Summanden auf $\eta \oplus \eta$).
Sei η_a das G-Bündel η mit antipodischer Operation, und η_t das G-Bündel η mit trivialer Operation, dann haben wir einen G-Isomorphismus

$$\eta \oplus \eta \longrightarrow \eta_t \oplus \eta_a$$

$$(u,v) \longrightarrow (u+v,\ u-v) \quad u,v \in \eta^{-1}(b),$$

wobei G auf dem linken Bündel $\eta \oplus \eta$ durch Vertauschen der Summanden operiert. Es ist also

$$id_{S^k} \times_G (\eta \oplus \eta) = (id_{S^k} \times_G \eta_t) \oplus (id_{S^k} \times_G \eta_a) = \quad \text{(nach 2.6)}$$

$$(id_{\mathbb{R}P^k} \times \eta) \oplus (\gamma \otimes \eta),$$

und die Abbildung d_3 ist die Inklusion des ersten Summanden. Lemma (2.7) zeigt die Behauptung. §§§

Beweis von (2.3)

Wir betrachten das folgende kommutative Diagramm:

$$\begin{array}{ccc}
\tilde{N}^i(X) & \xrightarrow{\ \sigma\ } & \tilde{N}^{i+1}(X \wedge S^1) \\
\downarrow P^i & A & \downarrow P^{i+1} \\
\tilde{N}^{2i}(S^{k+} \wedge_G (X \wedge X)) & \xrightarrow{\ \phi(\eta)\ } & \tilde{N}^{2i+2}(S^{k+} \wedge_G [(X \wedge S^1) \wedge (X \wedge S^1)]) \\
\downarrow d^* & B & \downarrow d^* \\
\tilde{N}^{2i}(\mathbb{R}P^{k+} \wedge X) & \xrightarrow{\ w \cdot \sigma\ } & \tilde{N}^{2i+2}(\mathbb{R}P^{k+} \wedge X \wedge S^1)
\end{array}$$

Erläuterung

Der unterste horizontale Pfeil ist erst Einhängung, dann Multiplikation mit w. Mit η ist das Bündel

$$S^k \times_G ([X \times \mathbb{R}] \times [X \times \mathbb{R}]) \longrightarrow S^k \times_G (X \times X)$$

bezeichnet. Das Quadrat A ist kommutativ, weil die externen Operationen multiplikativ sind. Der Einhängungsisomorphismus σ ist nämlich durch Multiplikation mit der Thomklasse $t(\varepsilon)$ des trivialen Geradenbündels über dem Punkt gegeben. Diese Klasse wird durch P^1 auf die Thomklasse $t(id_{S^k} \times_G (\varepsilon \times \varepsilon))$ abgebildet, und $\phi(\eta)$ ist die "innere" Multiplikation mit dieser Klasse entsprechend (1.1, c). Das Quadrat B ist kommutativ nach (2.8) mit $\varepsilon : \mathbb{R} \longrightarrow \{*\}$ für η. Weil ε trivial ist, ist $e(\gamma \otimes \varepsilon) = e(\gamma) = w$. § § §

Beweis von (2.5)

Daß die Operationen R^k stabil sind, folgt unmittelbar aus (2.3).

(a) $R^i(x) = Q_k^{i,o}(x) = Q_o^i(x)$, mit

$$Q_o^i : \widetilde{N}^i(X) \longrightarrow \widetilde{N}^{2i}(\mathbb{R}P^{o+} \wedge X) = \widetilde{N}^{2i}(X)$$

hier folgt die Behauptung unmittelbar aus der Definition der Q_k^i in (2.1) und im Beweis von (1.3).

(b) Es folgt unmittelbar aus (2.2), daß $Q^{i,j}(x) = 0$ für $j < 0$.

(c) Nach Definition von R^k ist für $x \in \widetilde{N}^r(-)$

$$Q_k^r(x) = \sum w^i \cdot R^{r-i}(x) \quad , \text{ k genügend groß.}$$

Nun ergibt sich, indem auf das Diagramm (1.1, c) die Diagonale anwendet, für $y \in \widetilde{N}^s(-)$:

$$Q_k^r(x) \cdot Q_k^s(y) = Q_k^{r+s}(x \cdot y),$$

das heißt:

$$(\sum_i w^i R^{r-i}(x)) \cdot (\sum_j w^j R^{s-j}(y)) = \sum_t w^t R^{r+s-t}(x \cdot y),$$

und dies ist die Behauptung. § § §

Die stabilen Transformationen von $N^*(-)$ in gewisse Funktoren haben wir im vorigen Kapitel studiert, und gefunden, daß sie durch das Bild der Eulerklasse von Geradenbündeln bestimmt sind (VIII, 3.1); daher die Bedeutung des folgenden Satzes.

(2.9) Satz

Die Eulerklasse $e(\eta)$ eines Geradenbündels η wird bei Q_k^1 auf $e(\eta) \cdot e(\gamma \otimes \eta)$ abgebildet, wobei γ das kanonische Geradenbündel über $\mathbb{R}P^k$ ist.

Beweis

Betrachte das kommutative Diagramm:

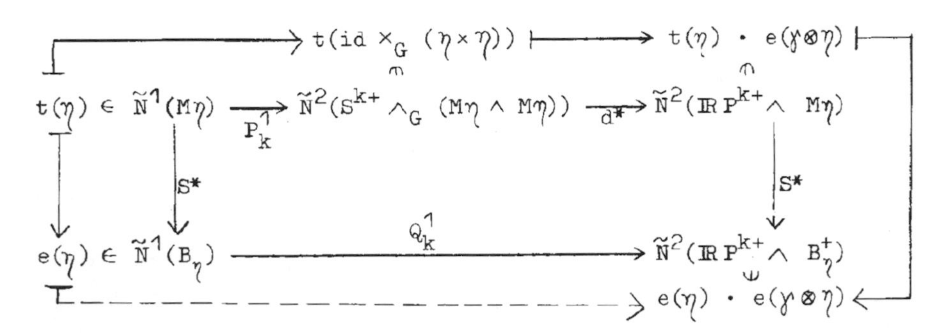

Die Behauptung gilt nach (2.8); S^* ist die Beschränkung auf den Nullschnitt von η.

3. Berechnung von $N^*(-)$, 2. Teil

Wir bezeichnen mit

(3.1) $\quad \mu : \tilde{N}^*(-) \longrightarrow \tilde{H}^*(-) = \tilde{N}^*(-) \otimes_L (\mathbb{Z}_2)_\varepsilon$

die natürliche Projektion $x \longmapsto x \otimes 1$.

Bilden wir mit einer Unbestimmten t vom Grad (-1) den Polynomring $\mathbb{Z}_2[t]$, so gehört nach (VIII, 3.1) zu der Reihe in $\mathbb{Z}_2[t][[X]]$ $q = X + t \cdot X^2$, und dem Homomorphismus

$\varepsilon' : L \xrightarrow{\varepsilon} \mathbb{Z}_2 \xrightarrow{\subset} \mathbb{Z}_2[t]$,

eine natürliche Transformation

$\theta_q : \tilde{N}^*(-) \longrightarrow \tilde{H}^*(-)[t] = \tilde{N}^*(-) \otimes_L \mathbb{Z}_2[t]$,

mit $\theta_q e(\eta) = e(\eta) \otimes 1 + e(\eta)^2 \otimes t$ für ein Geradenbündel η.

(3.2) Lemma

Die Transformation θ_q mit $q = X + t \cdot X^2$ läßt sich über μ faktorisieren.

Beweis

Mit der Bezeichnung von (VIII, 1.1) ist $\tilde{H}^*(-)[t] = \tilde{N}^*_{\varepsilon'}(-)$, und nach (VIII, 3.8) läßt sich θ_q über $N^*_\gamma(-)$ faktorisieren, mit $\gamma = q * \varepsilon'$. Nun ist q eine Reihe von 2-Potenzen, also ein Automorphismus der linearen formalen Gruppe (VII, 3.10), und $\varepsilon' : L \longrightarrow \mathbb{Z}_2[t]$ ist der Homomorphismus, der zur linearen formalen Gruppe $F_a(X,Y) = X + Y$ über $\mathbb{Z}_2[t]$ gehört, also gehört nach Definition (VIII, 3.4) auch $\gamma = q * \varepsilon'$ zur linearen formalen Gruppe, das heißt $q * \varepsilon' = \varepsilon'$; und damit läßt sich θ_q über $\tilde{N}^*_{\varepsilon'}(-) = \tilde{N}^*_\varepsilon(-)[t]$ faktorisieren, also auch über $\tilde{N}^*_\varepsilon(-)$. § § §

Wir haben eine natürliche Projektion $p : \widetilde{H}^*(-)[t] \longrightarrow \widetilde{H}^*(-)$, die t auf σ abbildet. Sei $\vartheta_q' : \widetilde{H}^*(-) \longrightarrow \widetilde{H}^*(-)[t]$ durch $\vartheta_q' \circ \mu = \theta_q$ (nach 3.2) definiert; sei schließlich $Sq^\circ = p \circ \vartheta_q' : H^*(-) \longrightarrow H^*(-)$.

(3.3) Lemma

$Sq^\circ = \mathrm{id}.$

Beweis

Die Abbildungen $Sq^\circ \circ \mu$ und μ sind multiplikative, stabile, natürliche Transformationen

$$\widetilde{N}^*(-) \longrightarrow \widetilde{N}^*_\varepsilon(-) \quad ,$$

die die Eulerklasse $e(\eta)$ eines Geradenbündels auf $e(\eta) \otimes 1$ abbilden; sie sind daher gleich (VIII, 3.1). § § §

Die Inklusion $\mathbb{Z}_2[t] \subset \mathbb{Z}_2[t, 1/t]$ induziert eine Inklusion $\widetilde{N}^*(-) \otimes_L \mathbb{Z}_2[t] \subset \widetilde{N}^*(-) \otimes_L \mathbb{Z}_2[t, 1/t]$ die wir zur bequemen Schreibweise benutzen:

(3.4) Lemma

Sei $z \in \widetilde{N}^n(Z)$, dann ist

$$\theta_q(z) = \sum_{i=o}^{\infty} R^{n-i}(z) \otimes t^{n-i} \text{ in } \widetilde{N}^*(Z) \otimes_L \mathbb{Z}_2[t, 1/t] .$$

Beweis

Die Zuordnung $z \longmapsto (1/t^n)\cdot(\sum_{i=o}^{\infty} R^{n-i}(z) \otimes t^{n-i})$

definiert nach (2.5) eine stabile, multiplikative, natürliche Transformation $\widetilde{N}^*(-) \longrightarrow \widetilde{N}^*(-) \otimes_L \mathbb{Z}_2[t, 1/t]$. Sie ist bestimmt durch das Bild der Eulerklasse $e(\eta)$ eines Geradenbündels. Dieses berechnet sich nach (2.9) folgendermaßen: Sei $F_N(X,Y) = X + Y + \sum a_{i,j} X^i Y^j$ die formale Gruppe der Theorie $N^*(-)$, dann haben wir

$$\begin{aligned} R^1 e(\eta) &= e(\eta)^2 \quad \text{nach } (2.5,\ a) \\ R^\circ e(\eta) &= e(\eta) + \sum_{i=1}^{\infty} a_{i,1} e(\eta)^i \\ R^{1-j} e(\eta) &= \sum_{i=1}^{\infty} a_{i,j} e(\eta)^i \quad \text{für } j > o. \end{aligned}$$

Also $1/t(\sum_{i=o}^{\infty} R^{1-i}(z) \otimes t^{1-i}) = e(\eta)^2 + e(\eta) \otimes 1/t$, denn $a_{i,j} \otimes 1 = 0 \in N^* \otimes_L \mathbb{Z}_2[t, 1/t]$. Diese Gleichung zeigt aber nach (VIII, 3.1) allgemein: Für $z \in \widetilde{N}^n(Z)$ ist

$$(1/t^n) \cdot \theta_q(z) = (1/t^n) \cdot (\sum_{i=o}^{\infty} R^{n-i}(z) \otimes t^{n-i}). \qquad § § §$$

Das Lemma (3.4) zeigt insbesondere:

<u>(3.5) Lemma</u>

<u>Das Diagramm</u>

$$\begin{array}{ccc} \tilde{N}^*(-) & \xrightarrow{R^o} & \tilde{N}^*(-) \\ \mu \downarrow & & \downarrow \mu \\ \tilde{H}^*(-) & \xrightarrow{Sq^o} & \tilde{H}^*(-) \end{array}$$

<u>ist kommutativ.</u>

<u>Beweis</u>

Es ist $Sq^o \circ \mu = p \circ \Theta_q = p(\sum R^{n-i}(\ ) \otimes t^{n-i}) = R^o(\ ) \otimes 1 = \mu \circ R^o$. §§§

Aber wir haben nach (2.5, b) : $R^o(z) = 0$ für $\dim(z) < 0$, und andererseits ist nach (3.3) $Sq^o = id$, also ist $H^i(-) = 0$ für $i < 0$, und daher folgt

<u>(3.5) Satz</u>

<u>Für kompakte Räume vom Homotopietyp eines Zellenkomplexes ist $\tilde{H}^*(-)$ die gewöhnliche Kohomologie mit Koeffizienten in $\mathbb{Z}_2$.</u>

<u>4. Kobordismentheorie beliebiger Zellenkomplexe</u>

Die Überlegungen dieses Abschnitts sind für das Folgende nicht entscheidend, aber wir benutzen sie der Einfachheit halber.

Wir haben bisher vorausgesetzt, daß die betrachteten Räume X kompakt sind. Es macht wenig mehr Mühe, die in VIII und IX bewiesenen Sätze auch für endlichdimensionale Zellenkomplexe zu zeigen. Zunächst bemerkt man (IV, 5.21), daß auch für diese Räume die darstellbare (und additive) Theorie $N^*(-)$ mit der Theorie, die entsprechend (IV, 4.9) durch das Spektrum MO definiert, und daher nach (VI, 1.2) durch Thomklassen erzeugt ist, übereinstimmt.

Eine entsprechende Überlegung führt zum Beweis von (VIII, 1.4) für endlichdimensionale Zellenkomplexe. Nach [2; Ch. IV, 1],[4] hat man eine Zellenzerlegung von $G_{k,n}$, die für jede Folge nicht negativer Zahlen

$$r_1, r_2, \ldots, r_k \quad \text{mit } r_1 + r_2 + \ldots + r_k \leq n$$

eine Zelle der Dimension $r_1 + 2r_2 + \ldots + kr_k$ enthält, für $n = 1,2,\ldots,\infty$. Insbesondere liegen zu festem n alle n-dimensionalen Zellen von $G_{k,\infty}$ schon in $G_{k,n}$. Der Thomraum $M(\gamma_{k,n})$ ist ein Zellenkomplex mit einer $k + t$ - Zelle für jede t-Zelle von $G_{k,n}$, daher enthält auch $M(\gamma_{k,n})$ alle n-Zellen von $M(\gamma_{k,\infty})$. Ist also X ein n-dimensionaler Zellenkomplex, so läßt sich jede Abbildung $X \longrightarrow G_{k,\infty}$ beziehungsweise $X \longrightarrow MO(k)$ über $G_{k,n}$ beziehungsweise $M(\gamma_{k,n})$ faktorisieren. Das erlaubt die Verallgemeinerung von (VIII, 1.4,2.3,2.4) auf endlichdimensionale Zellenkomplexe; damit hat man auch das Folgende für diese Räume, insbesondere hat man nach (VIII, 4.3) und (3.5) einen kanonischen Isomorphismus graduierter Gruppen

$$\theta : N^*(Z) \longrightarrow H^*(Z) \otimes_{\mathbb{Z}_2} L .$$

für endlichdimensionale Zellenkomplexe Z. Dieser Isomorphismus induziert einen <u>kanonischen Isomorphismus</u>

(4.1) $\lim^\circ \theta =: \hat{\theta} : \lim^\circ N^*(Z^n) \longrightarrow \lim^\circ (H^*(Z^n) \otimes_{\mathbb{Z}_2} L)$,

wobei wir mit Z^n das n-Gerüst eines beliebigen Zellenkomplexes Z bezeichnen. Bezeichnen wir mit $[\ldots]^n$ die Gruppe der Elemente vom Grad n, so ist

$$[H^*(Z^{n+k}) \otimes L]^n = \bigoplus_{i=0}^{k} [H^{n+i}(Z^{n+k}) \otimes L_i] .$$

Weil nun die Abbildung $H^{n+k}(Z^{n+k+1}) \longleftarrow H^{n+k}(Z^{n+k+r})$ für $r > 1$ isomorph ist, erfüllt das inverse System

$$([H^*(Z^{n+k}) \otimes L]^n , k = 1,2,\ldots)$$

offenbar die Bedingung (ML) aus (V, 2.7), und daher folgt nach (V, 1.3, 1.4, 2.8):

(4.2) $\lim^\circ N^*(Z^n) = N^*(Z)$.

Weiterhin sieht man aufgrund des Gesagten:

$$\lim_k{}^\circ [H^*(Z^{n+k}) \otimes L]^n = \lim_k{}^\circ (\bigoplus_{i=0}^{k} (H^{n+i}(Z) \otimes L_i) =$$

(4.3) $\prod_{i=0}^{\infty} (H^{n+i}(Z) \otimes L_i) =: [H^*(Z) \hat{\otimes} L]^n.$

Wir bezeichnen den Funktor $\hat{\otimes}$ als <u>komplettiertes Tensorprodukt.</u> Zusammen mit (4.1) und (4.2) haben wir also einen Isomorphismus

(4.4) $\hat{\theta} : N^*(Z) \longrightarrow H^*(Z) \hat{\otimes} L$

für beliebige Zellenkomplexe Z.

Dieser Isomorphismus besteht nicht für beliebige Räume. Ist $Z = \prod_{n=1}^{\infty} S^n$, so hat man kanonische Retraktionen

$$S^n \xrightarrow{i_n} Z \xrightarrow{p_n} S^n ;$$

ist $\alpha_n \in H^n(S^n) \otimes L_n$ ungleich 0, so ist $\alpha = \prod_{n=1}^{\infty} p_n^*(\alpha_n) \in H^*(Z) \hat{\otimes} L$ ein Element mit $i_n^*(\alpha) = 0$ für jedes i. Aber Z ist kompakt, daher kann es ein solches Element α in $N^*(Z)$ nicht geben. Nach (VIII, 4.3) wäre nämlich

$$\alpha = \sum_{n=1}^{k} \alpha_n' \otimes l_n \in H^*(Z) \otimes L,$$

also $i_n^*(\alpha) = 0$ für $n>k$. In der Tat zeigt das Beispiel, daß die Theorie

$H^*(-) \hat{\otimes} L$ nicht durch einen Zellenkomplex repräsentiert ist. Für die Theorie $N^*(-)$ auf kompakt erzeugten Räumen kann man nach (4.4) als Darstellungsobjekt das <u>schwache</u> Produkt (Limes der endlichen Produkte) der Eilenberg-MacLane Räume $K(L_i, *+i)$, $i = 0,1,\ldots$ wählen.

Literatur

1. T. tom Dieck: "Steenrod-Operationen in Kobordismentheorien" (Math.Z. 107 (1968), 380-401)

2. J. Milnor: "Lectures on Charakteristic Classes" Notes by J. Stasheff (1957)

3. N.E. Steenrod und D.B.A. Epstein: "Cohomology Operations" (Ann. of Math.Stud. 50 (1962), Princeton Univ.Press)

4. Th. Hangan: "A Morse function on Grassmann manifolds" J. diff. geom. 2 (1968), 363-367).

X. Kapitel

Charakteristische Zahlen

Die allgemeine Berechnung von N^* gestattet noch nicht, von einer bestimmten gegebenen Mannigfaltigkeit zu entscheiden, ob sie etwa ein Rand ist, oder zu einer anderen bordant. Um auch solche Fragen zu beantworten, erklären wir die charakteristischen Zahlen. Als Anwendung werden wir zum Beispiel sehen, daß eine kompakte Liesche Gruppe als Mannigfaltigkeit stets ein Rand ist.

1. Kohomologie und Homologie von BO.

Wir haben in (VI, 7.16) die Kobordismentheorie $N^*(-)$ für die klassifizierenden Räume $BO(n)$ von reellen Vektorbündeln bestimmt. Diese Berechnung war im Wesentlichen formal, für eine Kohomologietheorie von $\mathbb{Z}_2$-Moduln mit Thomklassen. Man hat also insbesondere ein ganz analoges Ergebnis für die gewöhnliche Kohomologie mit Koeffizienten in $\mathbb{Z}_2$, die wir kurz mit $H^*(-)$ bezeichnen. Das Ergebnis (VI, 7.16) kann man formal so beschreiben:
Der Raum $BO = \lim BO(n)$ besitzt eine Multiplikation $a : BO \times BO \longrightarrow BO$, die durch die klassifizierenden Abbildungen $BO(n) \times BO(m) \longrightarrow BO(n+m)$ der Bündel $\gamma_n \times \gamma_m$ (Produkt der universellen Bündel) induziert ist.
Die Multiplikation a hat folgende Eigenschaften (siehe [1]):
Sie ist <u>assoziativ</u> und <u>kommutativ</u> bis auf Homotopie, das heißt das Diagramm

$$(1.1) \qquad \begin{array}{ccc} BO \times BO \times BO & \xrightarrow{id \times a} & BO \times BO \\ \downarrow{\scriptstyle a \times id} & & \downarrow{\scriptstyle a} \\ BO \times BO & \xrightarrow{a} & BO \end{array}$$

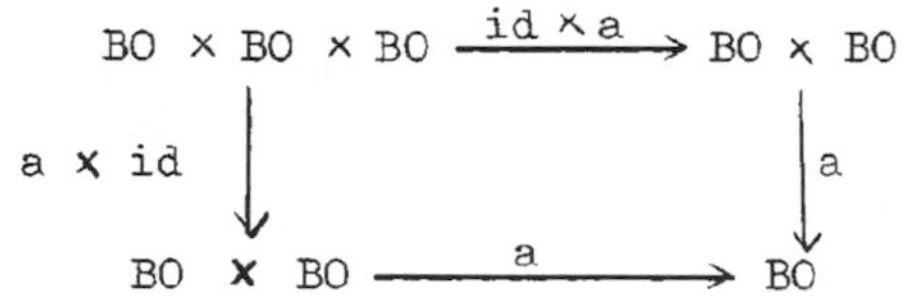

ist bis auf Homotopie kommutativ, und entsprechend

$$(1.2) \qquad \begin{array}{ccc} BO \times BO & \searrow^{a} & \\ \downarrow{\scriptstyle \tau} & & BO \\ BO \times BO & \nearrow_{a} & \end{array} \qquad \tau = \text{Vertauschung.}$$

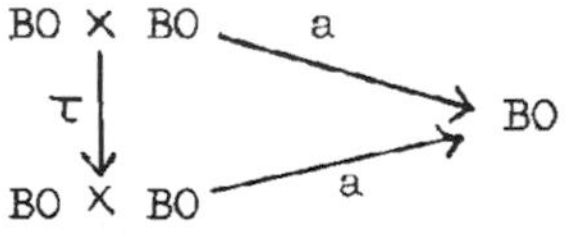

Der Grundpunkt ist ein <u>Neutrales Element</u> für die Multiplikation, und es gibt ein <u>Homotopieinverses</u>, das ist eine Abbildung $\iota : BO \longrightarrow BO$, sodaß das Diagramm

$$(1.3) \qquad \begin{array}{ccccccc} BO & \xrightarrow{d} & BO \times BO & \xrightarrow{id \times \iota} & BO \times BO & \xrightarrow{a} & BO \\ & \searrow & & \{*\} & & \nearrow & \end{array}$$

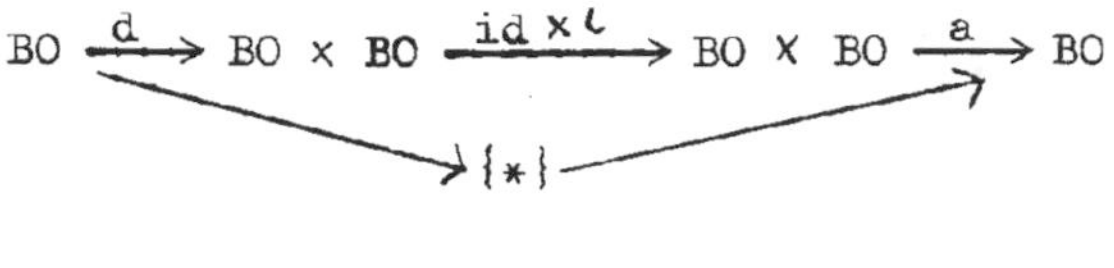

bis auf Homotopie kommutativ ist (d = Diagonale). Wir fassen diese Aussagen zusammen in dem

(1.4) Satz
Der Raum BO trägt die Struktur eines assoziativen kommutativen (bis auf Homotopie) H-Raumes mit Homotopieinversem [1].

Tatsächlich genügt es für das Folgende, die Multiplikation mit ihren Eigenschaften für die Räume BO(n), n = 1,2,... zu kennen, und erst in der Kohomologie zum Limes überzugehen. Die Multiplikation a induziert auf der Kohomologie eine Abbildung von Algebren

$$(1.5)\quad \Delta := a^* : H^*(BO) \longrightarrow H^*(BO \times BO) = H^*(BO) \otimes H^*(BO)$$

wobei die letzte Gleichung gilt, weil $H^*(BO)$ in jeder Dimension endlich ist. Man bezeichnet Δ als Diagonale oder Komultiplikation. Die Inklusion des Grundpunkts $\{*\} \longrightarrow BO$ induziert eine Augmentation $\varepsilon : H^*(BO) \longrightarrow \mathbb{Z}_2$, und das Diagramm

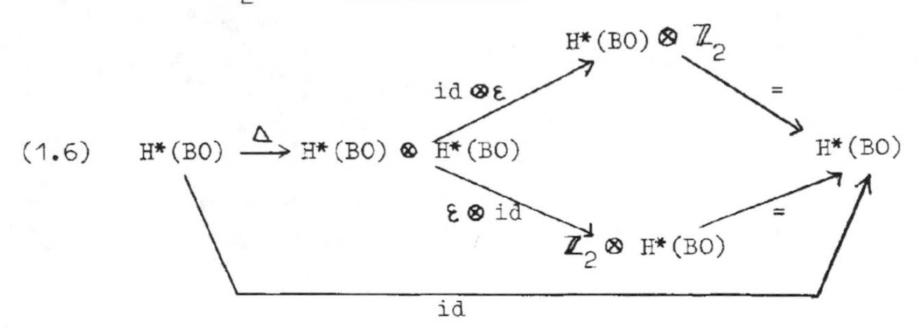

ist kommutativ, weil $\{*\}$ neutrales Element für die Multiplikation a ist. Die Komultiplikation (1.5) und die Augmentation mit der Eigenschaft (1.6) geben $H^*(BO)$ die Struktur einer Hopf-Algebra [3]. Die Diagramme (1.1) und (1.2) induzieren entsprechende kommutative Diagramme auf der Kohomologie:
Das Diagramm

$$(1.7)\quad \begin{array}{ccc} H^*(BO) & \xrightarrow{\Delta} & H^*(BO) \otimes H^*(BO) \\ \downarrow{\scriptstyle \Delta} & & \downarrow{\scriptstyle \Delta \otimes id} \\ H^*(BO) \otimes H^*(BO) & \xrightarrow{id \otimes \Delta} & H^*(BO) \otimes H^*(BO) \otimes H^*(BO) \end{array}$$

ist kommutativ, das heißt die Komultiplikation ist assoziativ; und das Diagramm

(1.8)

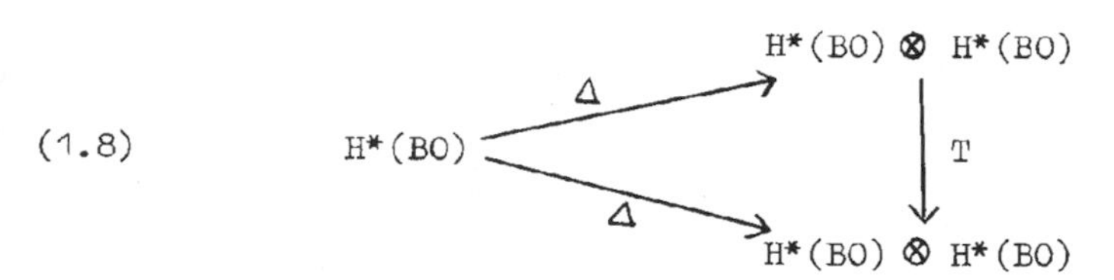

ist kommutativ, das heißt die <u>Komultiplikation ist kommutativ</u>. Schließlich induziert das Diagramm (1.3) ein kommutatives Diagramm

(1.9)

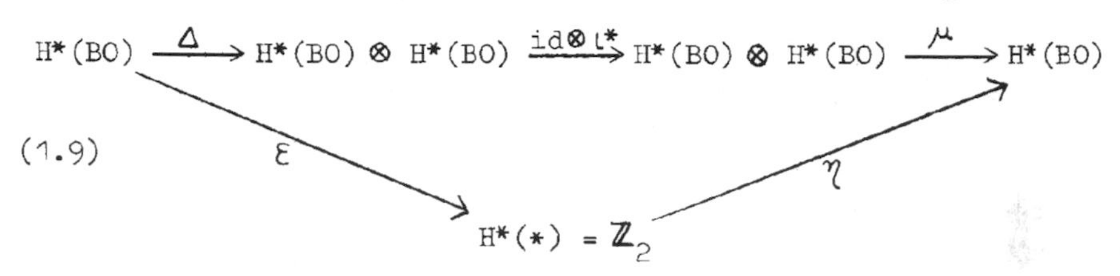

Dabei ist μ die Multiplikation. Die Abbildung ι^* bezeichnet man als <u>Konjugation</u>. Das Diagramm (1.9) ist selbstdual, während die zu (1.5) - (1.8) dualen Diagramme die multiplikative Struktur von $H^*(BO)$ beschreiben. Die Hopfalgebra $H^*(BO)$ ist <u>zusammenhängend</u>, das heißt $H^0(BO) = \mathbb{Z}_2$. Wir fassen zusammen:

<u>(1.10) Satz</u>

(a) $H^*(BO)$ <u>ist eine zusammenhängende, assoziative, kommutative Hopfalgebra mit assoziativer, kommutativer Diagonale</u>.

(b) $H^*(BO) = \mathbb{Z}_2[w_1, w_2, \ldots]$ <u>als Algebra, mit</u> $\dim w_i = i$.

(c) <u>Die Diagonale ist durch</u>

$$\Delta w_i = \sum_{j=0}^{i} w_j \otimes w_{i-j} \ , \ w_0 := 1$$

<u>gegeben</u>.

(d) <u>Die Konjugation</u> ι^* <u>ist durch die Identitäten</u>

$$\iota^*(1) = 1 \ , \ \sum_{j=0}^{i} \iota^*(w_j) \cdot w_{i-j} = 0 \text{ für } i > 0$$

<u>rekursiv bestimmt</u>.

<u>Beweis</u>

(a) ist schon gezeigt, folgt aber auch aus (b) und (c). (b) und (c) ist analog zu (VI, 7.16,e); der <u>graduierte</u> Potenzreihenring $\mathbb{Z}_2[[w_1, w_2, \ldots]]$ ist gleich dem Polynomring, weil $\mathbb{Z}_2$ nur Elemente vom Grad 0 enthält, eine <u>homogene</u> Potenzreihe muß also abbrechen. Setzen wir $w_i \otimes 1 = w_i'$ und $1 \otimes w_i = w_i''$, so ist

(1.11) $$\mathbb{Z}_2[w_1, w_2, \ldots] \otimes \mathbb{Z}_2[w_1, w_2, \ldots] = \mathbb{Z}_2[w_1', w_2', \ldots, w_1'', w_2'', \ldots],$$

und die Diagonale ist durch die Gleichung

$$(1.12)\quad (1+w_1't+w_2't^2+\ldots)\cdot(1+w_1''t+w_2''t^2+\ldots) = 1+\Delta(w_1)t+\Delta(w_2)t^2+\ldots$$

in $(H^*(BO) \otimes H^*(BO))[[t]]$ bestimmt. Die Identitäten in (d) sind also äquivalent zu der Gleichung

$$(1.13)\quad (1 + w_1t + w_2t^2 + \ldots)\cdot(1 + \iota^*(w_1)t + \iota^*(w_2)t^2 + \ldots) = 1,$$

und dies ist die Aussage von (1.9). §§§

(1.14) Bemerkung

In einer zusammenhängenden Hopfalgebra über einem Körper, mit assoziativer Multiplikation und Komultiplikation, kann man stets eine Konjugation wie (1.10,e) definieren [3; 8.9].

(1.15) Definition

Die Elemente $w_i \in H^*(BO)$ heißen universelle Stiefel-Whitney-Klassen. Sie sind charakteristische Klassen für reelle Vektorbündel in der gewöhnlichen Kohomologietheorie mit Koeffizienten in $\mathbb{Z}_2$.

Die Kohomologiegruppen $H^*(BO)$ sind in jeder Dimension endlichdimensionale Vektorräume über $\mathbb{Z}_2$. Die Homologiegruppen von BO sind daher dual zu den Kohomologiegruppen:

$$(1.16)\qquad H_*(BO) = \mathrm{Hom}\,(H^*(BO), \mathbb{Z}_2)\ ,$$

und der Übergang zum Dualen ist mit dem Tensorprodukt verträglich. Beim Anwenden des Funktors Hom $(-, \mathbb{Z}_2)$ auf die Diagramme, die die Struktur von $H^*(BO)$ definieren, vertauschen sich Multiplikation und Komultiplikation, neutrales Element und Augmentation, und wir erhalten unmittelbar:

(1.17) Satz

Die Homologie $H_*(BO)$ ist eine zusammenhängende, assoziative, kommutative Hopfalgebra mit assoziativer kommutativer Diagonale [3; Prop. 3.1, 4.8]. §§§

Sind zum Beispiel $f,g \in \mathrm{Hom}[H^*(BO),\mathbb{Z}_2]$, so ist $f\cdot g$ durch die Zusammensetzung

$$H^*(BO) \xrightarrow{\Delta} H^*(BO) \otimes H^*(BO) \xrightarrow{f\otimes g} \mathbb{Z}_2 \otimes \mathbb{Z}_2 \xrightarrow{\cdot} \mathbb{Z}_2$$

gegeben. Wir werden zeigen, daß $H_*(BO)$ als Hopfalgebra isomorph zu $H^*(BO)$ ist.

(1.18) Bezeichnungen

Sei K ein kommutativer Ring mit 1 und $K[a]$ die Hopfalgebra über K mit

$$K[a] = K[a_1,a_2,\ldots]\ ,\ \dim a_i = -i$$

(Polynomalgebra in Unbestimmten a_i) als Algebra, und der Komultiplikation $\Delta(a_i) = \sum_{j=0}^{i} a_j' \cdot a_{i-j}''$, mit $a_j' = a_j \otimes_K 1$, $a_j'' = 1 \otimes_K a_j$ und $a_o = 1$, analog (1.10).

Sei $K\{t_1,t_2,\ldots\} := \lim\limits_{n}^{o}(K[[t_1,\ldots,t_n]],p_n)$, $\dim t_i = 1$, wobei $p_n : K[[t_1,\ldots,t_n]] \longrightarrow K[[t_1,\ldots,t_{n-1}]]$ durch $p_n(t_i) = t_i$ für $i < n$ und $p_n(t_n) = 0$ gegeben ist.

Sei $K[w] := K[w_1,w_2,\ldots] \subset K\{t_1,t_2,\ldots\}$ als Algebra die Polynomalgebra der homogenen symmetrischen Funktionen, wobei w_i der i-ten elementarsymmetrischen Funktion der t_j entspricht, mit der entsprechenden Komultiplikation $\Delta(w_i) = \sum w_j' \cdot w_{i-j}''$ (analog (1.11)).

Sei $\{a^{(\varrho)}\}$ die K-Modul-Basis von $K[a]$, die aus den Monomen $a^{(\varrho)} = a_1^{\varrho_1} \cdot \ldots \cdot a_k^{\varrho_k}$ besteht, und sei

$$U = \prod_{i=1}^{\infty} (1 + a_1 t_i + a_2 t_i^2 + \ldots) \in K[a]\{t_1,t_2,\ldots\}.$$

Wir entwickeln U formal nach den $a^{(\varrho)}$ und erhalten

(1.19) $$U = \sum_{\varrho} a^{(\varrho)} b^{(\varrho)} \text{ mit } b^{(\varrho)} \in K[w],$$

denn die Funktionen $b^{(\varrho)}$ sind offenbar symmetrisch in den t_i, und homogen.

(1.20) Lemma

Die Funktionen $b^{(\varrho)}$ bilden eine K-Modul-Basis von $K[w]$.

Beweis

Sei $r = \varrho_1 + \varrho_2 + \ldots + \varrho_k$ und sei $J(\varrho) = (j_1,\ldots,j_r)$, mit $j_\nu = s$ für $\varrho_1 + \ldots + \varrho_{s-1} < \nu \leq \varrho_1 + \ldots + \varrho_s$, $j_\nu = 1$ für $\nu < \varrho_1$. Dann ist

$$b^{(\varrho)} = \sum_{(\nu_i)} t_{\nu_1}^{j_1} \cdot \ldots \cdot t_{\nu_r}^{j_r},$$

wobei das Indexsystem (ν_i) alle Inklusionen

$$\{\nu_1,\ldots,\nu_r\} \subset \{1,2,3,\ldots\}$$

durchläuft. Dies ist die nächstliegende K-Basis für die symmetrischen homogenen Funktionen aus $K\{t_1,t_2,\ldots\}$. §§§

Wir erklären eine lineare Abbildung

(1.21) $$\alpha : \mathrm{Hom}_K(K[a],K) \longrightarrow K[w]$$

dadurch, daß das zu $a^{(\varrho)}$ duale Basiselement auf $b^{(\varrho)}$ abgebildet wird. Ist also $f \in \mathrm{Hom}(K[a],K)$, so ist $\alpha(f) = \sum_{\varrho} f(a^{(\varrho)}) b^{(\varrho)}$.

(1.22) Satz

Die Abbildung α definiert einen Isomorphismus von Hopfalgebren

$$\operatorname{Hom}_K(K[a],K) \longrightarrow K[w],$$

das heißt, die Hopfalgebra $K[a]$ ist isomorph zu ihrer dualen Algebra.

Zum Beweis benutzen wir folgendes

(1.23) Lemma

Sei $b^{(\rho)}\cdot b^{(\tau)} = \sum_\sigma b^\sigma_{\rho,\tau}\ b^{(\sigma)}$, $b^\sigma_{\rho,\tau} \in K$,

und $\Delta(a^{(\sigma)}) = \sum_{\rho,\tau} a^\sigma_{\rho,\tau}\cdot a^{(\rho)} \otimes a^{(\tau)}$, $a^\sigma_{\rho,\tau} \in K$,

dann ist $a^\sigma_{\rho,\tau} = b^\sigma_{\rho,\tau}$.

Beweis

Wir schreiben entsprechend (1.18) $a^{(\rho)} \otimes a^{(\tau)} = a'^{(\rho)}\cdot a''^{(\tau)}$, dann gilt

$$\sum_\sigma b^{(\sigma)} \sum_{\rho,\tau} b^\sigma_{\rho,\tau}\cdot a'^{(\rho)}a''^{(\tau)} = \sum_{\rho,\tau}\Big(\sum_\sigma b^\sigma_{\rho,\tau}\cdot b^{(\sigma)}\Big)\ a'^{(\rho)}a''^{(\tau)} =$$

$$\sum_{\rho,\tau} b^{(\rho)}b^{(\tau)}a'^{(\rho)}a''^{(\tau)} = \Big(\sum_\rho a'^{(\rho)}b^{(\rho)}\Big)\cdot\Big(\sum_\tau a''^{(\tau)}b^{(\tau)}\Big) =$$

$$\prod_{i=1}^{\infty} (1 + a'_1t_i + a'_2t_i^2 + \ldots)\cdot \prod_{i=1} (1 + a''_1t_i + a''_2t_i^2 + \ldots) =$$

$$\prod_{i=1}^{\infty} (1 + \Delta(a_1)t_i + \Delta(a_2)t_i^2 + \ldots) = \sum_\sigma \Delta(a^{(\sigma)})b^{(\sigma)} =$$

$$\sum_\sigma b^{(\sigma)}\sum_{\rho,\tau} a^\sigma_{\rho,\tau}\ a'^{(\sigma)}a''^{(\tau)}.$$

Aus der Gleichheit des ersten Terms mit dem letzten ergibt sich die Behauptung mit (1.20) durch Koeffizientenvergleich. §§§

Beweis von (1.22)

Es ist nach (1.20) nur zu zeigen, daß α mit der Multiplikation und Komultiplikation verträglich ist. Multiplikativität: Seien $f,g \in \operatorname{Hom}(K[a],K)$, dann ist $\alpha f\cdot\alpha g =$

$$\Big(\sum_\rho f(a^{(\rho)})b^{(\rho)}\Big)\Big(\sum_\tau g(a^{(\tau)})b^{(\tau)}\Big) =$$

$\sum_\sigma b^{(\sigma)}\sum_{\rho,\tau} b^\sigma_{\rho,\tau} f(a^{(\rho)})g(a^{(\tau)})$; und setzen wir $\alpha(f\cdot g) = \sum_\sigma h^\sigma b^{(\sigma)}$,

so haben wir $h^\sigma = (f\cdot g)(a^{(\sigma)}) = (f\otimes g)(\Delta a^{(\sigma)}) =$

$\sum_{\rho,\tau} a^\sigma_{\rho,\tau} f(a^{(\rho)})g(a^{(\tau)})$. Nach (1.23) folgt

$$\alpha f\cdot\alpha g = \alpha(f\cdot g).$$

Komultiplikativität: Sei x_i das zu a_1^i duale Basiselement von

Hom(K[a],K), dann ist

(1.24) $\qquad \alpha(x_i) = w_i$

nach Definition der elementarsymmetrischen Funktionen. Weil wir schon wissen, daß α ein Isomorphismus von Algebren ist, genügt es, die x_i beziehungsweise w_i zu betrachten. Es ist nach Definition der Komultiplikation in Hom(K[a],K) :

$$\Delta x_i \; (a^{(\varrho)} \otimes a^{(\tau)}) = x_i(a^{(\varrho)} . a^{(\tau)}) = \begin{cases} 1 & \text{für } a^{(\varrho)} = a_1^j, a^{(\tau)} = a_1^{i-j} \\ 0 & \text{sonst.} \end{cases}$$

Also ist $\Delta x_i = \sum x_j \otimes x_{i-j}$. §§§

Wir notieren als Folgerung

(1.25) Satz

$H_*(BO) = \mathbb{Z}_2[a]$ als Hopfalgebra (siehe (1.18)). §§§

(1.26) Bemerkung

Die Komultiplikation in K[a] und K[w], die wir beschrieben haben, geht aus der Multiplikation formaler Potenzreihen hervor (1.12). Man kann andere Komultiplikationen in der Algebra K[a] einführen, insbesondere werden wir in (XI,2.4) eine Komultiplikation definieren, die dem Zusammensetzen von Potenzreihen entspricht.

Sei $H = (H^i, i \geq 0)$ eine graduierte K-Algebra, dann ist $\mathrm{Hom}_K(K[w], H)$ eine graduierte Algebra mit

$$\mathrm{Hom}_K(K[w],H)^n = \prod_i \mathrm{Hom}_K(K[w]^i, H^{i+n}).$$

Ist $\phi : H \otimes H \longrightarrow H$ die Multiplikation in H, so ist die Multiplikation in $\mathrm{Hom}_K(K[w],H)$ durch

$$(f,g) \longmapsto \phi \circ (f \otimes g) \circ \Delta$$

gegeben.

(1.27) Satz

Es gibt einen kanonischen Isomorphismus graduierter Algebren

$$\mathrm{Hom}_K(K[w],H) = H[[a]]$$

Dabei ist $H[[a]] = H[[a_1, a_2, \ldots]]$ die graduierte Algebra der formalen homogenen Potenzreihen in Unbestimmten a_i der Dimension - i, entsprechend (VII,1). Mit einer Bezeichnung wie in (IX,4.3) ist

$$H[[a]] = H \mathbin{\widehat{\otimes}_K} K[a].$$

Beweis

Es gibt eine kanonische Abbildung von K-Moduln

$$\varkappa : H^{i+n} \otimes_K \mathrm{Hom}_K(K[w]^i,K) \longrightarrow \mathrm{Hom}_K(K[w]^i,H^{i+n})$$

$$\varkappa(h \otimes f)(x) = f(x)\cdot h \;;$$

und weil $K[w]^i$ frei und endlich erzeugt ist, ist $\varkappa$ isomorph, und induziert Isomorphismen von Algebren

$H[[a]] = (\prod_i (H^{n+i} \otimes_K K[a]_i),\ n \geq 0) =$ nach (1.22)

$(\prod_i (H^{n+i} \otimes_K \mathrm{Hom}_K(K[w]^i,K), n \geq 0) \longrightarrow$

$(\prod_i \mathrm{Hom}_K(K[w]^i,H^{n+i}),\ n \geq 0) = \mathrm{Hom}_K(K[w],H).$ §§§

Insbesondere folgt aus (1.10), (1.25), (1.27) für einen Raum X, daß es kanonische Isomorphismen graduierter $\mathbb{Z}_2$-Moduln

(1.28) $\mathrm{Hom}(H^*(BO),H^*(X)) = H^*(X)[[a]] = H^*(X) \hat{\otimes} H_*(BO)$

gibt.

2. Kohomologie und Homologie von $\mathbb{R}P^\infty$

Wir haben in (VI,8.3) eine Abbildung

$$a : \mathbb{R}P^\infty \times \mathbb{R}P^\infty \longrightarrow \mathbb{R}P^\infty$$

erklärt, die das Tensorprodukt der universellen Geradenbündel klassifiziert. Die Multiplikation a ist nach (VI,8.2,a-c) bis auf Homotopie assoziativ und kommutativ, und besitzt ein neutrales Element. Wir erhalten also ebenso wie im vorigen Abschnitt:

(2.1) Satz

(a) Die Kohomologie $H^*(\mathbb{R}P^\infty)$ mit Koeffizienten in $\mathbb{Z}_2$ ist eine zusammenhängende, assoziative, kommutative Hopfalgebra mit assoziativer, kommutativer Diagonale, die durch die Abbildung a in (VI, 8.3) induziert ist.

(b) $H^*(\mathbb{R}P^\infty) = \mathbb{Z}_2[w_1]$ als Algebra, mit $\dim w_1 = 1$; dabei ist $w_1 = w_1(\gamma)$ die erste Stiefel-Whitneyklasse des universellen Geradenbündels, und $\mathbb{Z}_2[w_1]$ die von w_1 als Unbestimmter erzeugte Polynomalgebra.

(c) Die Diagonale ist durch

$$\Delta w_1 = w_1 \otimes 1 + 1 \otimes w_1$$

gegeben.

Beweis

Wie (1.10), das heißt wie (VI,5.10). Die Diagonale $\Delta = a^*$ definiert die zur Theorie $H^*(-)$ gehörende formale Gruppe, und dies ist nach

(VIII,4.2) die lineare Gruppe $F(w',w'') = w' + w''$; aber man sieht auch leicht unmittelbar aus den Eigenschaften einer Hopfalgebra, daß (c) die einzig mögliche Komultiplikation für die Algebra $\mathbb{Z}_2[w_1]$ ist. Das Element $w_1 \in H^1(\mathbb{R}P^\infty)$ ist das Bild von $w_1 \in H^*(BO)$, bei der Abbildung, die durch die Zusammensetzung $\mathbb{R}P^\infty \simeq BO(1) \subset BO$ induziert ist. §§§

Die Homologie $H_*(\mathbb{R}P^\infty) = \mathrm{Hom}(H^*(\mathbb{R}P^\infty),\mathbb{Z}_2)$ ist die duale Hopfalgebra der Kohomologie von $\mathbb{R}P^\infty$. Wir beschreiben diese Hopfalgebra.

(2.2) Satz

Sei K ein kommutativer Ring mit 1, und sei $K[w_1]$ die Hopfalgebra, die als Algebra die Polynomalgebra in einer Unbestimmten w_1 mit $\dim w_1 = 1$ ist, mit der Komultiplikation $\Delta w_1 = w_1 \otimes 1 + 1 \otimes w_1$.

(a) Die duale Hopfalgebra $\mathrm{Hom}_K(K[w_1],K)$ ist als K-Modul frei erzeugt von den zu w_1^i dualen Basiselementen a_i der Dimension $-i$.

(b) Die Multiplikation ist durch

$$a_i \cdot a_j = (i,j) \cdot a_{i+j} \text{ mit } (i,j) = (i+j)!/i!\cdot j!$$

gegeben.

(c) Die Komultiplikation ist durch

$$\Delta a_i = \sum_{j=0}^{i} a_j \otimes a_{i-j} \text{ mit } a_0 = 1$$

gegeben.

Beweis

(a) ist klar. Wir setzen wieder $w_1 \otimes 1 = w'$ und $1 \otimes w_1 = w''$, dann ist $\Delta w_1 = w' + w''$, also $\Delta w_1^n = \sum_{i+j=n} (i,j) w'^i \cdot w''^j$, also

$$(a_i \cdot a_j)(w_1^k) = \begin{cases} (i,j) & \text{für } k = i+j \\ 0 & \text{sonst,} \end{cases}$$

das zeigt (b). Die Projektion (siehe (1.18))

$$K[w] = K[w_1,w_2,\ldots] \longrightarrow K[w_1] \;, \quad w_i \longmapsto 0 \text{ für } i > 1,$$

ist eine Abbildung von Algebra, daher ist die Inklusion $\mathrm{Hom}(K[w_1],K) \longrightarrow \mathrm{Hom}(K[w],K)$ eine Abbildung von Koalgebren, daher folgt (c) aus (1.22) und (1.24). §§§

(2.3) Bemerkung

Insbesondere induziert also die Inklusion

$$f : \mathbb{R}P^\infty \simeq BO(1) \longrightarrow BO$$

eine Abbildung von Algebren

$$f^* : H^*(BO) \longrightarrow H^*(\mathbb{R}P^\infty)$$

aber <u>keine</u> Abbildung von Koalgebren, denn zum Beispiel $f^*(w_2) = 0$, aber $(f^* \otimes f^*)(\Delta w_2) = w_1 \otimes w_1 \neq 0$.
Entsprechend induziert dieselbe Abbildung eine Inklusion von Koalgebren

$$f_* : H_*(\mathbb{R}P^\infty) \longrightarrow H_*(BO) \ , \ a_i \longmapsto a_i \ ,$$

die jedoch nicht multiplikativ ist, die a_i sind algebraisch unabhängig in $H_*(BO)$ aber nicht in $H_*(\mathbb{R}P^\infty)$.

3. Die Boardman-Abbildung

(3.1) Satz

<u>Seien</u> a_i <u>Unbestimmte</u>, dim $a_i = -i$, <u>für</u> $i = 1,2,\ldots$. <u>Es gibt genau eine stabile, multiplikative, natürliche Transformation</u>

$$B : \tilde{N}^*(-) \longrightarrow \tilde{H}^*(-)[[a]]$$

mit $B(e(\eta)) = w_1(\eta) + w_1(\eta)^2 a_1 + w_1(\eta)^3 a_2 + \ldots$

Dabei ist $w_1(\eta) \in \tilde{H}^*(B_\eta;\mathbb{Z}_2)$ die <u>Eulerklasse</u> von η in der Theorie $\tilde{H}^*$, das ist die erste Stiefel-Whitneyklasse. Mit $\tilde{H}^*(-)[[a]] = \tilde{H}^*(-)[[a_1,a_2,\ldots]]$ bezeichnen wir den Ring der formalen homogenen Potenzreihen in den Unbestimmten a_i, wie (1.27). Schließlich wollen wir fortan annehmen, daß die betrachteten topologischen Räume vom Homotopietyp eines Zellenkomplexes sind, und (IX,4) benutzen; andernfalls müßte man sich auf kompakte Räume beschränken.

<u>Beweis von (3.1)</u>

Sei X endlichdimensional, dann ist $\tilde{H}^*(X)[[a]] = \tilde{H}^*(X)[a]$ - homogene Potenzreihen brechen ab - und (3.1) folgt aus (VIII, 3.1) und der Beschreibung von $\tilde{H}^*(-)$ in (VIII, 4.2; IX,3.5 und 4), und der Tatsache, daß die natürliche Transformation μ: $\tilde{N}^*(-) \longrightarrow \tilde{H}^*(-)$ Eulerklassen in Eulerklassen überführt; dies tut μ nach Definition von $w_1 \in \tilde{H}^*(BO)$. Für beliebige Zellenkomplexe X haben wir auf den Gerüsten X^n eindeutig bestimmte natürliche Transformationen

$$B_n : \tilde{N}^*(X^n) \longrightarrow \tilde{H}^*(X^n)[a],$$

also eine eindeutig bestimmte Transformation

$$B = \lim{}^o B_n : \tilde{N}^*(X) = \lim{}^o \tilde{N}^*(X^n) \longrightarrow \lim{}^o \tilde{H}^*(X^n)[a] = \tilde{H}^*(X)[[a]] .$$

§§§

(3.2) Definition

Die Transformation B in (3.1) heißt <u>Boardman-Abbildung</u>.
Wir werden eine geometrische Interpretation der Abbildung B geben und zeigen, daß B injektiv ist.

Nach (1.28) ist $\tilde{H}^*(-)[[a]] = \mathrm{Hom}(H^*(BO),\tilde{H}^*(-))$; wir beschreiben eine kanonische Abbildung

$$(3.3) \qquad B': \tilde{N}^*(-) \longrightarrow \mathrm{Hom}(H^*(BO), \tilde{H}^*(-))$$

folgendermaßen: Sei $x \in \tilde{N}^i(X)$ repräsentiert durch $h: X \wedge S^k \longrightarrow MO(k+i)$. Sei j_k: $BO(k) \longrightarrow BO$ die kanonische Inklusion, dann sei $B'(x)$ der folgende Homomorphismus (vom Grade i):

$$H^r(BO) \xrightarrow{j^*_{i+k}} H^r(BO(k+i)) \underset{\phi(\gamma_{k+i})}{\xrightarrow{\cong}} \tilde{H}^{r+k+i}(MO(k+i))$$

$$\xrightarrow{h^*} \tilde{H}^{r+k+i}(X \wedge S^k) \underset{\sigma^{-k}}{\longrightarrow} \tilde{H}^{r+i}(X).$$

Dabei ist ϕ der Thomisomorphismus und σ der Einhängungsisomorphismus für die Theorie $\tilde{H}^*(-)$. Man sieht wie im Beweis von (VIII,1.4), daß $B'(x)$ nur von x und nicht vom Repräsentanten h abhängt.

(3.4) Bemerkung

In einer geeigneten stabilen Homotopiekategorie ist

$$\tilde{N}^*(-) = \{-, MO\}^*,$$

wobei $\{-,-\}^*$ den (graduierten) Hom-Funktor der Kategorie bezeichnet. Der Thomisomorphismus liefert

$$H^*(BO) \cong \tilde{H}^*(MO),$$

und weil $\tilde{H}^*(-)$ ein Funktor ist, hat man daher eine kanonische Abbildung graduierter Gruppen

$$\tilde{N}^*(-) = \{-, MO\}^* \xrightarrow{\tilde{H}^*} \mathrm{Hom}(\tilde{H}^*(MO),\tilde{H}^*(-)) \cong \mathrm{Hom}(H^*(BO),\tilde{H}^*(-)),$$

die wir mit B' bezeichnet haben.

(3.5) Satz

Bei der Identifikation $\tilde{H}^*(-)[[a]] = \mathrm{Hom}(H^*(BO),\tilde{H}^*(-))$ nach (1.28) gilt: $B = B'$.

Beweis

Man zeigt wie (VIII,1.4), daß B' eine stabile, multiplikative, natürliche Transformation ist. Nach (3.1) bleibt zu zeigen, daß B und B' auf Eulerklassen von Geradenbündeln denselben Wert annehmen. Die Eulerklasse $e(\eta)$ des universellen Geradenbündels über $\mathbb{R}P^\infty$ wird durch den Nullschnitt $s : \mathbb{R}P^\infty \longrightarrow M(\gamma_1)$ repräsentiert (VI, 4.2). Die Zusammensetzung (1.10), (1.18), (2.1)

$$\mathbb{Z}_2[w] = H^*(BO) \longrightarrow H^*(BO(1)) \xrightarrow{\phi(\gamma_1)} \tilde{H}^*(M(\gamma_1)) \xrightarrow{s^*} \tilde{H}^*(\mathbb{R}P^\infty)$$

$$H^*(BO(1)) = \mathbb{Z}_2[w_1]$$

ist durch

$$w_1^i \longmapsto w_1^{i+1} \ , \ w_j \cdot x \longmapsto 0 \text{ für } j > 1$$

beschrieben, denn $s^* \circ \phi$ ist Multiplikation mit der Eulerklasse $w_1(\gamma_1) = w_1$, und der Homomorphismus $H^*(BO) \longrightarrow H^*(BO(1))$ ist durch

$$w_1 \longmapsto w_1, \quad w_j \longmapsto 0 \text{ für } j > 1$$

gegeben (VI, 7.16,e analog). Das zu w_1^i duale Basiselement ist a_i, daher ist der obige Homomorphismus, also das Bild von $e(\gamma_1)$ bei B', durch

$$w_1 + w_1^2 \cdot a_1 + w_1^3 \cdot a_2 + \ldots \text{ gegeben.} \qquad \S\S\S$$

<u>(3.6) Satz</u>
<u>Die Boardman-Abbildung</u> B <u>ist injektiv.</u>

<u>Beweis</u>
Sei wie in (VII,4.1) $L = \mathbb{Z}_2[a_2, a_4, a_5, \ldots]$, und
$l = t + \sum a_i t^{i+1} \in L[[t]]$; ist dann
$l^{-1} = t + \sum b_i t^{i+1} \in L[[t]]$ nach (VII, 1.12), so definieren wir einen Homomorphismus von Ringen

$$r : \mathbb{Z}_2[a] \longrightarrow L \quad \text{durch } r(a_i) = b_i .$$

Beschränken wir uns nun zunächst auf die Kategorie der endlichdimensionalen Zellenkomplexe, so ist

$$\tilde{H}^*(X)[[a]] = \tilde{H}^*(X)[a] = \tilde{H}^*(X) \otimes \mathbb{Z}_2[a],$$

und wir haben für diese Räume eine stabile, multiplikative Transformation von Kohomologietheorien

$$(3.7) \quad \beta : \tilde{N}^*(-) \xrightarrow{B} \tilde{H}^*(-) \otimes \mathbb{Z}_2[a] \xrightarrow{id \otimes r} \tilde{H}^*(-) \otimes L = \tilde{N}^*(-) \otimes_L L_l ,$$

wobei wir für die letzte Gleichung (VIII, 4.2 folgend) zitieren. Für die Eulerklasse $e(\xi)$ eines Geradenbündels ist nach (3.1) und Definition von r

$$\beta(e(\xi)) = e(\xi) \otimes 1 + \sum_{i=1}^{\infty} e(\xi)^{i+1} \otimes b_i .$$

Also ist mit der Bezeichnung von (VIII, 3.1) $\beta = \theta_{l^{-1}}$, und $\theta_{l^{-1}}$ ist nach (VIII, 4.3) ein Isomorphismus. Also ist B injektiv auf endlichdimensionalen Räumen, und daher ist auch

$$B = \lim{}^0 B_n : \tilde{N}^*(X) = \lim{}^0 \tilde{N}^*(X^n) \longrightarrow \lim{}^0 \tilde{H}^*(X^n)[a] = \tilde{H}^*(X)[[a]]$$

injektiv. §§§

4. Unzerlegbare Elemente

Wir schicken der weiteren Untersuchung der Boardman-Abbildung eine algebraische Betrachtung voraus.

Sei A eine augmentierte Algebra über einem kommutativen Ring K. Das neutrale Element und die Augmentation von A liefern Abbildungen

$K \xrightarrow{\eta} A \xrightarrow{\varepsilon} K$ mit $\varepsilon \circ \eta = \mathrm{id}$, also $A = I(A) \oplus K$ mit $I(A) = \ker(\varepsilon)$, als K-Moduln. Das Ideal I(A) heißt Augmentationsideal. Ist $A = (A_n, n > 0)$ graduiert, und induziert η einen Isomorphismus $K \longrightarrow A_o$, so heißt A zusammenhängend. Die Augmentation gibt K die Struktur eines A-Moduls.

(4.1) Definition

Der K-Modul $Q(A) := K \otimes_A I(A)$ heißt Modul der unzerlegbaren Elemente von A. Wir nennen auch ein Element $a \in I(A)$ unzerlegbar, wenn $0 \neq 1 \otimes_A a \in Q(A)$. Die Multiplikation $A \otimes A \longrightarrow A$ induziert eine Abbildung

$\phi : I(A) \otimes I(A) \longrightarrow I(A)$, und

(4.2) Definition

Das Ideal $I(A)^2 = \phi(I(A) \otimes I(A))$ heißt Ideal der zerlegbaren Elemente von A.

Man hat nach diesen Definitionen eine exakte Folge von K-Moduln

(4.3) $I(A) \otimes I(A) \xrightarrow{\phi} I(A) \longrightarrow Q(A) \longrightarrow 0$.

Ist $f : A \longrightarrow B$ ein Morphismus augmentierter Algebren, so hat man induzierte Abbildungen

$I(f) : I(A) \longrightarrow I(B)$ und $Q(f) : Q(A) \longrightarrow Q(B)$, die I und Q zu Funktoren machen.

(4.4) Beispiel

Ist $A = K[a_j]_{j \in J}$ eine Polynomalgebra, so hat man eine Augmentation ε mit $\varepsilon(a_j) = 0$, und Q(A) ist der von der Menge $\{a_j \mid j \in J\}$ frei erzeugte K-Modul.

(4.5) Satz

Sei $f : A \longrightarrow B$ ein Morphismus augmentierter, graduierter Algebren, und sei B zusammenhängend, dann ist f genau dann epimorph, wenn Q(f) epimorph ist.

Beweis

Ist f epimorph, so offenbar auch Q(f). Sei also Q(f) epimorph, dann induziert f eine Abbildung von exakten Folgen (4.3)

$$\begin{array}{ccccccc} I(A)\otimes I(A) & \longrightarrow & I(A) & \longrightarrow & Q(A) & \longrightarrow & 0 \\ \downarrow{\scriptstyle I(f)\otimes I(f)} & & \downarrow{\scriptstyle I(f)} & & \downarrow{\scriptstyle Q(f)} & & \\ I(B)\otimes I(B) & \longrightarrow & I(B) & \longrightarrow & Q(B) & \longrightarrow & 0 \end{array}$$

Aus $I(B)_o = 0$ folgt $I(f)_o$ ist epimorph. Sei nun $I(f)_q$ epimorph für $q < n$, so folgt $(I(f) \otimes I(f))_q$ ist epimorph für $q \leq n$, und daraus nach dem 5-Lemma : $I(f)_n$ ist epimorph. §§§

<u>(4.6) Satz</u>

<u>Sei $f: B \longrightarrow A$ ein Morphismus zwischen graduierten Polynomalgebren, wie in (4.4), dann ist f genau dann isomorph, wenn $Q(f)$ isomorph ist.</u>

<u>Beweis</u>

Die Polynomalgebra A in (4.4) ist die von den a_j frei erzeugte kommutative Algebra. Man findet daher einen Morphismus $g : A \longrightarrow B$ mit $Q(g) = Q(f)^{-1}$. Es genügt zu zeigen, daß $g \circ f$ und $f \circ g$ isomorph sind. Man kann also annehmen $B = A$ und $Q(f) = \mathrm{id}$. Die Projektionen $I(A) \longrightarrow I(A)/I(A)^n$ definieren eine kanonische Abbildung $I(A) \longrightarrow \prod_{n=1}^{\infty} I(A)/I(A)^n$, die in unserem Fall offenbar monomorph ist.

Das kommutative Diagramm

$$\begin{array}{ccc} I(A) & \longrightarrow & \prod_n I(A)/I(A)^n \\ \downarrow{\scriptstyle I(f)} & & \downarrow \\ I(A) & \longrightarrow & \prod_n I(A)/I(A)^n \end{array}$$

zeigt, daß man nur einsehen muß, daß die von f induzierten Abbildungen

$$I(A)/I(A)^n \longrightarrow I(A)/I(A)^n$$

monomorph sind; und hierfür genügt, daß die von f induzierten Abbildungen

$$(4.7) \qquad I(A)^n/I(A)^{n+1} \longrightarrow I(A)^n/I(A)^{n+1}$$

monomorph sind, wie man aus der exakten Folge

$$0 \longrightarrow I(A)^n/I(A)^{n+1} \longrightarrow I(A)/I(A)^{n+1} \longrightarrow I(A)/I(A)^n \longrightarrow 0$$

durch Induktion mit dem 5-Lemma schließt. Die Abbildung (4.7) ist aber in unserem Fall die Identität, denn $I(A)^n/I(A)^{n+1}$ ist der von den Monomen der Ordnung n frei erzeugte (graduierte) Modul, und nach

Annahme und (4.3) ist

$$f(a_i) = a_i + b_i \quad \text{mit } b_i \in I(A)^2$$

für die Unbestimmten a_i, also

$$f(a_{i_1} \cdot \ldots \cdot a_{i_n}) \equiv (a_{i_1} \cdot \ldots \cdot a_{i_n}) \bmod I(A)^{n+1}.$$

§§§

<u>(4.8) Folgerung</u>

<u>Die Elemente</u> $\{a_j \mid j \in J\}$ <u>sind genau dann Polynomerzeugende in der graduierten Polynomalgebra</u> A, <u>wenn die Elemente</u> $\{1 \otimes_A a_j \mid j \in J\}$ <u>eine K-Modul Basis von</u> Q(A) <u>bilden</u>. §§§

<u>(4.9) Beispiele</u>

(a) Sei $A = \mathbb{Z}_2[a]$ wie in (1.18). Wir definieren nach (VI, 7.2) eine Abbildung (die <u>Konjugation</u>) $\nu: \mathbb{Z}_2[a] \longrightarrow \mathbb{Z}_2[a]$ durch die Gleichung

$$(1 + \nu(a_1)t + \nu(a_2)t^2 + \ldots) \cdot (1 + a_1 t + a_2 t^2 + \ldots) = 1$$

Offenbar ist $\nu(a_i) + a_i \equiv 0 \bmod I(\mathbb{Z}_2[a])^2$ (Koeffizientenvergleich für t^i), also ist ν ein Automorphismus, was wir schon wußten.

(b) Sei wie in (VII, 4.1) $L = \mathbb{Z}_2[a_2, a_4, \ldots]$ und

$$l = t + \sum a_i t^{i+1} \in L[[t]]. \text{ Ist } l^{-1} = t + \sum_{i=1}^{\infty} b_i t^{i+1}$$

die inverse Transformation (VII, 1.12) so sieht man ebenso : $b_i \equiv a_i \bmod I(L)^2$. Insbesondere sind die b_i für $i = 2^j - 1$ zerlegbar, und die b_i für $i \neq 2^j - 1$ (für alle j) bilden ein System von Polynom-erzeugenden von L. Allgemein ist eine Menge $S \subset L$ genau dann ein System von Polynomerzeugenden, wenn es zu jedem $i \neq 2^j - 1$ genau ein $x_i \in S$ der Dimension i gibt, sodaß x_i unzerlegbar ist, und $S = \{x_i \mid i > 1 \text{ und } i \neq 2^j - 1\}$.

<u>5. Der charakteristische Homomorphismus.</u>

Wir kehren zum Studium der Boardman-Abbildung (3.2) zurück.

<u>(5.1) Definition</u>

Die Abbildung (3.2), (1.18)

$$B : N^* \longrightarrow \mathbb{Z}_2[a]$$

heißt <u>normaler charakteristischer Homomorphismus.</u>

Ist $\nu: \mathbb{Z}_2[a] \longrightarrow \mathbb{Z}_2[a]$ die Konjugation (4.9,a), so heißt die Abbildung

$$\chi = \nu \circ B : N^* \longrightarrow \mathbb{Z}_2[a]$$

tangentialer charakteristischer Homomorphismus.

(5.2) Satz

(a) Die charakteristischen Homomorphismen B und χ sind injektiv.

(b) Ein System S von Mannigfaltigkeiten M^i der Dimension i ($\neq 2^j - 1$) ist genau dann ein System von Polynomerzeugenden von N*, wenn $B[M^i] \equiv \chi[M^i] \equiv a_i \equiv \nu(a_i) \bmod I(\mathbb{Z}_2[a])^2$.

Beweis

(a) folgt aus (3.6) und (4.9,a). Wir haben in (3.7) für einen Punkt ein kommutatives Diagramm

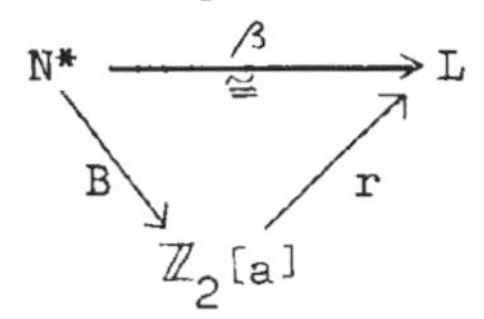

konstruiert. Durch Anwenden des Funktors Q in (4.1) (Modul der unzerlegbaren Elemente) erhält man daraus ein kommutatives Diagramm

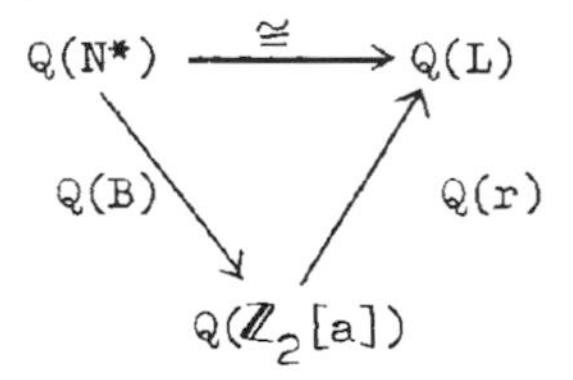

Beschreiben wir $Q(\mathbb{Z}_2[a])$ und Q(L) nach (4.4), so ist Q(r) nach (4.9, b) durch

$$Q(r)(a_i) = \begin{cases} a_i & \text{für } i \neq 2^j - 1 \\ 0 & \text{sonst} \end{cases}$$

gegeben. Daraus folgt (b) mit (4.9). §§§

Der charakteristische Homomorphismus wird dazu dienen, den Ring N* durch geometrisch gegebene Mannigfaltigkeiten zu beschreiben.

Sei nun M^n eine (kompakte differenzierbare unberandete) Mannigfaltigkeit der Dimension n. Eine Einbettung $M^n \subset \mathbb{R}^{n+i}$ mit dem Normalenbündel ξ liefert eine Abbildung $S^{n+i} \longrightarrow M\xi$ durch Identifizieren des Äußeren einer geeigneten tubularen Umgebung von M^n in $\mathbb{R}^{n+1}$ (III,1.3). Das Element $[M] \in N^{-n}$ ist nach der Pontrjagin-Thom-Konstruktion (III, 1 ff.) durch die Abbildung

$$S^{n+i} \longrightarrow M\xi \longrightarrow MO(i)$$

repräsentiert, also gilt nach (VI, 1.1 und 1.2):

(5.3) Lemma

Das Bild der Thomklasse $t(\xi)$ des Normalenbündels ξ der Einbettung $M^n \subset \mathbb{R}^{n+i}$ bei der Abbildung

$$\widetilde{N}^i(M\xi) \longrightarrow \widetilde{N}^i(S^{n+i}) \xrightarrow{\sigma^*} N^{-n} = N_n \text{ ist } [M]. \quad §§§$$

Natürlichkeit und Stabilität der Abbildung B liefern ein kommutatives Diagramm

$$\begin{array}{ccccc} \widetilde{N}^i(M\xi) & \longrightarrow & \widetilde{N}^i(S^{n+i}) & \xrightarrow{\sigma^*} & N^{-n} \\ \downarrow B & & \downarrow B & & \downarrow B \\ \widetilde{H}^*(M\xi) \otimes \mathbb{Z}_2[a] & \longrightarrow & \widetilde{H}^*(S^{n+i}) \otimes \mathbb{Z}_2[a] & \xrightarrow{\sigma^* \otimes id} & \mathbb{Z}_2[a] \end{array} \quad (5.4)$$

Um $B([M])$ zu beschreiben, berechnen wir daher $B(t\xi)$. Wir haben in Kapitel VIII eine eineindeutige Zuordnung zwischen multiplikativen Transformationen, Thomklassen, Exponentialklassen und Reihen aus $R[[X]]$ hergeleitet (VIII, 1.4, 2.1, 3.1). Zu der Transformation B gehört danach die Exponentialklasse

$$v(\xi) := \phi^{-1} \circ B(t\xi) , \quad (5.5)$$

wobei $\phi : H^*(B\xi) \longrightarrow \widetilde{H}^*(M\xi)$ der Thomisomorphismus ist, und es ist nach Definition von B (3.2)

$$v(\eta) = 1 + w_1(\eta)a_1 + w_1(\eta)^2 a_2 + \dots \quad (5.6)$$

für Geradenbündel η.

(5.7) Definition

Das Bild von $x \in H^*(M) \otimes \mathbb{Z}_2[a]$ bei der Abbildung

$$H^*(M) \otimes \mathbb{Z}_2[a] \xrightarrow{\phi \otimes id} \widetilde{H}^*(M\xi) \otimes \mathbb{Z}_2[a] \longrightarrow \widetilde{H}^*(S^{n+i}) \otimes \mathbb{Z}_2[a] \xrightarrow{\sigma^* \otimes id} \mathbb{Z}_2[a]$$

bezeichnen wir mit $x[M]$,- Evaluation von x auf der Fundamentalklasse von M.

Sei $\bar{v}$ die Exponentialklasse mit

$$\bar{v}(\eta) = 1 + w_1(\eta)\nu(a_1) + w_1(\eta)^2\nu(a_2) + \dots \quad (5.8)$$

dann folgt aus (5.1), (5.3) - (5.8) :

(5.9) Satz

Sei M^n eine geschlossene Mannigfaltigkeit. Sei ξ das Normalenbündel einer Einbettung $M^n \subset \mathbb{R}^{n+1}$, und τ das Tangentialbündel von M, dann gilt:

$$B([M]) = v(\xi)[M] = \bar{v}(\tau)[M]$$
$$\chi([M]) = \bar{v}(\xi)[M] = v(\tau)[M].$$

Beweis

Das Bündel $\xi \oplus \tau$ ist trivial, daher ist nach (VIII, 2.1) $v(\xi)\cdot v(\tau) = 1$, also $v(\xi) = \bar{v}(\tau)$ und $\bar{v}(\xi) = v(\tau)$; das übrige folgt wie gesagt. §§§

(5.10) Bemerkung

Für ein triviales Bündel ε ist $v(\varepsilon) = 1$, daher hängen $B([M])$ und $\chi([M])$ nur von den stabilen Bündeln ξ beziehungsweise τ ab.

In der Abbildung aus (5.7), durch die $v[M]$ definiert ist, ist nur die Komponente in $H^n(M) \otimes \mathbb{Z}_2[a]_n$ ungleich 0, denn ϕ hat den Grad i, und $\tilde{H}^*(S^{n+i})$ ist in der Dimension n + i konzentriert. Zur Berechnung dieser Komponente zweigen wir:

(5.11) Lemma

Sei M^n eine zusammenhängende, geschlossene Mannigfaltigkeit der Dimension n, dann ist die Zusammensetzung

$$H^n(M) \xrightarrow{\phi} \tilde{H}^{n+i}(M\xi) \longrightarrow \tilde{H}^{n+i}(S^{n+i}) \xrightarrow{\sigma^*} H^o(*) = \mathbb{Z}_2$$

ein Isomorphismus.

Beweis

Nach [2;Ch.XI,Th.6.8] ist $H^n(M) = H_o(M) = \mathbb{Z}_2$, es genügt also zu zeigen, daß die Abbildung

$$\tilde{H}^{n+i}(M\xi) \longrightarrow H^{n+i}(S^{n+i})$$

nicht die Nullabbildung ist. Sei D^n eine kleine offene Zelle in M, über der ξ trivial ist, dann haben wir ein kommutatives Diagramm

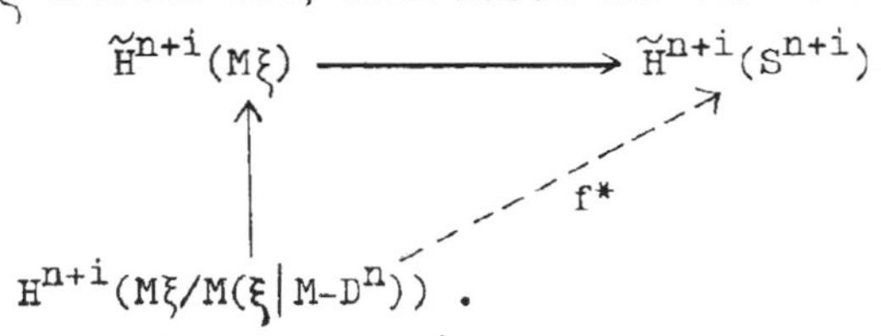

Dabei ist $M\xi/M(\xi|M-D^n) \approx S^{n+i}$, und f* ist durch eine Abbildung $f : S^{n+i} \longrightarrow S^{n+i}$ induziert, die dadurch gegeben ist, daß das Äußere einer (n+i)-Zelle zu einem Punkt identifiziert wird, also $f^* \neq 0$ [2;Ch.XI,Th.6.8]. §§§

Um also $\chi([M^n])$ zu berechnen, hat man zum Beispiel eine Basis von $\mathbb{Z}_2[a]_n$ zu wählen, also etwa $\{a^{(\varrho)} \mid \sum_i i\varrho_i = n\}$, und die Koeffizienten der Komponente von $v(\tau)$ in $H^n(M) \otimes \mathbb{Z}_2[a]_n \cong \mathbb{Z}_2[a]_n$ bezüglich dieser Basis zu bestimmen. Diese Koeffizienten heißen charakteristische

Zahlen von M^n.

6. Beispiele

Wir berechnen $\chi(\mathbb{R}P^n)$; hierzu benutzen wir:

(6.1) Lemma

Sei τ das Tangentialbündel von $\mathbb{R}P^n$, ε das triviale Bündel der Dimension 1 und η das kanonische Geradenbündel über $\mathbb{R}P^n$, dann gilt

$$\tau \oplus \varepsilon = (n+1)\cdot\eta := \eta \oplus \eta \oplus \ldots \oplus \eta .$$

Beweis

Das Tangentialbündel von S^n ist durch

$$\{(x,v) \mid |x| = 1 \text{ und } \langle x,v\rangle = 0\} \subset \mathbb{R}^{n+1} \times \mathbb{R}^{n+1}$$

gegeben, und τ entsteht daraus durch Faktorisieren nach der Äquivalenzrelation $(x,v) \sim (-x,-v)$.

Das Bündel $(n+1)\cdot\eta$ ist durch Faktorisieren des trivialen Bündels

$$\{(x,w) \mid |x| = 1\} \subset \mathbb{R}^{n+1} \times \mathbb{R}^{n+1}$$

nach der Äquivalenzrelation $(x,w) \sim (-x,-w)$ gegeben, und der Isomorphismus $\tau + \varepsilon \longrightarrow (n+1)\eta$ wird durch

$$[(x,v),t] \longmapsto (x,v+tx)$$

(unabhängig vom Repräsentanten!) beschrieben. §§§

(6.2) Satz

(a) Es ist $\chi([\mathbb{R}P^n])$ gleich dem Koeffizienten A_n^{n+1} von t^n in der Reihe $A^{n+1} = (1 + a_1t + a_2t^2 + \ldots)^{n+1}$.

(b) Die Elemente $[\mathbb{R}P^{2n}]$ sind unzerlegbar in N_* und können als Polynomerzeugende in den geraden Dimensionen gewählt werden.

Beweis

Es ist $H^*(\mathbb{R}P^n) = \mathbb{Z}_2[w_1]/(w_1^{n+1})$ mit $w_1 = w_1(\eta)$, also

$v(\tau) = v(\tau\oplus\varepsilon) = v((n+1)\cdot\eta) = v(\eta)^{n+1} =$

$(1 + a_1w_1 + a_2w_1^2 + \ldots)^{n+1}$, und $H^n(\mathbb{R}P^n)$ ist von w_1^n erzeugt (siehe (5.10), (6.1), (VIII, 2.1), (5.9) und (5.11)). Dies zeigt (a); insbesondere ist

$$\chi([\mathbb{R}P^n]) \equiv (n+1)a_n \mod I(\mathbb{Z}_2[a])^2$$

also folgt (b) aus (5.2, b). §§§

Auch für die verbleibenden ungeraden Dimensionen von N_* kann man recht einfache algebraische Mannigfaltigkeiten angeben, die Polynomerzeugende repräsentieren. Um sie zu beschreiben, treffen wir folgende

(6.3) Definition

Sei M^n eine geschlossene Mannigfaltigkeit, und $c \in H^1(M^n)$. Es ist $H^1(-;\mathbb{Z}_2) = [-,\mathbb{R}P^\infty]^0$, mit anderen Worten: $K(\mathbb{Z}_2,1) = \mathbb{R}P^\infty$, man findet also eine Abbildung $f : M^n \longrightarrow \mathbb{R}P^N$ für genügend großes N, sodaß $f^*(w_1) = c$. Wählt man f transversal zu $\mathbb{R}P^{N-1}$, so heißt die Untermannigfaltigkeit $N^{n-1} = f^{-1}(\mathbb{R}P^{N-1})$ dual zu c.

(6.4) Bemerkung

Die zu c duale Mannigfaltigkeit N^{n-1} ist durch c nicht bestimmt, wohl aber, wie man überlegt, ihre Bordismenklasse.

(6.5) Definition

Der projektive Raum $\mathbb{R}P^m$ sei durch homogene Koordinaten $[x] = [x_o,\ldots,x_m]$ beschrieben, und es sei $1 \leq m \leq n$, dann setzen wir

$$H(m,n) = \{([x],[y]) \mid \sum_{i=o}^{m} x_i y_i = 0\} \subset \mathbb{R}P^m \times \mathbb{R}P^n.$$

Nach (VI, 5.4, analog) ist $H^*(\mathbb{R}P^m \times \mathbb{R}P^n) = \mathbb{Z}_2[w',w'']/(w'^{m+1},w''^{n+1})$ und wir haben insbesondere $w' + w'' \in H^1(\mathbb{R}P^m \times \mathbb{R}P^n)$ mit $w' + w'' = w_1(\eta_m \otimes \eta_n)$ nach (2.1, c).

(6.6) Satz

(a) Der Raum H(m,n) ist eine zu $w' + w'' \in H^1(\mathbb{R}P^m \times \mathbb{R}P^n)$ duale Untermannigfaltigkeit von $\mathbb{R}P^m \times \mathbb{R}P^n$.

(b) Das Normalenbündel von H(m,n) in $\mathbb{R}P^m \times \mathbb{R}P^n$ ist isomorph zu $(\eta_m \otimes \eta_n)|H(m,n)$, wobei η_k das kanonische Geradenbündel über $\mathbb{R}P^k$ bezeichnet.

Beweis

Sei E(m,n) der Totalraum des (äußeren) Tensorprodukts $\eta_m \otimes \eta_n$, dann ist die Abbildung

$$g : \mathbb{R}P^m \times \mathbb{R}P^n \longrightarrow E(m,n)$$

$$([x],[y]) \longmapsto [x,y,\sum_{i=o}^{m} x_i y_i]$$

wohldefiniert und transversal zum Nullschnitt von $\eta_m \otimes \eta_n$; dabei beschreiben wir E(m,n) durch Koordinaten $[x,y,t]$ mit $[x] \in \mathbb{R}P^m$, $[y] \in \mathbb{R}P^n$, $t \in \mathbb{R}$. Dies zeigt, daß H(m,n) eine Untermannigfaltigkeit ist, und (b). Als klassifizierende Abbildung von $\eta_m \otimes \eta_n$ kann man die Segre-Einbettung

$$(6.7)\qquad \begin{aligned} \mathfrak{S}_{m,n} : \mathbb{R}P^m \times \mathbb{R}P^n &\longrightarrow \mathbb{R}P^{m\cdot n} \\ ([x],[y]) &\longmapsto [x \otimes y] \end{aligned}$$

wählen, wie man leicht überlegt; man setzt noch $i_m : \mathbb{R}P^m \longrightarrow \mathbb{R}P^{m+1}$ (Standard-Einbettung) und $f = f_{m,n} := i_{mn} \circ \mathfrak{S}_{m,n}$: $\mathbb{R}P^m \times \mathbb{R}P^n \longrightarrow \mathbb{R}P^{mn+1}$. Weil man über f eine Bündelabbildung $\eta_m \otimes \eta_n \longrightarrow \eta_{mn+1}$ hat, ist $f^*(w_1(\eta_{mn+1})) = w' + w''$; andererseits ist f homotop zu der Abbildung

$$f' : \mathbb{R}P^m \times \mathbb{R}P^n \longrightarrow \mathbb{R}P^{mn+1} = (\mathbb{R}^{mn} \times \mathbb{R})/\mathbb{Z}_2$$

$$([x],[y]) \longmapsto [x \otimes y, \textstyle\sum x_i y_i],$$

und diese ist transversal zu $\mathbb{R}P^{mn}$, mit $f'^{-1}(\mathbb{R}P^{mn}) = H(m,n)$. §§§

Die duale Untermannigfaltigkeit trägt ihren Namen aus folgendem Grunde:

<u>(6.8) Lemma</u>

<u>Sei $N^{n-1} \overset{j}{\subset} M^n$ dual zu $c \in H^1(M^n)$, und $D : H_{n-1}(M^n) \longrightarrow H^1(M^n)$ die Poincaré-Dualität. Ist $Z_N \in H_{n-1}(N^{n-1})$ der Fundamentalzykel, so ist</u> $D \circ j_*(Z_N) = c$.

Zum Beweis benutzen wir folgendes

<u>(6.9) Lemma</u>

<u>Ist η_n das kanonische Geradenbündel über $\mathbb{R}P^n$, so ist</u> $M(\eta_n) = \mathbb{R}P^{n+1}$, und $w_1 = t(\eta_n) \in H^1(\mathbb{R}P^{n+1})$.

<u>Beweis von (6.9)</u>

Die Abbildung $E_{\eta_n} \longrightarrow \mathbb{R}P^{n+1}$, $[(x_0,\dots,x_n),t] \longrightarrow [x_0,x_1,\dots,x_n,t]$ induziert den Homöomorphismus, und $t(\eta_n) = w_1$, weil in $H^1(\mathbb{R}P^{n+1})$ sonst nichts zu haben ist. §§§

<u>Beweis von (6.8)</u>

Sei ξ das Normalenbündel der Einbettung $j : N^{n-1} \subset M^n$, dann haben wir ein kommutatives Diagramm

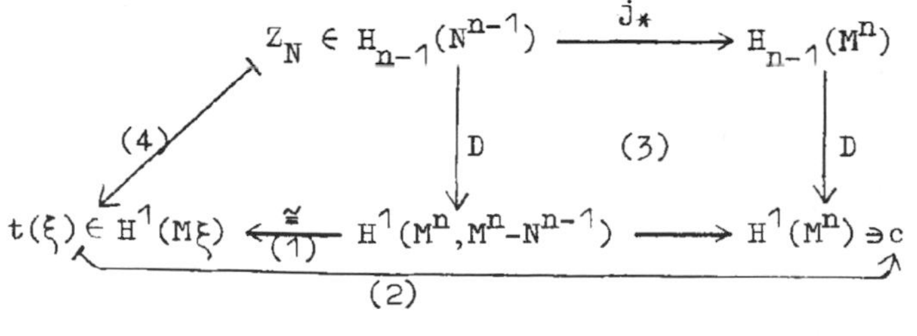

$$\begin{array}{ccccc} & & Z_N \in H_{n-1}(N^{n-1}) & \xrightarrow{j_*} & H_{n-1}(M^n) \\ & \swarrow (4) & \downarrow D & (3) & \downarrow D \\ t(\xi) \in H^1(M\xi) & \xleftarrow[(1)]{\cong} & H^1(M^n, M^n - N^{n-1}) & \longrightarrow & H^1(M^n) \ni c \end{array}$$

(2): $t(\xi) \longmapsto c$

(1) ist ein Ausschneidungsisomorphismus. (2) folgt aus der Definition (6.3) und (6.9). Das Quadrat (3) ist kommutativ aus Natürlichkeit der Poincaré-Dualität. (4) heißt mit anderen Worten: Ist $\sigma_N \in H^{n-1}(N^{n-1})$ die Orientierungsklasse der Kohomologie, so ist $\sigma_N \cdot t(\xi)$ die Orientierungsklasse von $M(\xi)$; dies ist für ein triviales Bündel offenbar, und folgt sonst aus Natürlichkeit durch Einschränken auf die lokale Situation. §§§

Damit haben wir das Material zusammen, um $\chi([H(m,n)])$ zu berechnen; dem wollen wir uns jetzt zuwenden. Das stabile Tangentialbündel $\tau(H(m,n))$ erfüllt nach (6.6,b) die Gleichung

$$(6.10) \quad \tau(H(m,n)) = \left[(\tau(\mathbb{R}P^m) \times \tau(\mathbb{R}P^n)) \oplus (\eta_m \otimes \eta_n)^-\right] \Big| \, H(m,n).$$

Setzen wir also

$$A(t) = 1 + a_1 t + a_2 t^2 + \ldots$$
$$\nu A(t) = 1 + \nu(a_1)t + \nu(a_2)t^2 + \ldots$$

und bezeichnen allgemein mit f_r den Koeffizienten von t^r in $f(t)$, so folgt aus (6.10), (2.1, c), (5.6) und den Eigenschaften einer Exponentialklasse:

$$(6.11) \quad v(\tau(\mathbb{R}P^m \times \mathbb{R}P^n) \oplus (\eta_m \otimes \eta_n)^-) = A(w')^{m+1} \cdot A(w'')^{n+1} \cdot \nu A(w' + w'').$$

Der Koeffizient von $w'^i \cdot w''^j$ auf der rechten Seite ist

$$(6.12) \quad \sum_{r \leq i;\, s \leq j} (j - s, i - r)\, A_r^{m+1} \cdot A_s^{n+1} \cdot \nu(a_{i-r+j-s}) \, .$$

Wir müssen jetzt (6.11) auf $H^{m+n-1}(H(m,n)) = \mathbb{Z}_2$ einschränken ($H(m,n)$ ist zusammenhängend - Übungsaufgabe). Nach (6.8) ist diese Einschränkungsabbildung dieselbe, wie die Multiplikation mit $w' + w''$, aufgefaßt als Abbildung nach $\mathbb{Z}_2 = H^{m+n}(\mathbb{R}P^m \times \mathbb{R}P^n)$. Also werden die Basiselemente $w'^{m-1} \cdot w''^n$ und $w'^m \cdot w''^{n-1}$ auf $1 = \sigma_{H(m,n)} \in H^{m+n-1}(H(m,n))$ abgebildet. Benutzt man die Identität von Binomialkoeffizienten

$$(n,k) + (n+1,k-1) = (n+1,k) \, ,$$

so erhält man also aus (6.12):

<u>(6.13) Satz</u>

(a) *Es ist* $\chi([H(m,n)]) = \sum_{r+s+k=m+n-1} (n-s,m-r)\, A_r^{m+1} \cdot A_s^{n+1} \cdot \nu(a_k)$.

mit Bezeichnungen wie (6.10, ff).

(b) *Für $m > 1$ ist* $\chi([H(m,n)]) \equiv (n,m) \cdot a_{m+n-1}$ mod. *zerlegbarer Ele-*

mente; insbesondere ist $[H(m,n)]$ für $m > 1$ genau dann unzerlegbar, wenn $(n,m) \not\equiv 0 \bmod 2$.

(c) In den ungeraden Dimensionen $\neq 2^j - 1$ kann man geeignete $[H(m,n)]$ als Polynomerzeugende von N_* wählen.

Beweis

(a) ist schon gezeigt. (b) folgt aus (a); ist nämlich $(n,m) \not\equiv 0 \bmod 2$, so ist insbesondere $n+m-1 \neq 2^j-1$, also a_{m+n-1} unzerlegbar. (c) folgt aus (b) und (5.2), wenn man noch benutzt, daß man für $m+n \neq 2^j$ stets $m,n \geq 1$ so wählen kann, daß $(m,n) \not\equiv 0 \bmod 2$ (siehe zum Beispiel [4;Ch.I,Lemma 2.6]). §§§

Schließlich bemerken wir zur Erholung von der harten Arbeit:

(6.14) Satz

Ist das stabile Tangentialbündel der geschlossenen Mannigfaltigkeit M^n $(n > 0)$ trivial, so ist M^n ein Rand. Insbesondere berandet zum Beispiel jede kompakte Liesche Gruppe.

Beweis

Ist τ das Tangentialbündel, so ist $v(\tau) = 1$, also $v(\tau)[M] = 0$, weil $\dim(M) > 0$. Der Satz folgt aus (5.2), (5.9). §§§

Ein elementarer Beweis von (6.14) ist nicht bekannt. Für die niedrigen Dimensionen von N_* liefert (6.2):

(6.15) Beispiel

Jede 2-dimensionale Mannigfaltigkeit berandet oder ist bordant zu $\mathbb{R}P^2$. Jede 3-dimensionale Mannigfaltigkeit berandet. Jede 4-dimensionale Mannigfaltigkeit ist bordant zu

S^4, $\mathbb{R}P^4$, $\mathbb{R}P^2 \times \mathbb{R}P^2$ oder $\mathbb{R}P^4 + (\mathbb{R}P^2 \times \mathbb{R}P^2)$.

7. Geometrische Interpretation des tangentialen chrakteristischen Homomorphismus.

Sei M^n eine geschlossene Mannigfaltigkeit der Dimension n, und

$$f_M : M \longrightarrow BO(n)$$

eine klassifizierende Abbildung des Tangentialbündels von M. Die Abbildung

$$(7.1) \qquad g_M : M \xrightarrow{f_M} BO(n) \longrightarrow BO$$

heiße klassifizierende Abbildung des stabilen Tangentialbündels von M. Sei $z_M \in H_n(M;\mathbb{Z}_2)$ die Fundamentalklasse.

(7.2) Lemma

Das Element $g_{M*}(z_M) \in H_n(BO)$ hängt nur von der Bordismenklasse von M ab.

Beweis

Ist $M = \partial B \dot{\cup} B$, so ist $g_M \simeq g_B \circ i$, und $i_*(Z_M) = i_* \circ \partial_*(Z_B) = 0$. §§§

Wir definieren also einen Homomorphismus

$$(7.3)\qquad \begin{aligned} \tau : N_* &\longrightarrow H_*(BO) \\ [M] &\longrightarrow g_{M*}(Z_M). \end{aligned}$$

Wir werden gleich sehen, daß $\tau = \chi$ ist.
Zuvor eine Verallgemeinerung!

(7.4) Definition

Sei $x = [M,h] \in N_n(X)$ gegeben; wir haben mit (7.1) eine Abbildung

$$(h,g_M) : M \longrightarrow X \times BO$$

und erklären eine natürliche Transformation

$$\tau : N_*(X) \longrightarrow H_*(X \times BO)$$

durch $\qquad [M\ ,\ h] \longrightarrow (h,g_M)_*(z_M)$.

Man sieht wie (7.2) daß τ wohldefiniert ist. Nach der Künneth-Formel und (1.25) ist

$$H_*(X \times BO) = H_*(X) \otimes H_*(BO) = H_*(X) \otimes \mathbb{Z}_2[a].$$

Die Abbildung τ wird in Kapitel XII zur Berechnung der Bordismentheorie dienen.

(7.5) Satz

Die Abbildung $\tau : N_* \longrightarrow H_*(BO) = \mathbb{Z}_2[a]$ stimmt mit dem tangentialen charakteristischen Homomorphismus $\chi: N^* \longrightarrow \mathbb{Z}_2[a]$ in (5.1) überein.

Beweis

Sei eine Einbettung $M^n \subset \mathbb{R}^{n+k}$ mit dem Normalenbündel ζ gegeben. Zur Definition von $B = B'$ (siehe (3.3)) haben wir die Zusammensetzung

$$H^*(BO) \longrightarrow H^*(BO(k)) \longrightarrow \tilde{H}^*(MO(k)) \longrightarrow \tilde{H}^*(M\zeta) \longrightarrow \tilde{H}^*(S^{n+k}) \xrightarrow{\cong} \mathbb{Z}_2$$

zu betrachten, und diese stimmt überein mit der Zusammensetzung

$$(7.6)\quad H^*(BO) \longrightarrow H^*(BO(k)) \xrightarrow{f_\zeta^*} H^*(M) \xrightarrow{\ldots[M]} \mathbb{Z}_2\ ,$$

wobei f_ζ die klassifizierende Abbildung von ζ, und $\ldots[M]$ die Evaluation auf der Fundamentalklasse ((5.7) mit $\mathbb{Z}_2$ für $\mathbb{Z}_2[a]$) bezeichnet. Wir wenden auf (7.6) den Funktor Hom $(-,\mathbb{Z}_2)$ an, und erhalten eine Abbildung

$$(7.7)\qquad H_*(BO) \xleftarrow{f_{\zeta *}} H_*(M) \xleftarrow{\eta} \mathbb{Z}_2$$

Behauptung: $\eta(1) = z_M$.

Das ist klar für zusammenhängende M, weil dann $H_n(M) = H^n(M) = \mathbb{Z}_2$, und $x \longrightarrow x[M]$ ein Isomorphismus ist (5.11). Daraus erhält man leicht den allgemeinen Fall.

Das Bild der 1 bei der Abbildung (7.7) ist der Homomorphismus (7.6), also das Bild von $[M]$ bei B' = B. Also erhält man $B([M])$ wie $\tau([M])$, indem man nur die klassifizierende Abbildung des Tangentialbündels durch die des Normalenbündels ersetzt. Also ist $\tau([M]) = \nu \circ B([M]) = \chi([M])$. §§§

Literatur

1. T. tom Dieck: "Zur K-Theorie und ihren Kohomologieoperationen" (Dissertation, Saarbrücken (1964)).

2. S. Eilenberg, N. Steenrod: "Foundations of Algebraic Topology" (Princeton Univ. Press (1952))

3. J. Milnor, J. Moore: "On the structure of Hopf algebras" (Ann. of Math. 81 (1965), 211-264).

4. N. Steenrod, D. Epstein: "Cohomology Operations" (Ann. of Math. Stud. 50 (1962), Princeton Univ. Press).

XI. Kapitel

Stabile Operationen

In diesem Kapitel studieren wir die Algebra der stabilen, natürlichen, graduierten Transformationen der Theorie $\tilde{N}^*(-)$ in sich. Die gewöhnliche Kohomologie $\tilde{H}^*(-;\mathbb{Z}_2)$ haben wir als Quotienten von $\tilde{N}^*(-)$ durch Töten der Operationen von $(N^i | i < 0)$ erhalten (VIII, 4.3 und IX, 3.5). Es liegt daher nahe, auch die Algebra der stabilen Operationen auf $\tilde{H}^*(-)$ auf dem Wege über $\tilde{N}^*(-)$ zu beschreiben. Dies werden wir durchführen; wir kommen dabei zu einer direkten Definition der dualen Steenrod-Algebra im Fall von $\tilde{H}^*(-)$, und der dualen Landweber-Novikov Algebra im Fall von $\tilde{N}^*(-)$ ($A_*(O)$ in [?]), deren algebraische Struktur verhältnismäßig einfach zu beschreiben ist.

1. Stabile Operationen in $\tilde{N}^*(-)$.

(1.1) Definition

Eine stabile Homotopieklasse vom Grad k zwischen topologischen Räumen: $X \longrightarrow Y$ ist ein Element aus

$$\{X,Y\}^k := \{X,Y\}_{-k} := \varinjlim_j [X \wedge S^j, Y \wedge S^{k+j}]^o .$$

Die stabilen Homotopieklassen sind auf naheliegende Weise Morphismen einer Kategorie, mit einer Verknüpfung

$$\{X,Y\}^k \times \{Y,Z\}^l \xrightarrow{\circ} \{X,Z\}^{k+l} .$$

Eine Kohomologietheorie wird durch den kanonischen Einhängungsisomorphismus zu einem Funktor auf dieser Kategorie. Ist $f \in \{X,Y\}^k$ repräsentiert durch $f' : X \wedge S^j \longrightarrow Y \wedge S^{k+j}$, so ist f^* durch die Zusammensetzung

$$\tilde{N}^*(Y) \xrightarrow{\sigma^*} N^{*+k+j}(Y \wedge S^{k+j}) \xrightarrow{f'^*} N^{*+k+j}(X \wedge S^j) \xrightarrow{\sigma^*} \tilde{N}^{*+k}(X)$$

gegeben.

Wir machen die entsprechende Konstruktion, statt für alle topologische Räume, für endliche, endlichdimensionale oder beliebige Zellenkomplexe, und untersuchen die (für diese Kategorien) natürlichen Transformationen von Funktoren $\tilde{N}^*(-) \longrightarrow \tilde{N}^*(-)$, das heißt solche Transformationen, die mit dem Einhängungsisomorphismus vertauschbar sind.

(1.2) Definition

Wir setzen $A^* = (A^k, k \in \mathbb{Z})$ und bezeichnen mit A^k die Menge der <u>stabilen Transformationen</u> $\tilde{N}^*(-) \longrightarrow \tilde{N}^{*+k}(-)$, das heißt der natürlichen

Transformationen für die Kategorie (1.1). Ein Element $\Theta \in A^k$ ist also eine Folge von natürlichen Transformationen

$$\Theta^i : \widetilde{N}^i(-) \longrightarrow \widetilde{N}^{i+k}(-),$$

sodaß $\sigma^* \circ \Theta^i = \Theta^{i+1} \circ \sigma^*$.

Ansich hat man zu unterscheiden, für welche topologische Kategorie man den Funktor $\widetilde{N}^*(-)$ betrachtet, aber

(1.3) Satz

Sei nacheinander A(e), A(d), A(b) die Menge der stabilen Transformationen (1.2) für die Kategorie der endlichen, endlichdimensionalen und beliebigen Zellenkomplexe, dann induziert die Inklusion der Kategorien Isomorphismen

$$A(b) \xrightarrow{(1)} A(d) \xrightarrow{(2)} A(e).$$

Beweis

Daß (1) isomorph ist, folgt leicht aus (IX, 4.2). Sei jetzt X endlichdimensional und $\mathfrak{U}$ die Kategorie der endlichen Zellenkomplexe, mit Morphismen (1.1). Wir bilden die Kategorie $X/\mathfrak{U}$ der Räume aus $\mathfrak{U}$ unter X, deren Objekte Morphismen $X \longrightarrow U \in \mathfrak{U}$ nach (1.1), und deren Morphismen kommutative Dreiecke

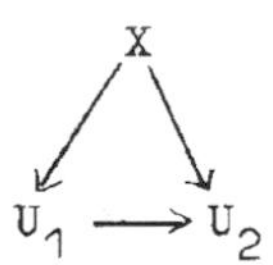

sind. Dann hat man eine kanonische Abbildung

$$(1.4) \qquad \varinjlim_{U \in X/\mathfrak{U}} \{\widetilde{N}^*(U)\} \longrightarrow \widetilde{N}^*(X) ,$$

und (1.3) folgt leicht aus

(1.5) Lemma

Die Abbildung (1.4) ist isomorph.

Beweis

Wählt man $BO(k) = G_{k,\infty}$ als Grassmann-Mannigfaltigkeit, und $MO(k) = M(\gamma_{k,\infty})$ so ist MO(k) ein Raum mit endlichen Gerüsten (IX, 4). Hieraus folgt mit (VI, 1.2) leicht die Behauptung. §§§

Wir werden also zwischen A(e), A(d) und A(b) nicht unterscheiden, und immer an die für ein Argument gerade bequeme Kategorie denken.

(1.6) Bemerkung

Eine stabile Transformation Θ ist stets ein Homomorphismus, denn die Addition

$$+ : \widetilde{N}^*(X \wedge S^1) \oplus \widetilde{N}^*(X \wedge S^1) \longrightarrow \widetilde{N}^*(X \wedge S^1)$$

ist durch die geometrische Abbildung

$pr: X \wedge S^1 \longrightarrow (X \wedge S^1)/(X \wedge S^o) = (X \wedge S^1) \vee (X \wedge S^1)$

induziert, und daher mit θ vertauschbar.

Die Menge A^* ist ein N^*-Links-Modul mit der Addition

$$(\theta_1 + \theta_2)\ (x) := \theta_1(x) + \theta_2(x)$$

für $\theta_i \in A^k$ und $x \in \tilde{N}^*(-)$; und der Skalarmultiplikation

$$(n \cdot \theta)(x) := n \cdot \theta(x)$$

für $n \in N^*$, $\theta \in A^k$, $x \in \tilde{N}^*(-)$.

Die Philosophie zur Berechnung von A^* ist folgende: In einer geeigneten stabilen Kategorie hat man ein stabiles Objekt MO, und $\tilde{N}^*(-) = \{-, MO\}^*_o$, also Hom $(\tilde{N}^*(-), \tilde{N}^{*+k}(-)) = \{MO,MO\}^k_o = \tilde{N}^k(MO) = N^k(BO)$, wie in (X, 3.4). Bei der ersten Gleichung wird die Transformation θ auf $\theta(id_{MO})$ abgebildet, und id_{MO} repräsentiert die "stabile Thomklasse".

<u>(1.7) Satz</u>

<u>Sei</u> $\theta \in A^k$ <u>eine stabile Operation vom Grad</u> k <u>für</u> $\tilde{N}^*(-)$, <u>und</u> $t(\gamma_n) \in \tilde{N}^n(MO(n))$ <u>die kanonische Thomklasse. Sei</u> θ_n <u>das Bild von</u> $t(\gamma_n)$ <u>bei der Abbildung</u>

$$\tilde{N}^n(MO(n)) \xrightarrow{\theta} \tilde{N}^{n+k}(MO(n)) \xrightarrow{\phi(\gamma_n)} N^k(BO(n)).$$

<u>Dann gilt:</u>

(a) $\theta_\infty := \{\theta_n\}_{n>o} \in \lim_n{}^o N^k(BO(n)) = N^k(BO)$.

(b) <u>Die Abbildung</u> $\theta \longmapsto \theta_\infty$ <u>definiert einen</u> N^*-<u>Links-Modul-Isomorphismus</u>

$$A^* \longrightarrow N^*(BO) = N^*[[w_1,w_2,w_3,\dots]] .$$

<u>Beweis</u>

Man folgert aus der Stabilität und Natürlichkeit von θ, daß bei der kanonischen Abbildung

$$N^k(BO(n+1)) \longrightarrow N^k(BO(n))$$

θ_{n+1} auf θ_n geht, daher (a). Die Abbildung in (b) ist injektiv, denn ist $\theta_\infty = 0$ so ist $\theta_n = 0$, also $\theta(t(\gamma_n)) = 0$, und weil $N^*(-)$ von Thomklassen erzeugt wird, auch $\theta = 0$. Sei nun $x \in N^k(BO)$ gegeben und $x_n \in N^k(BO(n))$ die Einschränkung. Ist $y \in \tilde{N}^i(Y)$ durch $f: Y \wedge S^t \longrightarrow MO(t+i)$ repräsentiert, so erklären wir die Operation θ^x durch

$$N^k(BO(t+i)) = \tilde{N}^{k+t+i}(MO(t+i)) \xrightarrow{f^*} \tilde{N}^{k+t+i}(Y \wedge S^t) = N^{k+i}(Y)$$

$$\begin{array}{ccc} \cup & & \cup \\ x_{t+i} & \longmapsto & \theta^x(Y). \end{array}$$

Dann ist θ^x wohldefiniert, $\theta^x \in A^k$, und $\theta^x_\infty = x$.
Man vergleiche den Beweis von (VIII, 1.4). §§§

Der vorstehende Satz dient dazu, stabilen Operationen den Namen des zugehörigen Elements in $N^*[[w]]$ zu geben. Die Abbildung $\theta \longrightarrow \theta_\infty$ ist nicht multiplikativ, und die folgenden Überlegungen dienen weitgehend dazu, Aussagen über die multiplikative Struktur von A^* zu machen.

2. Die duale Landweber-Novikov Algebra.

Wir betrachten die Kategorie der endlichen Zellenkomplexe. Sei $\mathbb{Z}_2[a]$ der graduierte Polynomring über $\mathbb{Z}_2$ in Unbestimmten a_i vom Grad $-i$, für $i = 1,2, \ldots$ (X, 1.18). Dann gibt es genau eine stabile, multiplikative, natürliche Transformation

(2.1) $\psi: N^*(-) \longrightarrow N^*(-) \otimes \mathbb{Z}_2[a]$,

sodaß die Eulerklasse $e(\eta)$ eines Geradenbündels η auf $e(\eta) + e(\eta)^2 \otimes a_1 + \ldots$ abgebildet wird (VIII, 3.1). Ist nun $f \in \mathrm{Hom}\,(\mathbb{Z}_2[a],N^*)^k = \prod_{i=0}^{\infty} \mathrm{Hom}(\mathbb{Z}_2[a]^i, N^{k+i})$, dann bezeichnen wir mit ψ_f die Zusammensetzung

(2.2) $\tilde{N}^*(-) \xrightarrow{\psi} \tilde{N}^*(-) \otimes \mathbb{Z}_2[a] \xrightarrow{id \otimes f} \tilde{N}^*(-) \otimes N^* \xrightarrow{\cdot} \tilde{N}^*(-)$.

(2.3) Satz

Die Abbildung $f \longmapsto \psi_f$ nach (2.1), (2.2) definiert einen Morphismus vom Grad 0 von N^*-Links-Moduln

$$j : \mathrm{Hom}(\mathbb{Z}_2[a],N^*) \longrightarrow A^*.$$

§§§

Wie wir wissen (X,1.27), ist $\mathrm{Hom}(\mathbb{Z}_2[a],N^*) = N^*[[w]]$, und dies ist nach (1.7) auch gleich A^*. Wir werden zeigen (2.8), daß j mit dem in (X, 1.21 und 1.27) erklärten Isomorphismus α übereinstimmt. Alle Information über A^* steckt also in der Abbildung ψ in (2.1). Insbesondere werden wir Aussagen über die multiplikative Struktur einer Teilalgebra von A^* gewinnen, indem wir auf $\mathbb{Z}_2[a]$ eine Komultiplikation einführen, die von der früher (X, 1.18) betrachteten verschieden ist. Seien also $\mathbb{Z}_2[a'] = \mathbb{Z}_2[a'_1, a'_2, \ldots]$ und entsprechend $\mathbb{Z}_2[a'']$ isomorphe Exemplare von $\mathbb{Z}_2[a]$. Sei $h' = X + a'_1 X^2 + a'_2 X^3 + \ldots \in \mathbb{Z}_2[a'][[X]]$, und entsprechend $h'' \in \mathbb{Z}_2[a''][[X]]$, dann haben wir über

$\mathbb{Z}_2[a'] \otimes \mathbb{Z}_2[a''] = \mathbb{Z}_2[a'_1, a'_2, \ldots, a''_1, a''_2, \ldots]$

die formale Reihe

$$h'' \circ h'(X) = h' + a''_1 h'^2 + \ldots = X + b_1 X^2 + b_2 X^3 + \ldots,$$

wobei $b_i \in (\mathbb{Z}_2[a'] \otimes \mathbb{Z}_2[a''])_i$ ein wohlbestimmtes Polynom vom Grad i in den a'_i, a''_i ist.

<u>(2.4) Definition</u>

Die Abbildung

$$\wedge : \mathbb{Z}_2[a] \longrightarrow \mathbb{Z}_2[a'] \otimes \mathbb{Z}_2[a'']$$

ist durch $\wedge(a_i) = b_i$, wie oben, gegeben.

Die Komultiplikation $\wedge$ entspricht dem Zusammensetzen formaler Potenzreihen mit unbestimmten Koeffizienten, und erbt daher die formalen Eigenschaften des Zusammensetzens.

<u>(2.5) Satz</u>

(a) <u>Die Algebra $\mathbb{Z}_2[a]$ zusammen mit der Komultiplikation $\wedge$ ist eine Hopfalgebra; wir bezeichnen diese Hopfalgebra mit S_*, und nennen sie die duale Landweber-Novikov Algebra.</u>

(b) <u>Die Komultiplikation $\wedge$ ist assoziativ (aber nicht kommutativ).</u>

(c) <u>Die Abbildung ψ: $\tilde{N}^*(-) \longrightarrow \tilde{N}^*(-) \otimes S_*$ in (2.1) macht $\tilde{N}^*(X)$ auf natürliche Weise zu einem Komodul über der Koalgebra S_*.</u>

<u>Beweis</u>

Sei $\varepsilon : \mathbb{Z}_2[a] \longrightarrow \mathbb{Z}_2$ die durch $a_i \longmapsto 0$ erklärte Augmentation. Das Diagramm

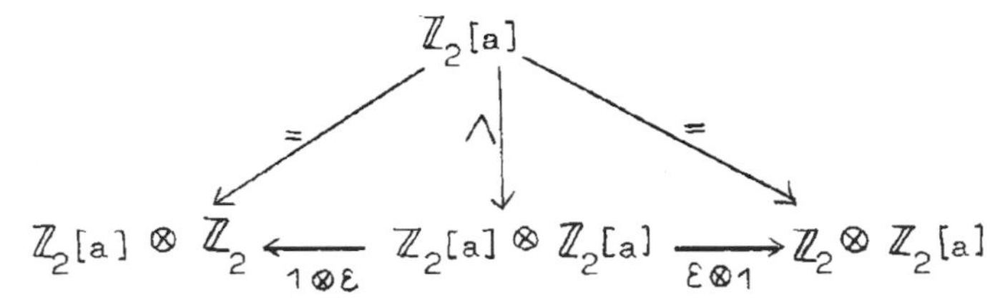

ist kommutativ, also ist $\wedge$ eine Komultiplikation mit Koeins (= Augmentation) ε. Die Assoziativität der Diagonale $(\wedge \otimes id) \circ \wedge = (id \otimes \wedge) \circ \wedge$ folgt aus der Assoziativität des Zusammensetzens von Potenzreihen. Weil $\wedge$ als Homomorphismus von Algebren definiert war, ist S_* eine Hopfalgebra. Die Eigenschaft (c) bedeutet, daß folgendes Diagramm kommutativ ist:

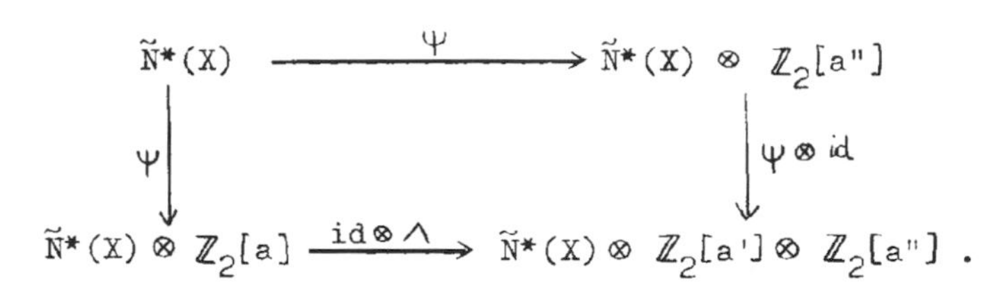

Beide Wege in dem Diagramm beschreiben stabile, multiplikative, natürliche Transformationen. Die Eulerklasse $e(\eta)$ eines Geradenbündels η wird bei beiden Transformationen - etwas unpräzise geschrieben - auf $h'' \circ h'(e(\eta))$ abgebildet, daher sind beide Transformationen gleich (VIII, 3.1). §§§

Die Zusammensetzung der Abbildung j in (2.3) mit der Abbildung in (1.7,b) ist eine Abbildung

(2.6) $\quad J : \mathrm{Hom}(S_*, N^*) \longrightarrow N^* \quad w$

von N^*-Linksmoduln vom Grad 0.

Die Inklusion $\mathbb{Z}_2 = N^0 \subset N^*$ induziert eine Inklusion

(2.7) $\quad S^* := \mathrm{Hom}(S_*, \mathbb{Z}_2) \subset \mathrm{Hom}(S_*, N^*)$

Die zu S_* duale Hopfalgebra S^* heißt <u>Landweber-Novikov Algebra.</u>

<u>(2.8) Satz</u>

(a) <u>Die Abbildung</u> $J : \mathrm{Hom}(S_*, N^*) \longrightarrow N^*[[w]]$ <u>ist ein Isomorphismus von</u> N^*<u>-Links-Moduln.</u>

(b) <u>Die Abbildung</u> j <u>in (2.3) induziert eine Inklusion von Algebren</u> $S^* \subset A^*$, <u>und</u> $J(S^*) = \mathbb{Z}_2[w]$.

<u>Beweis (b)</u>

Nach (a), (1.7, c) induziert j eine Inklusion, und daß die Algebrenstrukturen respektiert werden, folgt aus (2.5, c).

<u>(2.9) Bemerkung</u>

Die Abbildung $j : \mathrm{Hom}(S_*, N^*) \longrightarrow A^*$ in (2.3) ist zwar nach (2.8) ein Isomorphismus von N^*-Links-Moduln, aber <u>kein</u> Isomorphismus der Algebra $\mathrm{Hom}(S_*, N^*)$, deren Multiplikation durch die Komultiplikation von S_* induziert ist, mit der Algebra A^*, weil Ψ nicht N^*-linear ist, oder mit anderen Worten, weil S^* auf den Koeffizienten N^* nicht trivial operiert.

Dem Beweis von (2.8, a) schicken wir voraus:

<u>(2.10) Lemma</u>

<u>Der Nullschnitt</u> $\zeta : BO(1) \longrightarrow MO(1)$ <u>ist eine Homotopieäquivalenz.</u>

<u>Beweis</u>

$MO(1)$ ist der Abbildungskegel des Sphärenbündels $S(\gamma_1) \longrightarrow BO(1)$, und $S(\gamma_1) = S^\infty \simeq \{*\}$, weil für jedes n gilt: $S^n \subset \varinjlim_m S^m = S^\infty$ ist in S^{n+1} zusammenziehbar; die Inklusion von $BO(1)$ in den Abbildungskegel von $\{*\} \longrightarrow BO(1)$ ist eine Homotopieäquivalenz. §§§

Insbesondere folgt, daß $w_1 \in \tilde{N}^*(MO(1)) = N^*(\mathbb{R}P^\infty)$ die Thomklasse $t(\gamma_1)$ des universellen Geradenbündels ist.

Beweis von (2.8, a)

Wir betrachten die zusammengesetzte Abbildung

$$\begin{array}{ccccc} \tilde{N}^*(MO(n)) & \xrightarrow{\Psi} & \tilde{N}^*(MO(n))[[a]] & \xrightarrow[=]{\phi^{-1}} & N^*(BO(n))[[a]] \\ \Big\downarrow \pi & & & & \| \\ N^*[[t_1,\dots,t_n]][[a]] & & \longleftarrow & & N^*[[w_1,\dots,w_n]][[a]] \end{array}$$

(ϕ ist vom Thomisomorphismus induziert, den wir auch mit ϕ bezeichnen).

Behauptung: $\pi(t(\gamma_n)) = \prod_{i=1}^n (1 + a_1 t_i + a_2 t_i^2 + \dots)$.

Beweis: Für n = 1 haben wir nach (2.8) und der Definition von Ψ:

$t(\gamma_1) = t_1 \overset{\Psi}{\longmapsto} t_1 + a_1 t_1^2 + \dots \overset{\phi^{-1}}{\longmapsto} 1 + a_1 t_1 + a_2 t_1^2 + \dots$, und

das behaupten wir; den Fall n > 1 führt man mit Natürlichkeit und Multiplikativität von Ψ und ϕ auf den Fall n = 1 zurück, indem man die Inklusion $MO(1) \wedge \dots \wedge MO(1) \longrightarrow MO(n)$ betrachtet. Das zeigt die Behauptung. Setzen wir wie früher

$$\prod_{i=1}^n (1 + a_1 t_i + a_2 t_i^2 + \dots) = \sum_\rho w^{(\rho)} a^{(\rho)}$$

mit $w^{(\rho)} \in \mathbb{Z}_2[w_1, w_2, \dots]$, so ist nach Definition

$$J(f) = \phi^{-1} \circ \Psi_f(t_n) = \sum_\rho f(a^{(\rho)}) w^{(\rho)} ;$$

durch diese Gleichung ist aber auch der Isomorphismus α in (X, 1.21 und 1.27) definiert. §§§

Um die multiplikative Struktur von A^* vollständig zu beschreiben, hat man im Wesentlichen die Operation der Landweber-Novikov Algebra S^* auf N^* zu bestimmen. Darauf werden wir noch kommen. Die Multiplikation von S_* induziert eine Komultiplikation $\Delta: S^* \longrightarrow S^* \otimes S^*$, welche die Wirkung der Operation aus S^* auf Produkten beschreibt. (Cartan-Formel). Die Multiplikativität der S_*-Komodul-Struktur Ψ von $\tilde{N}^*(-)$ liefert nämlich ein kommutatives Diagramm

$$\begin{array}{ccc} \tilde{N}^*(X) \otimes \tilde{N}^*(Y) & \xrightarrow{\tau \circ (\Psi \circ \Psi)} & (\tilde{N}^*(X) \otimes \tilde{N}^*(Y)) \otimes (S_* \otimes S_*) \\ \Big\downarrow m & & \Big\downarrow m \otimes m' \\ \tilde{N}^*(X \wedge Y) & \xrightarrow{\Psi} & \tilde{N}^*(X \wedge Y) \otimes S_* \end{array}$$

(m,m' Multiplikation, τ Vertauschung).
Anwenden des Funktors Hom $(-,\mathbb{Z}_2)$ auf S_* liefert

(2.11) Satz

Sei $\Delta : S^* \longrightarrow S^* \otimes S^*$ die Komultiplikation der Landweber-Novikov Algebra (= $\mathbb{Z}_2[w]$ als Koalgebra), dann gilt für

$a \in \tilde{N}^*(X)$, $b \in \tilde{N}^*(Y)$, $\theta \in S^*$: $\theta(a \cdot b) = m \circ \Delta(\theta)(a \otimes b) \in \tilde{N}^*(X \wedge Y)$.

Insbesondere ist $\tilde{N}^*(X)$ eine Algebra über der Hopfalgebra S^*.
§§§

3. Berechnung von Operationen

Um die Operation der Landweber-Novikov Algebra S^* für Beispiele zu berechnen, erklären wir eine Operation von S^* auf S_*, die über die Boardman-Abbildung der Operation von S^* auf $N^*(-)$ entspricht.

(3.1) Definition

Sei $f \in S^* = \mathrm{Hom}(S_*, \mathbb{Z}_2)$, dann ist γ_f die Zusammensetzung

$$S_* \xrightarrow{\wedge} S_* \otimes S_* \xrightarrow{(id \otimes f)} S_* \otimes \mathbb{Z}_2 = S_* .$$

Es ist γ_f für $f \in S^k$ ein additiver Homomorphismus vom Grad k. Die Definition beruht nur auf der Existenz einer Komultiplikation in S_*. Ihr Nutzen ist folgender (wir erinnern daran, daß $S_* = \mathbb{Z}_2[a]$ als Algebra ist).

(3.2) Satz

Sei B die Boardman-Abbildung (X, 3.1), und seien Ψ_f, γ_f die Operationen (2.2), (3.1), dann ist folgendes Diagramm kommutativ:

$$\begin{array}{ccc} N^*(-) & \xrightarrow{B} & H^*(-) \otimes \mathbb{Z}_2[a] \\ \Psi_f \downarrow & & \downarrow id \otimes \gamma_f \\ N^*(-) & \xrightarrow{B} & H^*(-) \otimes \mathbb{Z}_2[a] \end{array}$$

Beweis

Es ist $B = (\mu \otimes 1) \circ \Psi \quad : N^*(-) \longrightarrow N^*(-) \otimes \mathbb{Z}_2[a] \longrightarrow H^*(-) \otimes \mathbb{Z}_2[a]$,

wie man unmittelbar aus den Definitionen (X, 3.1) und (2.1) schließt. Hieraus und aus (2.5, c) folgt leicht die Behauptung. §§§

(3.3) Bemerkung

Wir beschränken uns hier auf endlichdimensionale Komplexe, und benutzen, daß man die Abbildung Ψ, also die Operation von S^*, auch für das nicht reduzierte $N^*(-)$ hat.

Weil die Boardman-Abbildung injektiv ist, liefert eine Berechnung von B und γ_f die volle Information über Ψ_f .

Für die Koeffizienten N^* hat man nach (VII, 4.4) (VIII, 4.3) (IX,3.5) einen Isomorphismus $\varphi: L \longrightarrow N^*$, wobei $L = \mathbb{Z}_2[e_2, e_4, e_5, \ldots]$ der Ring ist, über dem die universelle formale Gruppe erklärt ist. In (VIII, 4.3) haben wir einen Isomorphismus $\Theta_{l^{-1}} : N^* \longrightarrow L$ konstruiert, der nach (VIII, 3.6) invers zu φ ist. Wir treffen folgende

(3.4) Vereinbarung

Wir identifizieren L mit N^* vermöge φ. Die Elemente e_i (die in VII, 4.1) a_i hießen) heißen kanonische Polynomerzeugende von N^*. Insbesondere ist dann $N^* \otimes \mathbb{Z}_2[a] = \mathbb{Z}_2[e_2, e_4, e_5, \ldots, a_1, a_2, \ldots]$.

(3.5) Satz

Sei mit obiger Vereinbarung

$$\left.\begin{array}{l} l = X + e_2X^3 + e_4X^5 + \ldots \\ q = X + a_1X^2 + a_2X^3 + \ldots \end{array}\right\} \in (N^* \otimes \mathbb{Z}_2[a])[[X]],$$

und sei ψ, ϱ wie in (2.1), (VII, 3.12) erklärt, dann ist $\psi(e_i) = \varrho(l \circ q^{-1})_i$.

Beweis

Im Sinne von (VIII, 3.6) ist $\psi = \Theta_q$, mit $R = N^* \otimes \mathbb{Z}_2[a]$, und $h : N^* \longrightarrow N^* \otimes \mathbb{Z}_2[a]$ die kanonische Inklusion. Daher ist $\psi = q * h$, und $q * h\,(e_i) = (l \circ q^{-1})_i$, nach (VII, 4.5, c). §§§

Damit ist die Untersuchung der Operation von S^* auf N^* im Prinzip auf ein explizit berechenbares algebraisches Problem reduziert. Interessanter als die Wirkung von S^* auf den kanonischen Polynomerzeugenden ist allerdings die Wirkung auf Elemente, die durch bekannte Mannigfaltigkeiten repräsentiert sind. Hier ist (3.2) hilfreich.

Wir benutzen wieder die Bezeichnungen

$$A = \sum_{i=0}^{\infty} a_i X^i, \quad a_0 = 1 \quad ; (\nu A) \cdot A = 1 \text{ und allgemein } G_r = \text{Koeffi-}$$

zient von X^r in $G \in R[[X]]$, und bezeichnen mit A', A'' die entsprechenden Reihen mit gestrichenen Koeffizienten.

(3.6) Satz

Mit obigen Bezeichnungen ist für $f \in S^k = \mathrm{Hom}(\mathbb{Z}_2[a]_k, \mathbb{Z}_2)$:

$$\psi_f[\mathbb{R}P^n] = f(\nu A^{n+1})_k \cdot [\mathbb{R}P^{n-k}].$$

Beweis

Die Diagonale $\Lambda: \mathbb{Z}_2[a] \longrightarrow \mathbb{Z}_2[a'] \otimes \mathbb{Z}_2[a'']$ in (2.4) induziert einen Homomorphismus der zugehörigen Potenzreihenringe. Nach Definition von Λ ist

$$\Lambda(X \cdot A) = (X \cdot A'') \circ (X \cdot A') = X \cdot A' \cdot (A'' \circ (X \cdot A'))$$

und offenbar $\Lambda(X) = X$, also $\Lambda(A) = A' \cdot (A'' \circ (X \cdot A'))$.
Weil A eine Einheit in $\mathbb{Z}_2[a][[X]]$ ist, können wir schließen

$$(3.7) \qquad \Lambda(\nu A) = \nu A' \cdot (\nu A'' \circ (X \cdot A')).$$

Nun ist nach (X, 5.1, 6.2) : $B[\mathbb{R}P^n] = (\nu A^{n+1})_n$,

also $\Lambda \circ B[\mathbb{R}P^n] = (\nu A'^{n+1} \cdot (\nu A''^{n+1} \circ (X \cdot A')))_n$.

Sei also $f \in S^k$, dann ist

$$\begin{aligned} \gamma_f \circ B[\mathbb{R}P^n] &= f(\nu A''^{n+1})_k \cdot (\nu A'^{n+1} \cdot (X \cdot A')^k)_n \\ &= f(\nu A''^{n+1})_k \, (X^k \cdot \nu A'^{n+1-k})_n = \\ & f(\nu A''^{n+1})_k \, (\nu A'^{n-k+1})_{n-k} = f(\nu A^{n+1})_k \cdot B[\mathbb{R}P^{n-k}]. \end{aligned}$$

Das war nach (3.2) zu zeigen. §§§

4. Die Steenrod-Algebra

Sei $\mathbb{Z}_2[\lambda]$ der Polynomring in Unbestimmten λ_j der Dimension $-(2^j - 1)$, und sei

$$(4.1) \qquad q : \mathbb{Z}_2[a] \longrightarrow \mathbb{Z}_2[\lambda]$$

der Homomorphismus, der durch

$$q(a_i) = \begin{cases} 0 \text{ für } i \neq 2^j - 1 \\ \lambda_j \text{ für } i = 2^j - 1 \end{cases}$$

gegeben ist.

Wir versehen $\mathbb{Z}_2[\lambda]$ mit der Struktur einer Hopfalgebra, deren Diagonale

$$(4.2) \qquad \Lambda : \mathbb{Z}_2[\lambda] \longrightarrow \mathbb{Z}_2[\lambda'] \otimes \mathbb{Z}_2[\lambda'']$$

wie (2.4) dadurch erklärt ist, daß die Reihe $k = \sum \lambda_i X^{2^i}$ auf $k'' \circ k'(X)$ abgebildet wird.

<u>(4.3) Satz</u>

<u>Die Abbildung</u> $q : S_* = \mathbb{Z}_2[a] \longrightarrow \mathbb{Z}_2[\lambda]$ <u>ist ein Homomorphismus von Hopfalgebren.</u>

<u>Beweis</u>

Die Abbildung q ist nach Definition ein Homomorphismus von Algebren; es ist zu zeigen, daß q mit der Komultiplikation verträglich ist.
Mit den Bezeichnungen zur Definition (2.4) und (4.2) ist

$$h'' \circ h'(X) = \sum \Lambda(a_i) \, X^i \text{ in } (S_* \otimes S_*)[[X]]$$
$$k'' \circ k'(X) = \sum \Lambda(\lambda_j) \, X^{2^j} \text{ in } (\mathbb{Z}_2[\lambda] \otimes \mathbb{Z}_2[\lambda])[[X]],$$

weil die Reihen, die nur 2-Potenzen enthalten, eine Gruppe bilden

(VII, 3.10), und offenbar induziert q eine Abbildung
$(S_* \otimes S_*)[[X]] \longrightarrow (\mathbb{Z}_2[\lambda] \otimes \mathbb{Z}_2[\lambda])[[X]]$,
sodaß $q(h'' \circ h') = k'' \circ k'$. §§§

Sei $\psi(2)$ die Zusammensetzung der Abbildungen

$$N^*(-) \xrightarrow{\Psi} N^*(-) \otimes \mathbb{Z}_2[a] \xrightarrow{(1 \otimes q)} N^*(-) \otimes \mathbb{Z}_2[\lambda] \xrightarrow{(\mu \otimes 1)} H^*(-) \otimes \mathbb{Z}_2[\lambda] .$$

(4.4) Satz

Die Abbildung $\psi(2)$ läßt sich über $\mu : N^*(-) \longrightarrow H^*(-)$ faktorisieren und liefert eine multiplikative Transformation

$$\varphi(2) : H^*(-) \longrightarrow H^*(-) \otimes \mathbb{Z}_2[\lambda] .$$

Die Abbildung $\varphi(2)$ macht $H^*(-)$ zu einem Komodul über der Hopfalgebra $\mathbb{Z}_2[\lambda]$.

Beweis

Die Abbildung $\psi(2)$ ist eine multiplikative Transformation $N^*(-) \longrightarrow N_h^*(-)$ mit $h : L \longrightarrow \mathbb{Z}_2[a]$, $h(e_i) = 0$. Die Eulerklasse $e(\eta)$ eines Geradenbündels η geht nach Definition (2.1) von ψ auf die Reihe $k(e(\eta)) = \sum \lambda_i \, e(\eta)^{2^i} \in H^*(-) \otimes \mathbb{Z}_2[\lambda]$. Nach (VIII, 3.8) läßt sich $\varphi(2)$ daher über $N_{k*h}(-)$ faktorisieren, und weil die formale Gruppe $F_h(X,Y)$ linear ist, und k ein Automorphismus der linearen Gruppe, ist $k * h = h$(siehe VII, 4.5 c), daher die erste Behauptung. Man sieht leicht aus (4.3) und (2.5), daß die multiplikative Transformation

$$N^*(-) \xrightarrow{\Psi} N^*(-) \otimes \mathbb{Z}_2[a] \xrightarrow{(1 \otimes q)} N^*(-) \otimes \mathbb{Z}_2[\lambda]$$

eine Komodulstruktur von $N^*(-)$ über $\mathbb{Z}_2[\lambda]$ definiert. Anwenden von μ beziehungsweise $(\mu \otimes 1)$ ergibt die Behauptung. §§§

(4.5) Definition

Sei $A^*(2)$ die Algebra der stabilen natürlichen Transformationen $H^*(-) \longrightarrow H^*(-)$. Sie heißt Steenrod-Algebra.

Die Kooperation $\varphi(2)$ in (4.4) definiert wie in (2.2) eine Operation der dualen Hopfalgebra $\mathrm{Hom}(\mathbb{Z}_2[\lambda], \mathbb{Z}_2)$ auf $H^*(-)$, also einen Homomorphismus von Algebren

(4.6) $$\varkappa : \mathrm{Hom}(\mathbb{Z}_2[\lambda], \mathbb{Z}_2) \longrightarrow A^* .$$

Der Rest dieses Kapitels dient dazu, zu zeigen:

(4.7) Satz

Die Abbildung $\varkappa$ in (4.6) ist ein Isomorphismus. Insbesondere ist die Steenrod-Algebra eine Hopf-Algebra mit assoziativer und kommutativer Diagonale, und $H^*(-)$ ist eine Algebra über dieser Hopfalgebra.

Dazu stellen wir zunächst fest:

(4.8) Satz

Sei $B : \widetilde{N}^*(-) \longrightarrow \widetilde{H}^*(-) \otimes \mathbb{Z}_2[a]$ die Boardman-Abbildung (X, 3.1), und sei $f \in S^* = \mathrm{Hom}(\mathbb{Z}_2[a], \mathbb{Z}_2)$. Sei B_f die Zusammensetzung

$$\widetilde{N}^*(-) \xrightarrow{B} \widetilde{H}^*(-) \otimes \mathbb{Z}_2[a] \xrightarrow{1 \otimes f} \widetilde{H}^*(-) .$$

Die Zuordnung $f \longmapsto B_f$ definiert einen Isomorphismus von S^* mit dem $\mathbb{Z}_2$-Modul der stabilen natürlichen Transformation $\widetilde{N}^*(-) \longrightarrow \widetilde{H}^*(-)$.

Beweis

Man zeigt wie (1.7), daß die stabilen natürlichen Transformationen additiv den Elementen aus $H^*(BO)$ entsprechen (Thomisomorphismus für die Theorie $H^*(-)$, siehe Philosophie zu (1.7)), und man zeigt wie (2.8), daß die angegebene Abbildung ein Isomorphismus ist. §§§

(4.9) Lemma

Sei $L = \mathbb{Z}_2[e_2, e_4, e_5, \dots]$ wie in (VII, 4.1), $\mathbb{Z}_2[\lambda]$ und $\mathbb{Z}_2[a]$ wie in (4.1) erklärt. Sei $e_0 = \lambda_0 = a_0 = 1$ und

$$q = \sum a_i X^{i+1} , \quad l = \sum e_i X^{i+1} , \quad k = \sum \lambda_i X^{2^i} .$$

Es gibt genau einen Homomorphismus von Algebren

$$\gamma : \mathbb{Z}_2[a] \longrightarrow \mathbb{Z}_2[\lambda] \otimes L$$

$$a_i \longmapsto (l \circ k)_i ,$$

und γ ist ein Isomorphismus.

Beweis

Nur das letzte ist zu zeigen. Es ist $l \circ k \equiv l + k$ modulo zerlegbarer Elemente, und die induzierte Abbildung der Moduln der unzerlegbaren Elemente

$$Q(\gamma) : Q(\mathbb{Z}_2[a]) \longrightarrow Q(\mathbb{Z}_2[e_i, \lambda_j])$$

ist durch $a_i \longmapsto (l + k)_i$ gegeben, also ein Isomorphismus. Das Lemma folgt aus (X, 4.6). §§§

(4.10) Bemerkung

Man vergleiche (VII, 3.13); das Lemma besagt, daß das damals (VII, 3.11) angegebene Repräsentantensystem von Links-Klassen der Automorphismengruppe S der linearen formalen Gruppe in der Gruppe ϕ aller normierten Transformationen, auch ein Repräsentantensystem von Rechts-Klassen von S in ϕ ist.

(4.11) Lemma

Folgendes Diagramm ist kommutativ:

$$\begin{array}{ccc}
\widetilde{N}^*(-) & \xrightarrow{\ \theta_1\ } & \widetilde{H}^*(-) \otimes L \\
\Big\downarrow{\scriptstyle B} & & \Big\downarrow{\scriptstyle \varphi(2)\,\otimes\,\mathrm{id}} \\
\widetilde{H}^*(-) \otimes \mathbb{Z}_2[a] & \xrightarrow{\ \mathrm{id}\otimes\gamma\ } & \widetilde{H}^*(-) \otimes \mathbb{Z}_2[\lambda] \otimes L
\end{array}$$

Dabei sind B, $\varphi(2)$, γ in (X, 3.1), (4.4), (4.9) erklärt, und θ_1 ist die multiplikative Transformation mit $\theta_1(e(\eta)) = \sum w_1(\eta)^{i+1} \otimes e_i$.

Beweis

Es ist $(\varphi(2) \otimes \mathrm{id}) \circ \theta_1 \; (e(\eta)) = 1 \circ k\,(w_1(\eta)) = (\mathrm{id} \otimes \gamma)\;(q(w_1(\eta))$

$= (\mathrm{id} \otimes \gamma) \circ B\;(e(\eta))$, in der Schreibweise von (4.9). §§§

Beweis von (4.7)

Die Abbildung $\varkappa$ ist monomorph:

Ist $0 \neq f \in \mathrm{Hom}(\mathbb{Z}_2[\lambda], \mathbb{Z}_2)$, so definiert f nach (4.8) eine nichttriviale Abbildung $\widetilde{N}^*(-) \longrightarrow \widetilde{H}^*(-)$, also ist auch die induzierte Abbildung $\widetilde{H}^*(-) \longrightarrow \widetilde{H}^*(-)$ nicht trivial.

Die Abbildung $\varkappa$ ist epimorph.

Sei $\zeta : \widetilde{H}^*(-) \longrightarrow \widetilde{H}^*(-)$ eine stabile Operation, dann ist die Zusammensetzung

$$\widetilde{N}^*(-) \xrightarrow{\ \mu\ } \widetilde{H}^*(-) \xrightarrow{\ \zeta\ } \widetilde{H}^*(-)$$

eine stabile Transformation, und diese ist nach (4.8) und (4.11) von der Form

$$\widetilde{N}^*(-) \xrightarrow{\ \theta_1\ } \widetilde{H}^*(-) \otimes L \xrightarrow{\ \varphi(2)\otimes\mathrm{id}\ } \widetilde{H}^*(-) \otimes \mathbb{Z}_2[\lambda] \otimes L \xrightarrow{\ \mathrm{id}\otimes f\ } \widetilde{H}^*(-) ,$$

wobei f ein eindeutig bestimmter Homomorphismus

$$f : \mathbb{Z}_2[\lambda] \otimes L \longrightarrow \mathbb{Z}_2$$

ist. Aus dem kommutativen Diagramm

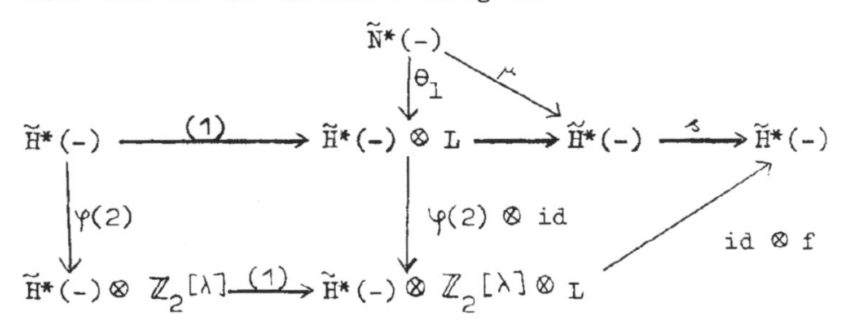

mit $(1) : x \longmapsto x \otimes 1$, ersieht man, daß ζ aus $\varphi(2)$ durch Anwenden eines Homomorphismus

$$\mathbb{Z}_2[\lambda] \longrightarrow \mathbb{Z}_2[\lambda] \otimes L \xrightarrow{f} \mathbb{Z}_2$$

hervorgeht. §§§

<u>Literatur</u>

1. J. F. Adams: "S. P. Novikov's Work on operations on complex cobordism" (mimeographed seminar notes).

2. P. S. Landweber: " Cobordism operations and Hopf algebras" (Trans. Am. Math. Soc. 129 (1967), 94-110).

3. S. P. Novikov: " The methods of algebraic topology from the viewpoint of cobordism theories" (Izvest. Akad. Nauk. SSSR, Ser. Mat. 31, (1967), 855-951).

XII. Kapitel

Bordismus und Kobordismus

In diesem Kapitel benutzen wir unsere Kenntnisse über die Kobordismentheorie $N^*(-)$, um die Bordismentheorie $N_*(-)$ für beliebige Räume zu berechnen. Wir machen einige Bemerkungen über das Cap-Produkt zwischen diesen Theorien, und geben zum Schluß eine Formel, aus der man eine Beschreibung der Koeffizienten der formalen Gruppe $F_N(X,Y)$ durch explizit gegebene algebraische Mannigfaltigkeiten entnehmen kann.

1. Berechnung der singulären Bordismentheorie

Wir haben in (X, 7.4) eine natürliche Transformation

$$\tau : N_*(X) \longrightarrow H_*(X \times BO) = H_*(X) \otimes \mathbb{Z}_2[a]$$
$$[M,h] \longmapsto (h, g_M)_* z_M$$

definiert. Die Transformation τ ist in folgendem Sinne multiplikativ:

(1.1) Lemma

Das folgende Diagramm ist kommutativ

$$\begin{array}{ccc} N_*(X) \otimes N_*(Y) & \xrightarrow{\alpha} & N_*(X \times Y) \\ \downarrow \tau\otimes\tau & & \searrow \tau \\ H_*(X \times BO) \otimes H_*(Y \times BO) & \xrightarrow{\beta} H_*(X \times Y \times BO \times BO) \xrightarrow{\gamma} & H_*(X \times Y \times BO) \end{array}$$

(α Multiplikation in $N_*(-)$, β Multiplikation und Vertauschung in $H_*(-)$, γ durch Multiplikation in BO induziert.)

Beweis

Betrachte $[M,h] \otimes [N,f] \in N_*(X) \otimes N_*(Y)$; es ist $z_M \times z_N = z_{M\times N} \in H_*(M \times N)$, und das Bild des betrachteten Elements auf beiden Wegen des Diagramms ist $(h \times f, g_{M\times N})_* z_{M\times N}$. §§§

Die Abbildung τ stimmt mit dem tangentialen charakteristischen Homomorphismus χ überein, falls X ein Punkt ist. Wir setzen wie früher $L = \mathbb{Z}_2[e_2, e_4, e_5, \ldots]$, und definieren einen Ringhomomorphismus

(1.2) $$r : \mathbb{Z}_2[a] \longrightarrow L$$

durch
$$r(a_i) = \begin{cases} e_i & \text{für } i \neq 2^j - 1 \\ 0 & \text{für } i = 2^j - 1 . \end{cases}$$

(1.3) Lemma

Die Zusammensetzung $N_* \xrightarrow{\tau} \mathbb{Z}_2[a] \xrightarrow{r} L$ ist ein Isomorphismus.

Beweis

Man sieht (X,4.9), daß die auf den unzerlegbaren Elementen induzierte Abbildung

$$Q(r \circ \tau) : Q(N_*) \longrightarrow Q(L)$$

dieselbe ist, wie die von $\theta_{1^{-1}}$ in (VIII, 4.3) induzierte Abbildung $Q(\theta_{1^{-1}}) : Q(N_*) \longrightarrow Q(L)$. Letztere ist ein Isomorphismus, daher auch erstere, also auch die Abbildung $r \circ \tau$, nach (X,4.6). §§§

Identifizieren wir L mit N_* durch den Isomorphismus $r \circ \tau$ (abweichend von (XI, 3.4), wo der etwas kompliziertere Isomorphismus $\theta_{1^{-1}}$ benutzt wurde) so erhalten wir:

(1.4) Satz

Die Transformation $\vartheta = (\mathrm{id} \otimes r) \circ \tau$ ist ein Isomorphismus von Homologietheorien

$$\vartheta : N_*(-) \longrightarrow H_*(-) \otimes N_* .$$

Dabei ist $H_*(-)$ die singuläre Homologie mit Koeffizienten in $\mathbb{Z}_2$. Die Transformation ϑ ist mit der äußeren Multiplikation verträglich, also insbesondere N_*-linear.

Beweis

Die letzte Behauptung folgt aus (1.1), insbesondere für $Y = \{*\}$. Für einen Punkt ist ϑ nach (1.3) die Identität, weil wir $N_* \xrightarrow[=]{r \circ \tau} L$ vereinbart haben. Man überzeugt sich unmittelbar anhand der Definitionen (II, 3.6) und [3; I, 15.2] davon, daß τ und damit auch ϑ mit den Randoperatoren der beiden Homologietheorien verträglich, also eine Transformation von Homologietheorien ist. Man schließt in bekannter Weise durch Induktion nach der Dimension, daß ϑ ein Isomorphismus ist, falls der betrachtete Raum ein endlicher Zellenkomplex ist [2; 7.1] [1; I, Beweis von 12.9]. Beide Funktoren $N_*(-)$ und $H_*(-) \otimes N_*$ sind mit dem direkten Limes vertauschbar, darum ist ϑ isomorph für beliebige Zellenkomplexe, und offenbar sind beide Funktoren singulär (III, 4.7, 4.4), daher ist ϑ stets isomorph. §§§

(1.5) Bemerkung

Die Transformation τ wurde mit dem stabilen Tangentialbündel konstruiert. Man erhält eine entsprechende Transformation $\tau' : N_*(-) \longrightarrow H_*(-) \otimes \mathbb{Z}_2[a]$ aus dem stabilen Normalenbündel, und kann durch Anfügen der Retraktion r in (1.2) oder der in (X, Beweis von 3.6) einen ebensoschönen Isomorphismus wie ϑ definieren.

(1.6) Bemerkung

Aus (1.4) folgt insbesondere, daß $N_*(X)$ stets ein freier N_*-Modul ist.

Eine Familie homogener Elemente $\{x_\lambda\}_{\lambda\in\Lambda}$ aus $N_*(X)$ ist genau dann eine N_*-Modul-Basis, wenn die Familie $\{\mu_*(x_\lambda)\}_{\lambda\in\Lambda}$ eine $\mathbb{Z}_2$-Vektorraum-Basis von $H_*(X)$ ist. Dabei ist μ_* die natürliche Transformation

$$N_*(-) \xrightarrow{\vartheta} H_*(-) \otimes N_* \xrightarrow{id\otimes\varepsilon} H_*(-) ,$$

(ε Augmentation), die wir schon früher (II, 4.1) betrachtet haben (Beweis durch Induktion nach dem Grad).

2. Das Cap-Produkt.

Die folgende Konstruktion des Cap-Produkts läßt sich ebenso für jede andere Theorie durchführen, die durch ein multiplikatives Spektrum definiert ist. Man hat dabei nur auf das Vorzeichen zu achten [4]. Das Cap-Produkt ist eine Abbildung

(2.1) $\cap : \quad \widetilde{N}^i(X) \otimes \widetilde{N}_n(X) \longrightarrow \widetilde{N}_{n-i}(X).$

(2.2) Konstruktion

Sei $x \in \widetilde{N}^i(X)$ durch $f : X \wedge S^k \longrightarrow MO(k+i)$ und $y \in \widetilde{N}_n(X)$ durch $g : S^{n+t} \longrightarrow MO(t) \wedge X$ repräsentiert. Dann ist die folgende Zusammensetzung ein Repräsentant von $x \cap y$:

$$S^{n+t+k} = S^{n+t} \wedge S^k \xrightarrow{g\wedge id} MO(t) \wedge X \wedge S^k \xrightarrow{id\wedge d\wedge id}$$

$$MO(t) \wedge X \wedge X \wedge S^k \xrightarrow{id\wedge f} MO(t) \wedge X \wedge MO(k+i) \xrightarrow{T}$$

$$MO(t) \wedge MO(k+i) \wedge X \xrightarrow{m\wedge id} MO(t+k+i) \wedge X .$$

Dabei ist $d : X \longrightarrow X \wedge X$ die Diagonale, T die Vertauschung der Faktoren und $m : MO(t) \wedge MO(k+i) \longrightarrow MO(t+k+i)$ die Multiplikation im Spektrum MO. Man verifiziert, daß die zusammengesetzte Abbildung ein Element repräsentiert, das nur von x und y, und nicht von der Auswahl von f und g abhängt. Im allgemeinen erhält die Vertauschung T ein Vorzeichen. §§§

Wir betrachten insbesondere folgenden Spezialfall:

(2.3) Definition

Die Zusammensetzung

$$N^i(X) \otimes N_n(X) \xrightarrow{\cap} N_{n-i}(X) \xrightarrow{\varepsilon} N_{n-i}$$

(ε von der Abbildung $X \longrightarrow \{*\}$ induziert) sei durch $x \otimes y \longmapsto \langle x,y\rangle$ bezeichnet. Sie heißt Skalarprodukt.

Man erhält dieselbe Abbildung, wenn man in der Konstruktion von $\cap$ die Abbildung $id \wedge d \wedge id$ ausläßt.

Den Beweis des folgenden Satzes, der die formalen Eigenschaften der eben definierten Produkte beschreibt, entnimmt man unmittelbar den Definitionen:

(2.4) Satz

(a) Es gilt $(x_1 \cdot x_2) \cap y = x_1 \cap (x_2 \cap y)$, das heißt, die Abbildung $\cap : \tilde{N}^*(X) \otimes \tilde{N}_*(X) \longrightarrow \tilde{N}_*(X)$ macht $\tilde{N}_*(X)$ zu einem $\tilde{N}^*(X)$-Modul.

(b) Natürlichkeit: Sei $f : X \longrightarrow Y$ eine punktierte Abbildung, dann gilt für $y \in \tilde{N}^*(Y)$, $x \in \tilde{N}_*(X)$:

$$f_*(f^*(y) \cap x) = y \cap f_*(x) .$$

(c) Die Abbildungen $y \longmapsto x \cap y$ und $x \longrightarrow x \cap y$ sind N_*-linear.

(d) $\langle x \cdot y, a \cdot b\rangle = \langle x, a\rangle \cdot \langle y, b\rangle$.

§§§

Für ein Raumpaar (X,A) induziert die Diagonale eine Abbildung

$$d : X/A \longrightarrow (X \times X)/(X \times A) = X^+ \wedge (X/A) .$$

Benutzt man diese Abbildung in der Konstruktion (2.2), so erhält man ein allgemeineres Produkt

(2.5) $\cap : \tilde{N}^i(X/A) \otimes \tilde{N}_n(X/A) \longrightarrow N_{n-i}(X)$,

mit der folgenden zu (2.4, b) analogen Natürlichkeit:

(2.6) Lemma

Sei $f : (X,A) \longrightarrow (Y,B)$ eine Abbildung von Paaren, $x \in \tilde{N}_*(X/A)$, $y \in \tilde{N}^*(Y/B)$, dann ist

$$f_*(f^*(y) \cap x) = y \cap f_*(x) \in N_*(Y).$$

§§§

Wir werden dieses Produkt in einem Spezialfall geometrisch deuten. Sei $\xi : E \longrightarrow B$ ein k-dimensionales Vektorbündel über einer geschlossenen Mannigfaltigkeit B, und sei $[N,f] \in \tilde{N}_n(M\xi)$. Wir können f so wählen, daß f transversal zu B ist.

Wir setzen

(2.7) $$\mathfrak{s}^![N,f] = [f^{-1}B, f|f^{-1}B] .$$

Man überlegt, daß die so erklärte Abbildung

$$\mathfrak{s}^! : \tilde{N}_n(M\xi) \longrightarrow N_{n-k}(B)$$

wohldefiniert und N_*-linear ist. Man kann mit den Techniken von Kapitel II durch direkte Konstruktion von Mannigfaltigkeiten zeigen, daß diese Abbildung $\mathfrak{s}^!$ ein Isomorphismus ist, wir werden das jedoch nicht brauchen. Bezeichnen wir mit $D(\xi)$, $S(\xi)$ das Ball- und Sphärenbündel von ξ , so ist $M(\xi) = D(\xi)/S(\xi)$, und $D(\xi) \simeq B$ (VI,4). Die Abbildung (2.5) ergibt also für diesen Fall ein Produkt

$$: \tilde{N}^k(M\xi) \otimes \tilde{N}_n(M\xi) \longrightarrow N_{n-k}(B) .$$

<u>(2.8) Satz</u>

<u>Sei</u> $x \in \widetilde{N}_n(M\xi)$, <u>dann ist</u>

$$t(\xi) \cap x = \varsigma^!(x) \in N_{n-k}(B)$$

<u>das heißt</u> $t(\xi)\cap$ <u>ist der transversale Schnitt mit dem Nullschnitt.</u>

<u>Beweis</u>

Sei x durch $[N,f]$ repräsentiert, und f transversal zu B. Die Pontrjagin-Thom-Konstruktion (III, 1.3 ff) liefert für x (aus (N,f)) einen Repräsentanten

$$g : S^{n+t} \longrightarrow MO(t) \wedge M(\xi) ,$$

und g ist (bei unserer Voraussetzung an f) transversal zu $BO(t) \times B$, dem Nullschnitt, mit $g^{-1}(BO(t) \times B) = f^{-1}B$, und $g \mid f^{-1}B = f \mid f^{-1}B$. Also ergibt die folgenden Abbildung h einen <u>Repräsentanten für</u> $\varsigma^![N,f] = [f^{-1}B, f \mid f^{-1}B]$:

$$\begin{array}{ccccc}
S^{n+t} & \xrightarrow{g} MO(t) \wedge M\xi & \xrightarrow{id \wedge d} & MO(t) \wedge D\xi^+ \wedge M\xi & \\
{\scriptstyle (2.9)'}\ h \downarrow & & & & \searrow id \wedge p \wedge \varkappa \\
MO(t+k) \wedge B^+ & \xleftarrow{m \wedge id} & MO(t) \wedge MO(k) \wedge B^+ & \xleftarrow{T} & MO(t) \wedge B^+ \wedge MO(k)
\end{array}$$

(d Diagonale, p Bündelprojektion von $D\xi$, $\varkappa$ klassifizierende Abbildung von ξ, T Vertauschung, m Multiplikation in MO). Das Urbild des Nullschnitts $BO(t+k) \times B$ ist nämlich $f^{-1}B$, denn $\varkappa$, T und m sind von Bündelabbildungen induziert, ändern also nichts am Urbild des Nullschnitts, und $(id \wedge d)^{-1}\ (BO(t) \times D\xi \times B) = BO(t) \times B$. In der Umgebung von $f^{-1}B \subset S^{n+t}$ ist die Abbildung des Normalenbündels ν von $f^{-1}B$ nach $E_{k+t,\infty} \times B$ (bis auf Homotopie) im ersten Faktor eine Bündelabbildung, und im zweiten Faktor ist die Abbildung $f^{-1}B \longrightarrow B$ gleich $g \mid f^{-1}B = f \mid f^{-1}B$, wie es für einen Repräsentanten von $\varsigma^!\ [N,f]$ sein soll. Vergleicht man das Diagramm (2.9)' mit der Definition (2.2), (2.5) des Cap-Produkts, und der Definition (VI,1.1) der Thomklasse $t(\xi)$, so folgt die Behauptung. §§§

Unter den Voraussetzungen von Satz (2.8) sei $e(\xi)$ die Eulerklasse von ξ; es folgt aus (2.6) für den Nullschnitt $\varsigma : (B,\emptyset) \longrightarrow (D(\xi), S(\xi))$:
$\varsigma_*(e(\xi) \cap x) = \varsigma_*(\varsigma^* t(\xi) \cap x) = t(\xi) \cap \varsigma_*(x) \in N^*(D(\xi))$ für $x \in \widetilde{N}^*(B)$, und $\varsigma_* : N_*(B) \longrightarrow N_*(D\xi)$ ist ein Isomorphismus, durch den wir schon für (2.8) beide Moduln identifiziert haben. Wir haben also

<u>(2.9) Satz</u>

<u>Unter den Voraussetzungen von (2.8) ist für</u> $x \in N_*(B)$

$$e(\xi) \cap x = \varsigma^! \varsigma_*(x) .$$

3. Die formale Gruppe.

Wir betrachten die Bordismentheorie der reellen projektiven Räume.

(3.1) Lemma

Sei $x_n \in N_n(\mathbb{R}P^k)$ durch die Inklusion $\mathbb{R}P^n \subset \mathbb{R}P^k$ repräsentiert $(n \leq k \leq \infty)$. Die Elemente $1 = x_o, x_1, \dots x_k$ bilden eine N_*-Modul-Basis von $N_*(\mathbb{R}P^k)$ für $k < \infty$. Insbesondere ist die Abbildung $N_*(\mathbb{R}P^k) \longrightarrow N_*(\mathbb{R}P^{k+1})$ injektiv, und $N_*(\mathbb{R}P^\infty)$ von $\{x_i\}_{i>o}$ frei über N_* erzeugt.

Beweis

Man hat einen entsprechenden Satz für $H_*(\mathbb{R}P^k)$, wie man aus (X, 2) entnimmt. Die Behauptung folgt daher aus (1.6). §§§

(3.2) Lemma

Mit den Bezeichnungen von (3.1) sei $w = w_1(\eta_k)$ die Eulerklasse des kanonischen Geradenbündels über $\mathbb{R}P^k$ in $N^*(-)$, dann gilt:

$$w \cap x_n = x_{n-1} .$$

Beweis

Nach (X, 6.9) ist $M(\eta_k) = \mathbb{R}P^{k+1}$, nach (2.9) hat man also zur Berechnung von $w \cap x_n$ die Standardinklusion $\mathbb{R}P^n \subset \mathbb{R}P^k$ in $\mathbb{R}P^{k+1}$ transversal zu $\mathbb{R}P^k$ zu machen, und $w \cap x_n$ ist dann durch die Inklusion des Urbilds von $\mathbb{R}P^k$ in $\mathbb{R}P^k$ repräsentiert. Durch elementare lineare Algebra sieht man, daß man so die Standardinklusion $\mathbb{R}P^{n-1} \subset \mathbb{R}P^k$ erhalten kann. §§§

Aus Natürlichkeit gilt (3.2) auch für $k = \infty$. Der Raum $\mathbb{R}P^\infty$ besitzt eine Multiplikation $a : \mathbb{R}P^\infty \times \mathbb{R}P^\infty \longrightarrow \mathbb{R}P^\infty$, die das Tensorprodukt der universellen Geradenbündel klassifiziert. Die Multiplikation induziert auf $N_*(\mathbb{R}P^\infty)$ die Struktur einer assoziativen, kommutativen N_*-Algebra.

(3.3) Lemma

$$[H(m,n)] = \langle w, x_m \cdot x_n \rangle$$

Beweis

Man erhält $H(m,n)$ nach (X, 6.5), indem man die Identität von $\mathbb{R}P^m \times \mathbb{R}P^n$ im Thomraum von $\eta_m \times \eta_n$ transversal zum Nullschnitt macht, und das Urbild des Nullschnitts nimmt (Beweis von X, 6.6). Bezeichnen wir also mit y das durch die Identität von $\mathbb{R}P^m \times \mathbb{R}P^n$ repräsentierte Element von $N_*(\mathbb{R}P^m \times \mathbb{R}P^n)$, und mit α eine klassifizierende Abbildung für $\eta_m \otimes \eta_n$, so ist mit (2.9)

$$[H(m,n)] = \varepsilon(w_1(\eta_m \otimes \eta_n) \cap y) = \varepsilon\alpha_*(\alpha^* w \cap y) = \varepsilon(w \cap \alpha_* y) =$$

$= \varepsilon(w \cap x_m \cdot x_n) = \langle w, x_m \cdot x_n \rangle$, weil $\varepsilon \circ \alpha_* = \varepsilon$. §§§

Für m = 0 können wir $H(0,n) = \mathbb{R}P^{n-1}$ definieren, um die Formeln zu erhalten.

Es gelingt uns jetzt, die formale Gruppe $F_N(X,Y)$ durch Mannigfaltigkeiten zu beschreiben.

(3.4) Satz

Sei $F_N(X,Y) = \sum_{i,j} a_{i,j} X^i Y^j$ die formale Gruppe der Kobordismentheorie, dann gilt:

$$[H(m,n)] = \sum_{i,j} a_{i,j} [\mathbb{R}P^{m-i}] \cdot [\mathbb{R}P^{n-j}] .$$

Beweis

$$[H(m,n)] = \langle w, x_m \cdot x_n \rangle = \langle w, a_*(x_m \otimes x_n) \rangle = \langle a^* w, x_m \otimes x_n \rangle =$$
$$\sum_{i,j} a_{i,j} \langle w^i \otimes w^j, x_m \otimes x_n \rangle = \sum_{i,j} a_{i,j} \langle w^i, x_m \rangle \cdot \langle w^j, x_n \rangle =$$
$$\sum_{i,j} a_{i,j} [\mathbb{R}P^{m-i}] \cdot [\mathbb{R}P^{n-j}],$$

wie man nacheinander aus (3.3), der Definition des Produkts a_*, (2.4, b), der Definition von F_N, (2.4, d), (3.2) sieht. Alle Summen sind endlich. §§§

Wir bilden aus den projektiven Räumen die formale Reihe

$$P(X) = \sum_{n=0}^{\infty} [\mathbb{R}P^n] \cdot X^n .$$

Dann ist $P(X) \cdot P(Y) = \sum_{i,j} [\mathbb{R}P^i] \cdot [\mathbb{R}P^j] X^i Y^j$, und der Koeffizient von $X^n Y^m$ in der Reihe $F_N(X,Y) \cdot P(X) \cdot P(Y)$ ist $\sum_{i,j} a_{i,j} [\mathbb{R}P^{n-i}] \cdot [\mathbb{R}P^{m-j}] = [H(m,n)]$, also haben wir die schöne Formel zur Beschreibung der formalen Gruppe der Kobordismentheorie:

$$(3.5) \qquad F_N(X,Y) \cdot P(X) \cdot P(Y) = \sum_{m,n} [H(m,n)] X^m Y^n .$$

Literatur

1. P. E. Conner, E. E. Floyd: "Differentiable periodic maps" (Springer-Verlag, Berlin Göttingen Heidelberg (1964)).

2. A. Dold: "Halbexakte Homotopiefunktoren" (Lecture Notes in Math. 12, Springer-Verlag Berlin Heidelberg New York (1966))

3. S. Eilenberg, N. Steenrod: "Foundations of algebraic Topology" (Princeton Univ. Press (1952)).

4. G. W. Whitehead: "Generalized homology theories." (Trans. Amer. Math. Soc. 102, (1962) 227-283).